国内外大宗蔬菜
质量安全限量标准比较研究

◎ 黄晓冬　郭　萍　徐东辉　主编

中国农业科学技术出版社

图书在版编目（CIP）数据

国内外大宗蔬菜质量安全限量标准比较研究／黄晓冬，郭萍，徐东辉主编 .--北京：中国农业科学技术出版社，2021.12
ISBN 978-7-5116-5546-2

Ⅰ.①国… Ⅱ.①黄…②郭…③徐… Ⅲ.①蔬菜-产品质量标准-安全标准-对比研究-世界 Ⅳ.①S63

中国版本图书馆 CIP 数据核字（2021）第 208739 号

责任编辑　王惟萍
责任校对　李向荣
责任印制　姜义伟　王思文

出 版 者　中国农业科学技术出版社
　　　　　北京市中关村南大街 12 号　邮编：100081
电　　话　(010)82106643(编辑室)　　(010)82109702(发行部)
　　　　　(010)82109709(读者服务部)
传　　真　(010)82109698
网　　址　http://www.castp.cn
经 销 者　各地新华书店
印 刷 者　北京科信印刷有限公司
开　　本　185 mm×260 mm　1/16
印　　张　20
字　　数　480 千字
版　　次　2021 年 12 月第 1 版　2021 年 12 月第 1 次印刷
定　　价　79.80 元

编委会

序

　　蔬菜是指一切可供佐餐的植物的总称，包括一年、二年及多年生草本植物，少数木本植物，食用菌、藻类、蕨菜和某些调味品等。蔬菜中含有丰富的维生素、膳食纤维和微量元素，是维持人体生命健康的主要营养素来源。我国是世界上最大的蔬菜生产国和消费国，年播种面积超过 3 亿亩，产量超过 7 亿吨，其中大白菜、辣椒、番茄、黄瓜、甘蓝等大宗蔬菜作物占比较大，在国民经济发展中发挥了重要的作用。

　　在国家各级政府的支持下，我国蔬菜科技水平和生产能力显著提升，特别是国家大宗蔬菜产业技术体系启动以来，蔬菜产业实现了跨越式发展。然而，蔬菜质量安全一直是国家和公众最为关注的焦点问题之一，农药残留是影响蔬菜产品质量安全水平的主要因素。同时，在国际贸易中，农药最大残留限量标准往往被视为国际贸易活动中的绿色壁垒，因此，国际上大多数国家均已制定了详细的农药最大残留限量标准，用以保障本国食品安全并管控国际蔬菜贸易的主动权。

　　本书共收集整理了 9 个国家/地区和国际组织中主要大宗蔬菜农药最大残留限量标准，并进行了详细的对比分析研究。本书内容丰富，数据准确，可为从事蔬菜产业的科研人员、生产企业、监管人员等提供技术借鉴；亦可为媒体朋友和消费者了解蔬菜产业质量安全状况提供参考。

国家大宗蔬菜产业技术体系　首席科学家
中国农业科学院蔬菜花卉研究所　所长　张友军

前　言

　　我国是世界蔬菜作物的主要起源地之一，也是世界种植蔬菜种类最多和人均蔬菜消费量最大的国家。蔬菜是人们日常饮食中必不可少的食物，具有满足人体营养均衡和保证饮食健康等重要功能。近年来，人们的法制观念和安全意识逐渐提高，对农产品质量安全问题的关注度也越来越高，其中倍受关注的是蔬菜农药残留问题。农药残留是指农产品在生产过程中使用农药后，一段时期内没有被分解，直接或间接的残存于收获物以及土壤和水体中的现象。农药残留最大限量是指规定的常用农药在常见农产品中最高法定允许残留浓度，食品安全监管中所依据的国家标准为 GB 2763《食品安全国家标准食品中农药最大残留限量》。该标准是我国统一规定食品中农药最大残留限量的强制性国家标准，同时也是世界贸易组织认可的国际农产品及食品贸易仲裁的重要参考依据，是国际上农产品及食品质量安全问题最重要的参考资料，对全球农产品及食品贸易具有重要影响。

　　我国农药残留最大限量标准主要由政府、高校以及科研机构等共同研究制定。一般情况下，待标准草案形成后，需要收集相关技术领域的专家、社会公众有关部门、农民和消费者团体的意见，再经过食品安全国家标准审评委员会和国家农药残留标准审评委员会审议，最终确保标准的公平公正和合理性。此外，世界贸易组织成员还可对我国农药残留最大限量标准提出评议，这时就需要结合我国农业生产实际以及国际贸易需求，最终保障我国农产品质量安全与农产品国际贸易等方面的利益。在 2009 年我国颁布实施《中华人民共和国食品安全法》后，农业农村部对已发布的农药最大残留限量国家标准和行业标准进行了清理规范，实现了农药残留食品安全国家标准的统一发布，提高了标准的系统性和实用性。自 2012 年首次发布 GB 2763 以来，该标准先后经历了五次修订，由最初的 2012 版 GB 2763 中 322 种农药在 10 大类食品中 2 293 项农药最大残留限量，发展为 2021 版中 564 种农药在 376 种（类）食品中 10 092 项最大残留限量。

　　在国家现代农业技术产业体系建设专项基金（CARS-23-E03）、国家重点研发计划（2020YFD1000300）、中国农业科学院科技创新工程重大科研任务（CAAS-TCX2019025-5）、中国农业科学院协同创新重大科研任务（CAAS-ZDRW202011）等项目资助下，我们完成了本书的编写。本书共收集整理了 9 个国家/地区和国际组织中大宗蔬菜农药残留限量标准，并进行了比对研究：一是对国际农药残留限量标准有影响的国家，如欧盟、日本、美国；二是与我国内地大宗蔬菜贸易交易比较频繁的国家和地区，如澳大利亚和新西兰、韩国及中国香港特别行政区和中国台湾地区等；三是重点考虑对国际农产品贸易起准绳作用的国际食品法典委员会。

本书紧密联系实际，对国内外大宗蔬菜安全限量标准做了一个比较全面的总结和梳理，对服务政府质量安全监管、指导蔬菜标准化生产等方面都将起到积极的推动作用。

由于本书编写时间较短，难免会有不足之处。恳请各位同仁与读者批评指正。

编　者

2021 年 11 月

目　　录

1 国内外大宗蔬菜农药残留限量标准 ·· 1

  1.1　国内外农药管理概述 ·· 1

    1.1.1　国内外大宗蔬菜-大白菜农药残留限量标准汇总 ············ 1

    1.1.2　国内外大宗蔬菜-番茄农药残留限量标准汇总 ··············· 2

    1.1.3　国内外大宗蔬菜-黄瓜农药残留限量标准汇总 ··············· 3

    1.1.4　国内外大宗蔬菜-甘蓝农药残留限量标准汇总 ··············· 4

    1.1.5　国内外大宗蔬菜-辣椒农药残留限量标准汇总 ··············· 4

    1.1.6　国内外大宗蔬菜-茄子农药残留限量标准汇总 ··············· 5

    1.1.7　国内外大宗蔬菜-花椰菜农药残留限量标准汇总 ············ 6

    1.1.8　国内外大宗蔬菜-马铃薯农药残留限量标准汇总 ············ 6

    1.1.9　"一律标准"限值的设定 ································ 7

  1.2　中国大宗蔬菜农药残留限量标准 ································ 9

    1.2.1　大白菜农药残留限量标准情况 ································ 9

    1.2.2　番茄农药残留限量标准情况 ································ 12

    1.2.3　黄瓜农药残留限量标准情况 ································ 15

    1.2.4　甘蓝农药残留限量标准情况 ································ 19

    1.2.5　辣椒农药残留限量标准情况 ································ 21

    1.2.6　茄子农药残留限量标准情况 ································ 24

    1.2.7　花椰菜农药残留限量标准情况 ································ 27

    1.2.8　马铃薯农药残留限量标准情况 ································ 29

    1.2.9　大宗蔬菜农药残留限量标准宽严情况 ················ 33

    1.2.10　禁限用农药情况 ································ 35

  1.3　CAC 大宗蔬菜农药残留限量标准 ································ 41

  1.4　欧盟大宗蔬菜农药残留限量标准 ································ 42

  1.5　美国大宗蔬菜农药残留限量标准 ································ 50

  1.6　澳新大宗蔬菜农药残留限量标准 ································ 55

  1.7　日本大宗蔬菜农药残留限量标准 ································ 58

    1.7.1　大宗蔬菜农药残留限量标准情况 ································ 58

    1.7.2　"豁免物质" ································ 61

    1.7.3　禁用和不得检出物质 ································ 62

  1.8　韩国大宗蔬菜农药残留限量标准 ································ 63

1.9 中国香港特别行政区大宗蔬菜农药残留限量标准 ·········· 65
  1.9.1 大宗蔬菜农药残留限量标准 ·········· 65
  1.9.2 "豁免物质" ·········· 68
1.10 中国台湾地区大宗蔬菜农药残留限量标准 ·········· 70

2 国内外大宗蔬菜重金属和污染物的限量标准 ·········· 73
2.1 中国大宗蔬菜重金属及污染物限量标准 ·········· 73
2.2 CAC 大宗蔬菜重金属及污染物限量标准 ·········· 74
2.3 欧盟大宗蔬菜重金属及污染物限量标准 ·········· 75
2.4 澳新大宗蔬菜重金属及污染物限量标准 ·········· 75
2.5 中国香港特别行政区大宗蔬菜重金属及污染物限量标准 ·········· 76

3 国内外大宗蔬菜生产和贸易情况 ·········· 77

4 国内外大宗蔬菜等级规格和生产技术规程标准 ·········· 91
4.1 中国大宗蔬菜等级规格和生产技术规程标准 ·········· 91
  4.1.1 中国大白菜等级规格和生产技术规程标准 ·········· 91
  4.1.2 中国番茄等级规格和生产技术规程标准 ·········· 92
  4.1.3 中国黄瓜等级规格和生产技术规程标准 ·········· 95
  4.1.4 中国甘蓝等级规格和生产技术规程标准 ·········· 98
  4.1.5 中国辣椒等级规格和生产技术规程标准 ·········· 98
  4.1.6 中国茄子等级规格和生产技术规程标准 ·········· 101
  4.1.7 中国花椰菜等级规格和生产技术规程标准 ·········· 103
  4.1.8 中国马铃薯等级规格和生产技术规程标准 ·········· 103
4.2 欧盟及美国大宗蔬菜等级规格和生产技术规程标准 ·········· 108

附录 ·········· 109
附录 1 CAC 大宗蔬菜农药残留限量标准 ·········· 109
附录 2 欧盟大宗蔬菜农药残留限量标准 ·········· 115
附录 3 欧盟撤销登记的农药清单 ·········· 175
附录 4 美国大宗蔬菜农药残留限量标准 ·········· 194
附录 5 《澳新食品法典》大宗蔬菜农药残留限量标准 ·········· 200
附录 6 日本大宗蔬菜农药残留限量标准 ·········· 204
附录 7 韩国大宗蔬菜农药残留限量标准 ·········· 236
附录 8 中国香港特别行政区大宗蔬菜农药残留限量标准 ·········· 260
附录 9 中国台湾地区大宗蔬菜农药残留限量标准 ·········· 276
附录 10 农药中文名称和英文名称对照表 ·········· 285

1 国内外大宗蔬菜农药残留限量标准

　　随着时代的进步，蔬菜产业蒸蒸日上。中国目前已经建立了大白菜、番茄、黄瓜、甘蓝、辣椒、茄子、花椰菜以及马铃薯等蔬菜品种的国家大宗蔬菜产业体系研究，在这一研究体系下能够提高中国蔬菜产业的生产水平和产品质量，并且中国拥有适宜的环境和资源，蔬菜的生产规模持续增长，在数量上已可以满足市场需求，因此，蔬菜的质量安全更需严格把控。作为植物源产品，农药残留是影响大宗蔬菜质量安全的重要因素，也是影响中国大宗蔬菜出口的主要技术性贸易措施。在国际农产品贸易中，欧盟、日本、美国是质量安全的领跑者，他们凭借自身先进的科学技术和在农药残留限量管理及风险评估方面的先进经验，制定了详细的农药残留限量标准。国际食品法典委员会（codex alimentarius commission，CAC）在国际贸易中的准绳作用，制定的农药残留限量标准对指导国际农产品贸易起到了积极的推动作用。为了解国内外大宗蔬菜农药残留限量标准的情况，本章共计收集整理了9个国家/地区和国际组织中大宗蔬菜农药残留限量标准，并进行了比对研究：一是对国际农药残留限量标准有影响的国家，如欧盟国家、日本、美国；二是与中国内地大宗蔬菜贸易交易比较频繁的国家和地区，如澳大利亚和新西兰（简称：澳新）、韩国及中国香港特别行政区和中国台湾地区等；三是重点考虑对国际农产品贸易起准绳作用的CAC。

1.1 国内外农药管理概述

　　与 GB 2763—2019《食品安全国家标准　食品中农药最大残留限量》相比，农药残留限量标准数量最多的是欧盟，其次是日本。由此可见欧盟和日本都是农产品进口主导国家，反映了对进口农产品质量安全严格管理的措施，因此，中国在农药残留国家标准制（修）订中应该积极采纳国际标准。

1.1.1 国内外大宗蔬菜-大白菜农药残留限量标准汇总

　　对国内外大白菜农药残留限量标准的数量对比，宽严情况对照进行汇总，结果见表1。

　　中国香港特别行政区制定的大白菜农药最大残留限量有 80 项，与中国内地制定的 108 项农药残留限量标准比较，其中 55 种农药仅为内地制定，25 种农药仅为香港制定。两者均有农药残留限量规定的农药有 53 种，其中 28 种农药残留限量标准一致，17 种农药残留限量标准为内地的规定比较严格，8 种为内地的农药残留限量标准宽松。中国台湾地区制定的大白菜中的农药最大残留限量有 36 项。与中国大陆制定的 108 项农药残留限量标准比较，其中 93 种农药仅为大陆制定，21 种农药仅为台湾制定。两者均有农药残留限量规定的农药有 15 种，其中 2 种农药残留限量标准一致，7 种农药残留限量标准为大陆的规定比较严格，6 种为大陆的农药残留限量标准宽松。

表 1　国内外大白菜农药残留限量标准对比情况汇总表

国家（地区、组织）	国外农药残留限量总数/项	仅中国有规定的农药数量/种	中、外均有规定的农药数量/种	仅国外有规定的农药数量/种	中、外均有规定的农药/种		
					比国外严格的农药数量	与国外一致的农药数量	比国外宽松的农药数量
CAC	4	105	3	1	1	2	0
欧盟	473	81	27	446	3	3	21
美国	36	103	5	31	5	0	0
澳新	47	91	17	30	7	1	9
日本	271	48	60	211	23	5	32
韩国	147	52	56	91	18	7	31

1.1.2　国内外大宗蔬菜-番茄农药残留限量标准汇总

对国内外番茄农药残留限量标准的数量对比，宽严情况对照进行汇总，结果见表 2。

中国香港特别行政区制定的番茄中的农药最大残留限量有 145 项，与中国内地制定的 180 项农药残留限量标准比较，其中 77 种农药仅为内地制定，68 种农药仅为香港制定。两者均有农药残留限量规定的农药有 103 种，其中 71 种农药残留限量标准一致，14 种农药残留限量标准为内地的规定比较严格，18 种为内地的农药残留限量标准宽松。中国台湾地区制定的番茄中的农药最大残留限量有 81 项。与中国大陆制定的 180 项农药残留限量标准比较，其中 147 种农药仅为大陆制定，48 种农药仅为台湾制定。两者均有农药残留限量规定的农药有 33 种，其中 4 种农药残留限量标准一致，13 种农药残留限量标准为大陆的规定比较严格，16 种为大陆的农药残留限量标准宽松。

表 2　国内外番茄农药残留限量标准对比情况汇总表

国家（地区、组织）	国外农药残留限量总数/项	仅中国有规定的农药数量/种	中、外均有规定的农药数量/种	仅国外有规定的农药数量/种	中、外均有规定的农药/种		
					比国外严格的农药数量	与国外一致的农药数量	比国外宽松的农药数量
CAC	84	146	34	50	8	3	23
欧盟	474	161	19	455	2	6	11

（续表）

国家 （地区、 组织）	国外农药 残留限量 总数/项	仅中国有 规定的农 药数量/种	中、外均有 规定的农 药数量/种	仅国外有 规定的农 药数量/种	中、外均有规定的农药/种		
					比国外严 格的农药 数量	与国外一 致的农药 数量	比国外宽 松的农药 数量
美国	54	166	14	40	2	0	12
澳新	56	171	9	47	4	0	5
日本	319	121	59	260	19	9	31
韩国	165	132	48	117	17	4	27

1.1.3 国内外大宗蔬菜-黄瓜农药残留限量标准汇总

对国内外黄瓜农药残留限量标准的数量对比，宽严情况对照进行汇总，结果见表3。

表3　国内外黄瓜农药残留限量标准对比情况汇总表

国家 （地区、 组织）	国外农药 残留限量 总数/项	仅中国有 规定的农 药数量/种	中、外均有 规定的农 药数量/种	仅国外有 规定的农 药数量/种	中、外均有规定的农药/种		
					比国外严 格的农药 数量	与国外一 致的农药 数量	比国外宽 松的农药 数量
CAC	50	150	30	20	3	2	25
欧盟	474	136	44	430	2	8	34
美国	29	169	11	18	3	2	6
澳新	20	169	11	9	3	3	5
日本	315	67	113	202	47	17	49
韩国	180	90	90	90	26	17	47

中国香港特别行政区制定的黄瓜中的农药最大残留限量有145项，与中国内地制定的180项农药残留限量标准比较，其中87种农药仅为内地制定，40种农药仅为香港制定。两者均有农药残留限量规定的农药有93种，其中27种农药残留限量标准一致，18种农药残留限量标准为内地的规定比较严格，48种为内地的农药残留限量标准宽松。中国台湾地区制定的黄瓜中的农药最大残留限量有134项。与中国大陆制定的180项农药残留限量标准比较，其中134种农药仅为大陆制定，61种农药仅为台湾制定。两者均有农药残留限量规定的农药有73种，其中14种农药残留限量标准一致，9种农药残留限量标准为大陆的规定比较严格，50种为大陆的农药残留限量标准宽松。

1.1.4　国内外大宗蔬菜-甘蓝农药残留限量标准汇总

对国内外甘蓝农药残留限量标准的数量对比，宽严情况对照进行汇总，结果见表4。

中国香港特别行政区制定的甘蓝中的农药最大残留限量有74项，与中国内地制定的58项农药残留限量标准比较，其中33种农药仅为内地制定，41种农药仅为香港制定。两者均有农药残留限量规定的农药有25种，其中21种农药残留限量标准一致，3种农药残留限量标准为内地的规定比较严格，1种为内地的农药残留限量标准宽松。中国台湾地区制定的甘蓝中的农药最大残留限量有20项。与中国大陆制定的58项农药残留限量标准比较，其中53种农药仅为大陆制定，15种农药仅为台湾制定。两者均有农药残留限量规定的农药有5种，其中1种农药残留限量标准一致，3种农药残留限量标准为大陆的规定比较严格，1种为大陆的农药残留限量标准宽松。

表4　国内外甘蓝农药残留限量标准对比情况汇总表

国家（地区、组织）	国外农药残留限量总数/项	仅中国有规定的农药数量/种	中、外均有规定的农药数量/种	仅国外有规定的农药数量/种	中、外均有规定的农药/种		
					比国外严格的农药数量	与国外一致的农药数量	比国外宽松的农药数量
CAC	4	57	1	3	0	0	1
欧盟	473	40	18	455	0	4	14
美国	0	0	0	0	0	0	0
澳新	0	0	0	0	0	0	0
日本	298	21	37	261	19	11	7
韩国	47	48	10	37	3	2	5

1.1.5　国内外大宗蔬菜-辣椒农药残留限量标准汇总

对国内外辣椒农药残留限量标准的数量对比，宽严情况对照进行汇总，结果见表5。

中国香港特别行政区制定的辣椒中的农药最大残留限量有113项，与中国内地制定的137项农药残留限量标准比较，其中61种农药仅为内地制定，52种农药仅为香港制定。两者均有农药残留限量规定的农药有76种，其中55种农药残留限量标准一致，13种农药残留限量标准为内地的规定比较严格，8种为内地的农药残留限量标准宽松。中国台湾地区制定的辣椒中的农药最大残留限量有63项。与中国大陆制定的137项农药残留限量标准比较，其中109种农药仅为大陆制定，35种农药仅为台湾制定。两者均有农药残留限量规定的农药有28种，其中2种农药残留限量标准一致，9种农药残留限量标准为大陆的规定比较严格，17种为大陆的农药残留限量标准宽松。

表5　国内外辣椒农药残留限量标准对比情况汇总表

国家 (地区、 组织)	国外农药 残留限量 总数/项	仅中国有 规定的农 药数量/种	中、外均有 规定的农药 数量/种	仅国外有 规定的农 药数量/种	中、外均有规定的农药/种		
					比国外严 格的农药 数量	与国外一 致的农药 数量	比国外宽 松的农药 数量
CAC	13	127	10	3	1	8	1
欧盟	466	57	82	384	14	7	61
美国	41	122	15	26	8	1	6
澳新	8	131	6	2	3	1	2
日本	268	46	91	177	16	6	69
韩国	211	62	75	136	39	5	31

1.1.6　国内外大宗蔬菜-茄子农药残留限量标准汇总

对国内外茄子农药残留限量标准的数量对比，宽严情况对照进行汇总，结果见表6。

中国香港特别行政区制定的茄子中的农药最大残留限量有103项，与中国内地制定的112项农药残留限量标准比较，其中43种农药仅为内地制定，60种农药仅为香港制定。两者均有农药残留限量规定的农药有69种，其中51种农药残留限量标准一致，11种农药残留限量标准为内地的规定比较严格，7种为内地的农药残留限量标准宽松。中国台湾地区制定的茄子中的农药最大残留限量有47项。与中国大陆制定的112项农药残留限量标准比较，其中88种农药仅为大陆制定，23种农药仅为台湾制定。两者均有农药残留限量规定的农药有24种，其中9种农药残留限量标准一致，9种农药残留限量标准为大陆的规定比较严格，6种为大陆的农药残留限量标准宽松。

表6　国内外茄子农药残留限量标准对比情况汇总表

国家 (地区、 组织)	国外农药 残留限量 总数/项	仅中国有 规定的农 药数量/种	中、外均有 规定的农药 数量/种	仅国外有 规定的农 药数量/种	中、外均有规定的农药/种		
					比国外严 格的农药 数量	与国外一 致的农药 数量	比国外宽 松的农药 数量
CAC	31	96	16	15	1	12	3
欧盟	471	78	34	437	4	8	22
美国	17	107	5	12	3	0	2
澳新	7	110	2	5	1	1	0
日本	292	35	77	215	42	19	16
韩国	132	60	52	80	16	12	24

1.1.7 国内外大宗蔬菜-花椰菜农药残留限量标准汇总

对国内外花椰菜农药残留限量标准的数量对比，宽严情况对照进行汇总，结果见表7。

中国香港特别行政区制定的花椰菜中的农药最大残留限量有91项，与中国内地制定的98项农药残留限量标准比较，其中39种农药仅为内地制定，52种农药仅为香港制定。两者均有农药残留限量规定的农药有59种，其中39种农药残留限量标准一致，12种农药残留限量标准为内地的规定比较严格，8种为内地的农药残留限量标准宽松。中国台湾地区制定的花椰菜中的农药最大残留限量有7项。与中国大陆制定的98项农药残留限量标准比较，其中92种农药仅为大陆制定，1种农药仅为台湾制定。两者均有农药残留限量规定的农药有6种，其中3种农药残留限量标准一致，1种农药残留限量标准为大陆的规定比较严格，2种为大陆的农药残留限量标准宽松。

表7　国内外花椰菜农药残留限量标准对比情况汇总表

国家（地区、组织）	国外农药残留限量总数/项	仅中国有规定的农药数量/种	中、外均有规定的农药数量/种	仅国外有规定的农药数量/种	中、外均有规定的农药/种		
					比国外严格的农药数量	与国外一致的农药数量	比国外宽松的农药数量
CAC	33	79	19	14	5	8	6
欧盟	473	72	26	447	3	4	19
美国	21	95	3	18	3	0	0
澳新	7	97	1	6	1	0	0
日本	269	35	63	206	35	14	14
韩国	80	67	31	49	13	4	14

1.1.8 国内外大宗蔬菜-马铃薯农药残留限量标准汇总

对国内外马铃薯农药残留限量标准的数量对比，宽严情况对照进行汇总，结果见表8。

中国香港特别行政区制定的马铃薯中的农药最大残留限量有121项，与中国内地制定的146项农药残留限量标准比较，其中53种农药仅为内地制定，68种农药仅为香港制定。两者均有农药残留限量规定的农药有93种，其中60种农药残留限量标准一致，24种农药残留限量标准为内地的规定比较严格，9种为内地的农药残留限量标准宽松。中国台湾地区制定的马铃薯中的农药最大残留限量有78项。与中国大陆制定的146项农药残留限量标准比较，其中100种农药仅为大陆制定，32种农药仅为台湾制定。两者均有农药残留限量规定的农药有 46 种，其中 30 种农药残留限量标准一致，8 种农药残留限量标准为大陆的规定比较严格，8 种为大陆的农药残留限量标准宽松。

表 8 国内外马铃薯农药残留限量标准对比情况汇总表

国家（地区、组织）	国外农药残留限量总数/项	仅中国有规定的农药数量/种	中、外均有规定的农药数量/种	仅国外有规定的农药数量/种	中、外均有规定的农药/种		
					比国外严格的农药数量	与国外一致的农药数量	比国外宽松的农药数量
CAC	77	88	58	19	10	36	12
欧盟	487	107	39	448	6	9	24
美国	66	119	27	39	13	6	8
澳新	67	113	33	34	10	12	11
日本	289	50	96	193	34	38	24
韩国	183	64	82	101	27	30	25

1.1.9 "一律标准"限值的设定

"一律标准"大多数是指日本肯定列表中的"一律标准"，"一律标准"作为日本《肯定列表》制度的核心是指日本对缺乏科学依据的农业化学品在农产品中的残留量对人体健康并且没有潜在危害的水平，并以 0.01 mg/kg 为农药残留指标，这一指标是以 50 kg 的人均体重、可接受日摄入量为 0.03 μg/（kg·天），人均摄入各类食物以 150 g 为基准计算得来。日本对在《肯定列表》中所覆盖的所有农业化学品和食品/农产品中：有"最大残留限量"标准的则以遵从"最大残留限量"标准；无"最大残留限量"标准的则按 0.01 mg/kg 的"一律标准"对待，这里未制定"最大残留限量"标准的包括下列 2 种情况。

（1）在任何食品/农产品中均未制定"最大残留限量"标准，如日本未针对农药杀虫双制定任何"最大残留限量"标准，即杀虫双在所有食品/农产品中的残留限量均为"一律标准"（0.01 mg/kg）。

（2）尽管某种农药已针对某些食品/农产品制定了"最大残留限量"标准，但未对所讨论的特定食品/农产品制定"最大残留限量"标准，如《肯定列表》中对蜂蜜设定了 64 种农药限量指标，但对于其他蜂产品（比如花粉、蜂胶、蜂蜡等）没有设置具体的限量指标，这就意味着花粉、蜂胶、蜂蜡等蜂产品都实行"一律标准"。

就欧盟而言，在执行最低检测限时，针对不同食品种类和化学以及检测仪器反应的具体情况，其限量指标是不同的，范围可在 0.01～0.1 mg/kg。欧盟将对未在欧洲登记注册或没有充分依据说明农药残留对消费者不构成危害的产品，设置最低检测值（limit of determination，LOD）为其最大残留限量值（maximum residue limit，MRL），即现行的 0.01 mg/kg，又称"一律标准"。一般来说，以 LOD 作为 MRL 的有 8 种情况。

（1）某活性物质已被淘汰不再使用，在正常情况下也就排除了残留物在产品中出现的可能性，但存在非法使用和旧的原料中留有残留的可能。

（2）严格禁止对残留的品种，该化合物已被禁用，进口商品也不允许有残留。

（3）按授权使用某一农药，按授权的施药方式而无残留。

（4）在某些作物中，因未使用过该物质而无残留。

（5）虽然欧盟已不再授权使用，但第三国可能被广泛使用，从这些国家进口的产品中可能有该物质的残留。

（6）原有的 MRL 偏高，随着试验研究的深入，认为原 MRL 已不符合要求，但老的指标还未被修改。

（7）出于对环境和人的安全考虑，某一物质被禁用。

（8）对试验数据尚不充分的产品，也可采用 LOD 的政策性标准。

欧盟采取 0.01 mg/kg 作为"一律标准"主要是因为针对目前正在使用的农药品种，以 0.01 mg/kg 建立的 MRL，对消费者具有较好的保护性；不能以"0"作为的指标，因为没有一种分析方法能真正测得"0"的残留量，只是随着向"0"指标的靠近。

实际上在日本制定"一律标准"以前，在其他国家或地区对设置"一律标准"的问题上已经在考虑并实施。现将有关国家的情况列于表 9。

表 9　国家或地区"一律标准"情况

国家或地区	"一律标准" /（mg/kg）
加拿大	0.1（正在修订中）
新西兰	0.1
德国	0.01
美国	无统一限值
欧盟	0.01
日本	0.01
韩国	尚未制定的先采用 Codex，若 Codex 不存在则采用同类产品中最严标准，若两者均不存在则采用农药限量中最低值
澳大利亚	不得检出
马来西亚	0.01

目前，GB 2763—2019《食品安全国家标准　食品中农药最大残留限量》规定了7 107项最大残留限量，涉及 483 种农药，从农药残留标准覆盖的食品农产品种类来看，已制定的农药残留限量涉及 308 种食品农产品，而一些发达国家，欧盟制定了 460 种农

药的 15 万多项限量标准，美国制定了 372 种农药的 1.2 万项限量标准，日本制定了 800 多种农药的 5 万多项限量标准。相比之下，现阶段中国农产品质量安全的监管还存在一定不足，因此，结合国际实际情况，中国有必要制定"一律标准"，填补在监管农产品质量安全中的空白，使农业生产有标准可依。

1.2 中国大宗蔬菜农药残留限量标准

1.2.1 大白菜农药残留限量标准情况

中国大白菜的农药残留限量标准主要来源于 GB 2763—2019《食品安全国家标准 食品中农药最大残留限量》。该标准于 2020 年 2 月 15 日正式实施，关于大白菜的农药最大残留限量标准见表 10。

表 10 GB 2763—2019《食品安全国家标准 食品中农药最大残留限量》中
关于大白菜的农药最大残留限量标准

序号	农药中文名称	MRL/(mg/kg)	序号	农药中文名称	MRL/(mg/kg)
1	2,4-滴和 2,4-滴钠盐	0.2	15	代森锰锌	50
2	阿维菌素	0.05	16	代森锌	50
3	胺鲜酯	0.2	17	敌百虫	2
4	百菌清	5	18	敌敌畏	0.5
5	苯醚甲环唑	1	19	敌磺钠	0.2*
6	吡虫啉	0.2	20	丁硫克百威	0.05
7	吡唑醚菌酯	5	21	啶虫脒	1
8	丙森锌	50	22	毒死蜱	0.1
9	虫螨腈	2	23	多杀霉素	0.5*
10	虫酰肼	0.5	24	噁唑菌酮	2
11	除虫菊素	1	25	二甲戊灵	0.2
12	除虫脲	1	26	二嗪磷	0.05
13	代森铵	50	27	伏杀硫磷	1
14	代森联	50	28	氟胺氰菊酯	0.5

*表示该限量为临时限量，全书同。

（续表）

序号	农药中文名称	MRL/（mg/kg）	序号	农药中文名称	MRL/（mg/kg）
29	氟苯虫酰胺	10*	57	百草枯	0.05*
30	氟苯脲	0.5	58	倍硫磷	0.05
31	氟吡菌胺	0.5*	59	苯线磷	0.02
32	氟啶胺	0.2	60	敌草腈	0.3*
33	氟啶脲	2	61	地虫硫磷	0.01
34	氟氯氰菊酯和高效氟氯氰菊酯	0.5	62	对硫磷	0.01
35	甲氨基阿维菌素苯甲酸盐	0.05	63	呋虫胺	6
36	甲氰菊酯	1	64	氟虫腈	0.02
37	抗蚜威	1	65	氟啶虫胺腈	6*
38	喹禾灵和精喹禾灵	0.5	66	甲胺磷	0.05
39	乐果	1*	67	甲拌磷	0.01
40	硫酸链霉素	1*	68	甲基对硫磷	0.02
41	氯氟氰菊酯和高效氯氟氰菊酯	1	69	甲基硫环磷	0.03*
42	氯菊酯	5	70	甲基异柳磷	0.01*
43	氯氰菊酯和高效氯氰菊酯	2	71	甲萘威	1
44	氯溴异氰尿酸	0.2*	72	腈菌唑	0.05
45	马拉硫磷	8	73	久效磷	0.03
46	醚菊酯	1	74	克百威	0.02
47	氰戊菊酯和S-氰戊菊酯	3	75	磷胺	0.05
48	炔螨特	2	76	硫环磷	0.03
49	噻菌铜	0.1*	77	硫线磷	0.02
50	杀螟丹	3	78	螺虫乙酯	7*
51	霜霉威和霜霉威盐酸盐	10	79	氯虫苯甲酰胺	20*
52	四聚乙醛	1*	80	氯唑磷	0.01
53	戊唑醇	7	81	灭多威	0.2
54	溴氰菊酯	0.5	82	灭线磷	0.02
55	亚胺硫磷	0.5	83	内吸磷	0.02
56	唑虫酰胺	0.5	84	噻虫胺	2

序号	农药中文名称	MRL/（mg/kg）	序号	农药中文名称	MRL/（mg/kg）
85	噻虫嗪	3	97	蝇毒磷	0.05
86	杀虫脒	0.01	98	治螟磷	0.01
87	杀螟硫磷	0.5*	99	艾氏剂	0.05
88	杀扑磷	0.05	100	滴滴涕	0.05
89	双炔酰菌胺	25*	101	狄氏剂	0.05
90	水胺硫磷	0.05	102	毒杀芬	0.05*
91	特丁硫磷	0.01*	103	六六六	0.05
92	涕灭威	0.03	104	氯丹	0.02
93	辛硫磷	0.05	105	灭蚁灵	0.01
94	溴氰虫酰胺	20*	106	七氯	0.02
95	氧乐果	0.02	107	异狄氏剂	0.05
96	乙酰甲胺磷	1	108	保棉磷	0.5

根据 GB 2763—2019《食品安全国家标准　食品中农药最大残留限量》的食品分类，关于大白菜的农药残留限量标准有 57 项，关于叶菜类蔬菜的农药残留限量标准有 51 项，大白菜相关的农药残留标准共 108 项，结合中国农药登记状况，中国大白菜农药登记和农药残留限量标准的制定情况如下。

（1）登记和农药残留限量标准情况。中国在大白菜上登记的农药共计 44 种，包括杀菌剂 19 种、杀虫剂 18 种、植物生长调节剂 5 种、除草剂 1 种，复配登记 1 种。其中在被登记的农药中有 15 种已经在 GB 2763—2019《食品安全国家标准　食品中农药最大残留限量》中制定了标准规定。

（2）已经在大白菜上登记并制定了农药残留限量标准的农药总计 15 种。这部分农药的限量标准相对比较宽松，其中阿维菌素和甲氨基阿维菌素苯甲酸盐的农药残留限量标准为 0.05 mg/kg，其余农药的农药残留限量标准均大于或等于 0.1 mg/kg。

（3）在蔬菜或在农业上禁用和限用的有 65 种，这部分农药的限量标准较严格，除乐果和乙酰甲胺磷的限量值为 1 mg/kg 外，其余一般设置为 0.01 mg/kg、0.02 mg/kg、0.03 mg/kg、0.05 mg/kg 或 0.1 mg/kg。

（4）不在登记、禁限用范围内但属于 GB 2763—2019《食品安全国家标准　食品中农药最大残留限量》的农药共有 65 种，在这些农药中，所制定的限量标准有的相对严格，例如苯线磷、地虫硫磷、对硫磷、氟虫腈、甲拌磷、甲基对硫磷、甲基硫环磷、甲基异柳磷、久效磷、克百威、硫环磷、硫线磷、氯唑磷、灭线磷、内吸磷、杀虫脒、特丁硫磷、涕灭威、氧乐果、治螟磷、氯丹、灭蚁灵、七氯的限量标准设置范围为小于 0.05 mg/kg，其余农药的限量标准相对宽松。

1.2.2 番茄农药残留限量标准情况

中国番茄的农药残留限量标准主要来源于 GB 2763—2019《食品安全国家标准 食品中农药最大残留限量》。该标准于 2020 年 2 月 15 日正式实施，关于番茄的农药最大残留限量标准见表 11。

表 11 GB 2763—2019《食品安全国家标准 食品中农药最大残留限量》中
关于番茄的农药最大残留限量标准

序号	农药中文名称	MRL/（mg/kg）	序号	农药中文名称	MRL/（mg/kg）
1	2,4-滴和2,4-滴钠盐	0.50	24	敌磺钠	0.1*
2	阿维菌素	0.02	25	敌菌灵	10.00
3	矮壮素	1.00	26	敌螨普	0.3*
4	百菌清	5.00	27	丁吡吗啉	10*
5	保棉磷	1.00	28	丁氟螨酯	0.30
6	苯丁锡	1.00	29	丁硫克百威	0.10
7	苯氟磺胺	2.00	30	啶虫脒	1.00
8	苯菌酮	0.4*	31	啶菌噁唑	1*
9	苯醚甲环唑	0.50	32	啶酰菌胺	2.00
10	苯霜灵	0.20	33	啶氧菌酯	1.00
11	苯酰菌胺	2.00	34	毒氟磷	3*
12	吡丙醚	1.00	35	毒死蜱	0.50
13	吡虫啉	1.00	36	多菌灵	3.00
14	吡唑醚菌酯	1.00	37	多杀霉素	1*
15	丙环唑	3.00	38	噁唑菌酮	2.00
16	丙森锌	5.00	39	二嗪磷	0.50
17	丙溴磷	10.00	40	氟苯虫酰胺	2*
18	草铵膦	0.5*	41	氟吡菌胺	2*
19	虫酰肼	1.00	42	氟吡菌酰胺	1*
20	春雷霉素	0.05*	43	氟硅唑	0.20
21	代森联	5.00	44	氟氯氰菊酯和高效氟氯氰菊酯	0.20
22	代森锰锌	5.00	45	氟吗啉	10*
23	代森锌	5.00	46	氟氰戊菊酯	0.20

（续表）

序号	农药中文名称	MRL/（mg/kg）	序号	农药中文名称	MRL/（mg/kg）
47	氟酰脲	0.02	76	灭菌丹	3.00
48	福美双	5.00	77	萘乙酸和萘乙酸钠	0.10
49	福美锌	5.00	78	宁南霉素	1*
50	腐霉利	2.00	79	嗪氨灵	0.5*
51	复硝酚钠	0.1*	80	氰氟虫腙	0.60
52	咯菌腈	3.00	81	氰霜唑	2*
53	环酰菌胺	2*	82	氰戊菊酯和S-氰戊菊酯	0.20
54	己唑醇	0.50	83	噻草酮	1.5*
55	甲苯氟磺胺	3.00	84	噻虫胺	1.00
56	甲基硫菌灵	3.00	85	噻虫啉	0.50
57	甲氰菊酯	1.00	86	噻虫嗪	1.00
58	甲霜灵和精甲霜灵	0.50	87	噻菌铜	0.5*
59	甲氧虫酰肼	2.00	88	噻螨酮	0.10
60	腈菌唑	1.00	89	噻嗪酮	2.00
61	克菌丹	5.00	90	噻唑膦	0.05
62	喹啉铜	2*	91	杀虫单	1*
63	乐果	0.5*	92	杀虫双	1.00
64	联苯肼酯	0.50	93	杀线威	2*
65	联苯菊酯	0.50	94	双胍三辛烷基苯磺酸盐	1*
66	联苯三唑醇	3.00	95	双甲脒	0.50
67	螺螨酯	0.50	96	双炔酰菌胺	0.3*
68	氯吡嘧磺隆	0.05	97	霜霉威和霜霉威盐酸盐	2.00
69	氯氟氰菊酯和高效氯氟氰菊酯	0.20	98	霜脲氰	1.00
70	氯氰菊酯和高效氯氰菊酯	0.50	99	四聚乙醛	0.5*
71	氯噻啉	0.2*	100	四螨嗪	0.50
72	马拉硫磷	0.50	101	肟菌酯	0.70
73	嘧菌环胺	0.50	102	五氯硝基苯	0.10
74	嘧霉胺	1.00	103	戊菌唑	0.20
75	棉隆	0.02*	104	戊唑醇	2.00

（续表）

序号	农药中文名称	MRL/（mg/kg）	序号	农药中文名称	MRL/（mg/kg）
105	烯草酮	1.00	134	甲氨基阿维菌素苯甲酸盐	0.02
106	辛菌胺	0.5*	135	甲胺磷	0.05
107	溴氰虫酰胺	0.2*	136	甲拌磷	0.01
108	溴氰菊酯	0.20	137	甲基对硫磷	0.02
109	盐酸吗啉胍	5*	138	甲基硫环磷	0.03*
110	乙基多杀菌素	0.06*	139	甲基异柳磷	0.01*
111	乙霉威	1.00	140	甲萘威	1.00
112	乙烯菌核利	3*	141	久效磷	0.03
113	乙烯利	2.00	142	抗蚜威	0.50
114	异丙甲草胺和精异丙甲草胺	0.10	143	克百威	0.02
115	异菌脲	5.00	144	磷胺	0.05
116	抑霉唑	0.50	145	硫环磷	0.03
117	增效醚	2.00	146	硫线磷	0.02
118	仲丁灵	0.10	147	螺虫乙酯	1*
119	百草枯	0.05*	148	氯虫苯甲酰胺	0.6*
120	倍硫磷	0.05	149	氯菊酯	1.00
121	苯线磷	0.02	150	氯唑磷	0.01
122	吡噻菌胺	2*	151	咪唑菌酮	1.50
123	丙硫菌唑	0.2*	152	嘧菌酯	3.00
124	除虫菊素	0.05	153	灭多威	0.20
125	敌百虫	0.20	154	灭线磷	0.02
126	敌草腈	0.01*	155	内吸磷	0.02
127	敌草快	0.01	156	三唑醇	1.00
128	敌敌畏	0.20	157	三唑酮	1.00
129	地虫硫磷	0.01	158	杀虫脒	0.01
130	对硫磷	0.01	159	杀螟硫磷	0.5*
131	呋虫胺	0.50	160	杀扑磷	0.05
132	氟虫腈	0.02	161	水胺硫磷	0.05
133	氟啶虫胺腈	1.5*	162	特丁硫磷	0.01*

序号	农药中文名称	MRL/ （mg/kg）	序号	农药中文名称	MRL/ （mg/kg）
163	涕灭威	0.03	172	艾氏剂	0.05
164	烯酰吗啉	1.00	173	滴滴涕	0.05
165	辛硫磷	0.05	174	狄氏剂	0.05
166	氧乐果	0.02	175	毒杀芬	0.05*
167	乙酰甲胺磷	1.00	176	六六六	0.05
168	茚虫威	0.50	177	氯丹	0.02
169	蝇毒磷	0.05	178	灭蚁灵	0.01
170	治螟磷	0.01	179	七氯	0.02
171	唑螨酯	0.20	180	异狄氏剂	0.05

根据 GB 2763—2019《食品安全国家标准　食品中农药最大残留限量》的食品分类，关于番茄的农药残留限量标准有 118 项，关于茄果类蔬菜的农药残留限量标准有62 项，番茄相关的农药残留标准共 180 项，结合中国农药登记状况，中国番茄农药登记和农药残留限量标准的制定情况如下。

（1）登记和农药残留限量标准情况。中国在番茄上登记的农药共计 258 种，包括杀菌剂 184 种、杀虫剂 38 种、植物生长调节剂 25 种、除草剂 3 种、杀线虫剂 4 种、植物诱抗剂 2 种，复配登记 2 种。其中在被登记的农药中有 52 种已经在 GB 2763—2019《食品安全国家标准　食品中农药最大残留限量》中制定了标准规定。

（2）已经在番茄上登记并制定了农药残留限量标准的农药总计 52 种。这部分农药的限量标准相对比较宽松，其中阿维菌素、甲氨基阿维菌素苯甲酸盐、春雷霉素、氯吡嘧磺隆和棉隆的农药残留限量标准小于或等于 0.05 mg/kg，其余农药的农药残留限量标准均大于或等于 0.1 mg/kg。

（3）在蔬菜或在农业上禁用和限用的有 65 种，这部分农药的限量标准比较严格，除乙酰甲胺磷的限量值为 1 mg/kg 外，其余一般设置小于 1 mg/kg。

（4）不在登记、禁限用范围内但属于 GB 2763—2019《食品安全国家标准　食品中农药最大残留限量》的农药共有 100 种，在这些农药中，所制定的限量标准有的相对严格，例如氟酰脲、噻唑膦、倍硫磷、除虫菊素、敌草腈、敌草快、氟虫腈、硫环磷、杀扑磷、水胺硫磷、辛硫磷、氧乐果、艾氏剂、狄氏剂、氯丹、灭蚁灵、七氯、异狄氏剂的限量标准设置范围为小于或等于 0.05 mg/kg，其余农药的限量标准相对宽松。

1.2.3　黄瓜农药残留限量标准情况

中国黄瓜的农药残留限量标准主要来源于 GB 2763—2019《食品安全国家标准　食

品中农药最大残留限量》。该标准于 2020 年 2 月 15 日正式实施，关于黄瓜的农药最大残留限量标准见表 12。

表 12　GB 2763—2019《食品安全国家标准　食品中农药最大残留限量》中
关于黄瓜的农药最大残留限量标准

序号	农药中文名称	MRL/（mg/kg）	序号	农药中文名称	MRL/（mg/kg）
1	阿维菌素	0.02	28	多菌灵	2
2	百菌清	5	29	多抗霉素	0.5*
3	保棉磷	0.2	30	噁霉灵	0.5*
4	苯丁锡	0.5	31	噁霜灵	5
5	苯氟磺胺	5	32	噁唑菌酮	1
6	苯菌酮	0.2*	33	二嗪磷	0.1
7	苯醚甲环唑	1	34	呋虫胺	2
8	吡虫啉	1	35	氟吡菌胺	0.5*
9	吡蚜酮	1	36	氟吡菌酰胺	0.5*
10	吡唑醚菌酯	0.5	37	氟啶胺	0.3
11	吡唑萘菌胺	0.5*	38	氟啶虫酰胺	1*
12	丙森锌	5	39	氟硅唑	1
13	虫螨腈	0.5	40	氟菌唑	0.2*
14	春雷霉素	0.2*	41	氟吗啉	2*
15	哒螨灵	0.1	42	氟唑菌酰胺	0.3*
16	代森铵	5	43	福美双	5
17	代森锰锌	5	44	福美锌	5
18	代森锌	5	45	腐霉利	2
19	敌磺钠	0.5*	46	咯菌腈	0.5
20	敌菌灵	10	47	环酰菌胺	1*
21	敌螨普	0.07*	48	己唑醇	1
22	丁吡吗啉	10*	49	甲氨基阿维菌素苯甲酸盐	0.02
23	丁硫克百威	0.2	50	甲苯氟磺胺	1
24	丁香菌酯	0.5*	51	甲基硫菌灵	2
25	啶虫脒	1	52	甲霜灵和精甲霜灵	0.5
26	啶酰菌胺	5	53	腈苯唑	0.2
27	毒死蜱	0.1	54	腈菌唑	1

（续表）

序号	农药中文名称	MRL/（mg/kg）	序号	农药中文名称	MRL/（mg/kg）
55	克菌丹	5	83	噻霉酮	0.1*
56	苦参碱	5*	84	噻唑膦	0.2
57	喹啉铜	2*	85	噻唑锌	0.5*
58	联苯菊酯	0.5	86	三乙膦酸铝	30*
59	联苯三唑醇	0.5	87	三唑酮	0.1
60	硫丹	0.05*	88	杀虫单	2*
61	硫酰氟	0.05*	89	杀线威	2*
62	螺虫乙酯	1*	90	申嗪霉素	0.3*
63	螺螨酯	0.07	91	双胍三辛烷基苯磺酸盐	2*
64	氯吡脲	0.1	92	双甲脒	0.5
65	氯氟氰菊酯和高效氯氟氰菊酯	1	93	双炔酰菌胺	0.2*
66	氯菊酯	0.5	94	霜脲氰	0.5
67	氯氰菊酯和高效氯氰菊酯	0.2	95	四氟醚唑	0.5
68	马拉硫磷	0.2	96	四螨嗪	0.5
69	咪鲜胺和咪鲜胺锰盐	1	97	威百亩	0.05*
70	醚菌酯	0.5	98	肟菌酯	0.3
71	嘧菌环胺	0.2	99	戊菌唑	0.1
72	嘧菌酯	0.5	100	戊唑醇	1
73	嘧霉胺	2	101	烯肟菌胺	1*
74	灭菌丹	1	102	烯肟菌酯	1*
75	灭蝇胺	1	103	烯酰吗啉	5
76	萘乙酸和萘乙酸钠	0.1	104	硝苯菌酯	2*
77	宁南霉素	1*	105	溴菌腈	0.5*
78	氰霜唑	0.5*	106	溴螨酯	0.5
79	氰戊菊酯和S-氰戊菊酯	0.2	107	溴氰虫酰胺	0.2*
80	噻苯隆	0.05	108	乙螨唑	0.02
81	噻虫啉	1	109	乙霉威	5
82	噻虫嗪	0.5	110	乙嘧酚	1

（续表）

序号	农药中文名称	MRL/（mg/kg）	序号	农药中文名称	MRL/（mg/kg）
111	乙蒜素	0.1*	140	克百威	0.02
112	乙烯菌核利	1*	141	联苯肼酯	0.5
113	异丙威	0.5	142	磷胺	0.05
114	异菌脲	2	143	硫环磷	0.03
115	抑霉唑	0.5	144	硫线磷	0.02
116	唑胺菌酯	1*	145	氯虫苯甲酰胺	0.3*
117	唑菌酯	1*	146	氯唑磷	0.01
118	唑螨酯	0.3	147	灭多威	0.2
119	唑嘧菌胺	1*	148	灭线磷	0.02
120	百草枯	0.05*	149	内吸磷	0.02
121	倍硫磷	0.05	150	嗪氨灵	0.5*
122	苯酰菌胺	2	151	噻螨酮	0.05
123	苯线磷	0.02	152	噻嗪酮	0.7
124	敌百虫	0.2	153	三唑醇	0.2
125	敌草腈	0.01*	154	杀虫脒	0.01
126	敌敌畏	0.2	155	杀螟硫磷	0.5*
127	地虫硫磷	0.01	156	杀扑磷	0.05
128	对硫磷	0.01	157	霜霉威和霜霉威盐酸盐	5
129	多杀霉素	0.2*	158	水胺硫磷	0.05
130	氟虫腈	0.02	159	特丁硫磷	0.01*
131	氟啶虫胺腈	0.5*	160	涕灭威	0.03
132	甲胺磷	0.05	161	辛硫磷	0.05
133	甲拌磷	0.01	162	氧乐果	0.02
134	甲基对硫磷	0.02	163	乙酰甲胺磷	1
135	甲基硫环磷	0.03*	164	蝇毒磷	0.05
136	甲基异柳磷	0.01*	165	增效醚	1
137	甲萘威	1	166	治螟磷	0.01
138	久效磷	0.03	167	艾氏剂	0.05
139	抗蚜威	1	168	滴滴涕	0.05

序号	农药中文名称	MRL/ （mg/kg）	序号	农药中文名称	MRL/ （mg/kg）
169	狄氏剂	0.05	173	灭蚁灵	0.01
170	毒杀芬	0.05*	174	七氯	0.02
171	六六六	0.05	175	异狄氏剂	0.05
172	氯丹	0.02			

根据 GB 2763—2019《食品安全国家标准 食品中农药最大残留限量》的食品分类，关于黄瓜的农药残留限量标准有 119 项，关于瓜类蔬菜的农药残留限量标准有 56 项，黄瓜相关的农药残留标准共 175 项，结合中国农药登记状况，中国黄瓜农药登记和农药残留限量标准的制定情况如下。

（1）登记和农药残留限量标准情况。中国在黄瓜上登记的农药共计 364 种，包括杀菌剂 299 种、杀虫剂 44 种、植物生长调节剂 16 种、杀线虫剂 3 种，复配登记 2 种。其中在被登记的农药中有 44 种已经在 GB 2763—2019《食品安全国家标准 食品中农药最大残留限量》中制定了标准规定。

（2）已经在黄瓜上登记并制定了农药残留限量标准的农药总计 62 种。这部分农药的限量标准相对比较宽松，其中阿维菌素、噻苯隆、硫酰氟和威百亩小于或等于 0.05 mg/kg，其余农药的农药残留限量标准均大于或等于 0.1 mg/kg。

（3）在蔬菜或在农业上禁用和限用的有 78 种，这部分农药的限量标准比较严格，除乙酰甲胺磷的限量值为 1 mg/kg 外，其余一般设置小于或等于 0.05 mg/kg。

（4）不在登记、禁限用范围内但属于 GB 2763—2019《食品安全国家标准 食品中农药最大残留限量》的农药共有 19 种，在这些农药中，所制定的限量标准有的相对严格，例如倍硫磷、氟虫腈、硫环磷、杀扑磷、水胺硫磷、艾氏剂、狄氏剂、氯丹、灭蚁灵、七氯、异狄氏剂的限量标准设置范围为小于或等于 0.05 mg/kg，其余农药的限量标准相对宽松。

1.2.4 甘蓝农药残留限量标准情况

中国甘蓝的农药残留限量标准主要来源于 GB 2763—2019《食品安全国家标准 食品中农药最大残留限量》。该标准于 2020 年 2 月 15 日正式实施，关于甘蓝的农药最大残留限量标准见表 13。

表 13 GB 2763—2019《食品安全国家标准 食品中农药最大残留限量》中
关于甘蓝的农药最大残留限量标准

序号	农药中文名称	MRL/ （mg/kg）	序号	农药中文名称	MRL/ （mg/kg）
1	百草枯	0.05*	2	倍硫磷	0.05

序号	农药中文名称	MRL/（mg/kg）	序号	农药中文名称	MRL/（mg/kg）
3	苯线磷	0.02	32	灭线磷	0.02
4	敌百虫	0.2	33	内吸磷	0.02
5	敌敌畏	0.2	34	噻草酮	9*
6	地虫硫磷	0.01	35	噻虫胺	0.2
7	啶酰菌胺	5	36	噻虫嗪	5
8	对硫磷	0.01	37	杀虫脒	0.01
9	多杀霉素	2*	38	杀螟硫磷	0.5*
10	呋虫胺	2	39	杀扑磷	0.05
11	氟虫腈	0.02	40	水胺硫磷	0.05
12	氟酰脲	0.7	41	特丁硫磷	0.01*
13	甲胺磷	0.05	42	涕灭威	0.03
14	甲拌磷	0.01	43	辛硫磷	0.05
15	甲基对硫磷	0.02	44	溴氰虫酰胺	2*
16	甲基硫环磷	0.03*	45	氧乐果	0.02
17	甲基异柳磷	0.01*	46	乙基多杀菌素	0.3*
18	甲萘威	1	47	乙酰甲胺磷	1
19	久效磷	0.03	48	蝇毒磷	0.05
20	抗蚜威	0.5	49	治螟磷	0.01
21	克百威	0.02	50	艾氏剂	0.05
22	联苯菊酯	0.4	51	滴滴涕	0.05
23	磷胺	0.05	52	狄氏剂	0.05
24	硫环磷	0.03	53	毒杀芬	0.05*
25	硫线磷	0.02	54	六六六	0.05
26	氯虫苯甲酰胺	2*	55	氯丹	0.02
27	氯菊酯	1	56	灭蚁灵	0.01
28	氯氰菊酯和高效氯氰菊酯	1	57	七氯	0.02
29	氯唑磷	0.01	58	异狄氏剂	0.05
30	嘧菌酯	5	59	保棉磷	0.5
31	灭多威	0.2			

根据 GB 2763—2019《食品安全国家标准 食品中农药最大残留限量》的食品分类，关于芸薹属类蔬菜的农药残留限量标准有 58 项，关于蔬菜的农药残留限量标准有 1 项，甘蓝相关的农药残留限量标准共 59 项，结合中国农药登记状况，中国甘蓝农药登记和农药残留限量标准的制定情况如下。

（1）登记和农药残留限量标准情况。中国在甘蓝上登记的农药共计 263 种，包括杀菌剂 2 种、杀虫剂 252 种、除草剂 3 种、植物生长调节剂 1 种、杀螨剂 1 种和昆虫生长调节剂 1 种，复配登记 3 种。其中在被登记的农药中有 14 种已经在 GB 2763—2019《食品安全国家标准 食品中农药最大残留限量》中制定了标准规定。

（2）已经在甘蓝上登记并制定了农药残留限量标准的农药总计 14 种。这部分农药的限量标准相对比较宽松，其中辛硫磷设置为 0.05 mg/kg，其余农药的农药残留限量标准均大于 0.1 mg/kg。

（3）在蔬菜或在农业上禁用和限用的有 66 种，这部分农药的限量标准比较严格，除乙酰甲胺磷的限量值为 1 mg/kg 外，其余一般设置小于或等于 0.05 mg/kg。

（4）不在登记、禁限用范围内但属于 GB 2763—2019《食品安全国家标准 食品中农药最大残留限量》的农药共有 19 种，在这些农药中，所制定的限量标准有的相对严格，例如倍硫磷、氟虫腈、硫环磷、杀扑磷、水胺硫磷、艾氏剂、狄氏剂、氯丹、灭蚁灵、七氯、异狄氏剂的限量标准设置范围为小于或等于 0.05 mg/kg，其余农药的限量标准相对宽松。

1.2.5 辣椒农药残留限量标准情况

中国辣椒的农药残留限量标准主要来源于 GB 2763—2019《食品安全国家标准 食品中农药最大残留限量》。该标准于 2020 年 2 月 15 日正式实施，关于辣椒的农药最大残留限量标准见表 14。

表 14 GB 2763—2019《食品安全国家标准 食品中农药最大残留限量》中关于辣椒的农药最大残留限量标准

序号	农药中文名称	MRL/（mg/kg）	序号	农药中文名称	MRL/（mg/kg）
1	2,4-滴和 2,4-滴钠盐	0.1	9	除虫脲	3
2	百菌清	5	10	春雷霉素	0.1*
3	苯氟磺胺	2	11	哒螨灵	2
4	苯菌酮	2*	12	代森联	10
5	苯醚甲环唑	1	13	代森锰锌	10
6	吡虫啉	1	14	代森锌	10
7	丙溴磷	3	15	敌螨普	0.2*
8	虫酰肼	1	16	丁硫克百威	0.1

（续表）

序号	农药中文名称	MRL/（mg/kg）	序号	农药中文名称	MRL/（mg/kg）
17	啶氧菌酯	0.5	46	螺虫乙酯	2*
18	多菌灵	2	47	氯氟氰菊酯和高效氯氟氰菊酯	0.2
19	多杀霉素	1*	48	氯氰菊酯和高效氯氰菊酯	0.5
20	噁霉灵	1*	49	氯溴异氰尿酸	5*
21	噁唑菌酮	3	50	马拉硫磷	0.5
22	二氰蒽醌	2*	51	咪鲜胺和咪鲜胺锰盐	2
23	氟苯虫酰胺	0.7*	52	咪唑菌酮	4
24	氟吡菌胺	0.1*	53	嘧菌酯	2
25	氟吡菌酰胺	2*	54	氰氟虫腙	0.6
26	氟啶胺	3	55	氰戊菊酯和S-氰戊菊酯	0.2
27	氟乐灵	0.05	56	噻虫嗪	1
28	氟氯氰菊酯和高效氟氯氰菊酯	0.2	57	噻嗪酮	2
29	氟氰戊菊酯	0.2	58	申嗪霉素	0.1*
30	福美锌	10	59	双甲脒	0.5
31	腐霉利	5	60	双炔酰菌胺	1*
32	咯菌腈	1	61	霜霉威和霜霉威盐酸盐	2
33	环酰菌胺	2*	62	霜脲氰	0.2
34	甲基硫菌灵	2	63	肟菌酯	0.5
35	甲萘威	0.5	64	五氯硝基苯	0.1
36	甲氰菊酯	1	65	戊唑醇	2
37	甲霜灵和精甲霜灵	0.5	66	烯酰吗啉	3
38	甲氧虫酰肼	2	67	辛菌胺	0.2*
39	腈苯唑	0.6	68	溴氰虫酰胺	1*
40	腈菌唑	3	69	溴氰菊酯	0.2
41	克菌丹	5	70	乙烯利	5
42	喹氧灵	1	71	异菌脲	5
43	乐果	0.5*	72	茚虫威	0.3
44	联苯肼酯	3	73	增效醚	2
45	联苯菊酯	0.5	74	仲丁灵	0.05

（续表）

序号	农药中文名称	MRL/（mg/kg）	序号	农药中文名称	MRL/（mg/kg）
75	百草枯	0.05*	104	硫环磷	0.03
76	倍硫磷	0.05	105	硫线磷	0.02
77	苯线磷	0.02	106	氯虫苯甲酰胺	0.6*
78	吡噻菌胺	2*	107	氯菊酯	1
79	吡唑醚菌酯	0.5	108	氯唑磷	0.01
80	丙硫菌唑	0.2*	109	嘧菌环胺	2
81	除虫菊素	0.05	110	灭多威	0.2
82	敌百虫	0.2	111	灭线磷	0.02
83	敌草腈	0.01*	112	内吸磷	0.02
84	敌草快	0.01	113	噻虫胺	0.05
85	敌敌畏	0.2	114	三唑醇	1
86	地虫硫磷	0.01	115	三唑酮	1
87	啶虫脒	0.2	116	杀虫脒	0.01
88	啶酰菌胺	3	117	杀螟硫磷	0.5*
89	对硫磷	0.01	118	杀扑磷	0.05
90	呋虫胺	0.5	119	水胺硫磷	0.05
91	氟虫腈	0.02	120	特丁硫磷	0.01*
92	氟啶虫胺腈	1.5*	121	涕灭威	0.03
93	氟酰脲	0.7	122	辛硫磷	0.05
94	甲氨基阿维菌素苯甲酸盐	0.02	123	氧乐果	0.02
95	甲胺磷	0.05	124	乙酰甲胺磷	1
96	甲拌磷	0.01	125	蝇毒磷	0.05
97	甲基对硫磷	0.02	126	治螟磷	0.01
98	甲基硫环磷	0.03*	127	唑螨酯	0.2
99	甲基异柳磷	0.01*	128	艾氏剂	0.05
100	久效磷	0.03	129	滴滴涕	0.05
101	抗蚜威	0.5	130	狄氏剂	0.05
102	克百威	0.02	131	毒杀芬	0.05*
103	磷胺	0.05	132	六六六	0.05

（续表）

序号	农药中文名称	MRL/ （mg/kg）	序号	农药中文名称	MRL/ （mg/kg）
133	氯丹	0.02	136	异狄氏剂	0.05
134	灭蚁灵	0.01	137	保棉磷	0.5
135	七氯	0.02			

根据 GB 2763—2019《食品安全国家标准　食品中农药最大残留限量》的食品分类，关于辣椒的农药残留限量标准有 74 项，茄果类蔬菜的农药残留限量标准有 62 项，关于蔬菜的农药残留限量标准有 1 项，辣椒相关的农药残留标准共 137 项，结合中国农药登记状况，中国辣椒农药登记和农药残留限量标准的制定情况如下。

（1）登记和农药残留限量标准情况。中国在辣椒上登记的农药共计 120 种，包括杀菌剂 90 种、杀虫剂 18 种、除草剂 2 种、植物生长调节剂 9 种，复配登记 1 种。其中在被登记的农药中有 23 种已经在 GB 2763—2019《食品安全国家标准　食品中农药最大残留限量》中制定了标准规定。

（2）已经在辣椒上登记并制定了农药残留限量标准的农药总计 23 种。这部分农药的限量标准相对比较宽松，其中甲氨基阿维菌素苯甲酸盐设置为 0.02 mg/kg，仲丁灵和氟乐灵设置为 0.05 mg/kg，其余农药的农药残留限量标准均大于或等于 0.1 mg/kg。

（3）在蔬菜或在农业上禁用和限用的有 76 种，这部分农药的限量标准比较严格，除乙酰甲胺磷的限量值为 1 mg/kg 外，其余一般设置小于或等于 0.1 mg/kg。

（4）不在登记、禁限用范围内但属于 GB 2763—2019《食品安全国家标准　食品中农药最大残留限量》的农药共有 87 种，在这些农药中，所制定的限量标准有的相对严格，例如二嗪磷、倍硫磷、氟虫腈、腈菌唑、硫环磷、杀扑磷、水胺硫磷、辛硫磷、氧乐果、艾氏剂、狄氏剂、氯丹、灭蚁灵、七氯、异狄氏剂的限量标准设置范围为小于或等于 0.05 mg/kg，其余农药的限量标准相对宽松。

1.2.6　茄子农药残留限量标准情况

中国茄子的农药残留限量标准主要来源于 GB 2763—2019《食品安全国家标准　食品中农药最大残留限量》。该标准于 2020 年 2 月 15 日正式实施，关于茄子的农药最大残留限量标准见表 15。

表 15　GB 2763—2019《食品安全国家标准　食品中农药最大残留限量》中
关于茄子的农药最大残留限量标准

序号	农药中文名称	MRL/ （mg/kg）	序号	农药中文名称	MRL/ （mg/kg）
1	2,4-滴和 2,4-滴钠盐	0.1	3	百菌清	5
2	阿维菌素	0.2	4	吡虫啉	1

（续表）

序号	农药中文名称	MRL/（mg/kg）	序号	农药中文名称	MRL/（mg/kg）
5	虫螨腈	1	33	霜霉威和霜霉威盐酸盐	0.3
6	代森锰锌	1	34	肟菌酯	0.7
7	代森锌	1	35	五氯硝基苯	0.1
8	丁硫克百威	0.1	36	戊唑醇	0.1
9	啶虫脒	1	37	溴氰菊酯	0.2
10	多菌灵	3	38	乙基多杀菌素	0.1*
11	多杀霉素	1*	39	唑虫酰胺	0.5
12	氟氯氰菊酯和高效氟氯氰菊酯	0.2	40	百草枯	0.05*
13	氟氰戊菊酯	0.2	41	倍硫磷	0.05
14	腐霉利	5	42	苯醚甲环唑	0.6
15	咯菌腈	0.3	43	苯线磷	0.02
16	环酰菌胺	2*	44	吡噻菌胺	2*
17	甲基硫菌灵	3	45	吡唑醚菌酯	0.5
18	甲氰菊酯	0.2	46	丙硫菌唑	0.2*
19	乐果	0.5*	47	除虫菊素	0.05
20	联苯菊酯	0.3	48	敌百虫	0.2
21	氯氟氰菊酯和高效氯氟氰菊酯	0.2	49	敌草腈	0.01*
22	氯化苦	0.05*	50	敌草快	0.01
23	氯氰菊酯和高效氯氰菊酯	0.5	51	敌敌畏	0.2
24	马拉硫磷	0.5	52	地虫硫磷	0.01
25	嘧菌环胺	0.2	53	啶酰菌胺	3
26	嗪氨灵	1*	54	对硫磷	0.01
27	氰氟虫腙	0.6	55	呋虫胺	0.5
28	氰戊菊酯和S-氰戊菊酯	0.2	56	氟吡菌胺	0.5*
29	噻虫啉	0.7	57	氟虫腈	0.02
30	噻虫嗪	0.5	58	氟啶虫胺腈	1.5*
31	噻螨酮	0.1	59	氟酰脲	0.7
32	双甲脒	0.5	60	氟唑菌酰胺	0.6*

（续表）

序号	农药中文名称	MRL/（mg/kg）	序号	农药中文名称	MRL/（mg/kg）
61	甲氨基阿维菌素苯甲酸盐	0.02	87	三唑酮	1
62	甲胺磷	0.05	88	杀虫脒	0.01
63	甲拌磷	0.01	89	杀螟硫磷	0.5*
64	甲基对硫磷	0.02	90	杀扑磷	0.05
65	甲基硫环磷	0.03*	91	水胺硫磷	0.05
66	甲基异柳磷	0.01*	92	特丁硫磷	0.01*
67	甲萘威	1	93	涕灭威	0.03
68	甲氧虫酰肼	0.3	94	烯酰吗啉	1
69	腈菌唑	0.2	95	辛硫磷	0.05
70	久效磷	0.03	96	溴氰虫酰胺	0.5*
71	抗蚜威	0.5	97	氧乐果	0.02
72	克百威	0.02	98	乙酰甲胺磷	1
73	磷胺	0.05	99	茚虫威	0.5
74	硫环磷	0.03	100	蝇毒磷	0.05
75	硫线磷	0.02	101	治螟磷	0.01
76	螺虫乙酯	1*	102	唑螨酯	0.2
77	氯虫苯甲酰胺	0.6*	103	艾氏剂	0.05
78	氯菊酯	1	104	滴滴涕	0.05
79	氯唑磷	0.01	105	狄氏剂	0.05
80	咪唑菌酮	1.5	106	毒杀芬	0.05*
81	嘧菌酯	3	107	六六六	0.05
82	灭多威	0.2	108	氯丹	0.02
83	灭线磷	0.02	109	灭蚁灵	0.01
84	内吸磷	0.02	110	七氯	0.02
85	噻虫胺	0.05	111	异狄氏剂	0.05
86	三唑醇	1	112	保棉磷	0.5

　　根据 GB 2763—2019《食品安全国家标准　食品中农药最大残留限量》的食品分类，关于茄子的农药残留限量标准有 39 项，茄果类蔬菜的农药残留限量标准有 72 项，关于蔬菜的农药残留限量标准有 1 项，茄子相关的农药残留标准共 112 项，结合中国农药登记状况，中国茄子农药登记和农药残留限量标准的制定情况如下。

（1）登记和农药残留限量标准情况。中国在茄子上登记的农药共计 25 种，包括杀菌剂 9 种、杀虫剂 12 种、除草剂 1 种、植物生长调节剂 2 种，复配登记 1 种。被登记的农药中有 23 种已经在 GB 2763—2019《食品安全国家标准　食品中农药最大残留限量》中制定了标准规定。

（2）已经在茄子上登记并制定了农药残留限量标准的农药总计 6 种。这部分农药的限量标准相对比较宽松，这 6 种农药的农药残留限量标准均大于或等于 0.1 mg/kg。

（3）在蔬菜或在农业上禁用和限用的有 39 种，这部分农药的限量标准比较严格，除乙酰甲胺磷的限量值为 1 mg/kg 以及乐果的临时限量为 0.5 mg/kg 外，其余一般设置小于或等于 0.1 mg/kg。

（4）不在登记、禁限用范围内但属于 GB 2763—2019《食品安全国家标准　食品中农药最大残留限量》的农药共有 79 种，在这些农药中，所制定的限量标准有的相对严格，例如氯化苦、倍硫磷、除虫菊素、敌草腈、敌草快、氟虫腈、甲氨基阿维菌素苯甲酸盐、硫环磷、噻虫胺、杀扑磷、水胺硫磷、辛硫磷、氧乐果、艾氏剂、狄氏剂、氯丹、灭蚁灵、七氯、异狄氏剂的限量标准设置范围为小于或等于 0.05 mg/kg，其余农药的限量标准相对宽松。

1.2.7　花椰菜农药残留限量标准情况

中国花椰菜的农药残留限量标准主要来源于 GB 2763—2019《食品安全国家标准 食品中农药最大残留限量》。该标准于 2020 年 2 月 15 日正式实施，关于花椰菜的农药最大残留限量标准见表 16。

表 16　GB 2763—2019 中关于花椰菜的农药最大残留限量标准

序号	农药中文名称	MRL/（mg/kg）	序号	农药中文名称	MRL/（mg/kg）
1	阿维菌素	0.5	12	啶虫脒	0.5
2	保棉磷	1	13	毒死蜱	1
3	苯醚甲环唑	0.2	14	二嗪磷	1
4	吡虫啉	1	15	氟胺氰菊酯	0.5
5	丙溴磷	2	16	氟吡菌酰胺	0.09*
6	虫酰肼	10	17	氟啶虫胺腈	0.04*
7	除虫菊素	1	18	氟啶脲	2
8	除虫脲	1	19	氟氯氰菊酯和高效氟氯氰菊酯	0.1
9	代森锰锌	2	20	氟氰戊菊酯	0.5
10	敌百虫	0.1	21	甲氨基阿维菌素苯甲酸盐	0.05
11	敌敌畏	0.1	22	甲硫威	0.1*

（续表）

序号	农药中文名称	MRL/（mg/kg）	序号	农药中文名称	MRL/（mg/kg）
23	甲氰菊酯	1	52	多杀霉素	2*
24	甲霜灵和精甲霜灵	2	53	呋虫胺	2
25	精噁唑禾草灵	0.1	54	氟虫腈	0.02
26	抗蚜威	1	55	氟酰脲	0.7
27	乐果	1*	56	甲胺磷	0.05
28	螺虫乙酯	1*	57	甲拌磷	0.01
29	氯菊酯	0.5	58	甲基对硫磷	0.02
30	马拉硫磷	0.5	59	甲基硫环磷	0.03*
31	咪唑菌酮	4	60	甲基异柳磷	0.01*
32	嘧菌酯	1	61	甲萘威	1
33	灭幼脲	3	62	久效磷	0.03
34	氰戊菊酯和S-氰戊菊酯	0.5	63	克百威	0.02
35	霜霉威和霜霉威盐酸盐	0.2	64	联苯菊酯	0.4
36	五氯硝基苯	0.05	65	磷胺	0.05
37	戊唑醇	0.05	66	硫环磷	0.03
38	溴氰菊酯	0.5	67	硫线磷	0.02
39	亚砜磷	0.01*	68	氯虫苯甲酰胺	2*
40	茚虫威	1	69	氯氰菊酯和高效氯氰菊酯	1
41	百菌清	5	70	氯唑磷	0.01
42	吡噻菌胺	5*	71	灭多威	0.2
43	吡唑醚菌酯	0.1	72	灭线磷	0.02
44	氟吡菌胺	2*	73	内吸磷	0.02
45	氯氟氰菊酯和高效氯氟氰菊酯	0.5	74	噻草酮	9*
46	百草枯	0.05*	75	噻虫胺	0.2
47	倍硫磷	0.05	76	噻虫嗪	5
48	苯线磷	0.02	77	杀虫脒	0.01
49	地虫硫磷	0.01	78	杀螟硫磷	0.5*
50	啶酰菌胺	5	79	杀扑磷	0.05
51	对硫磷	0.01	80	水胺硫磷	0.05

序号	农药中文名称	MRL/（mg/kg）	序号	农药中文名称	MRL/（mg/kg）
81	特丁硫磷	0.01 *	90	艾氏剂	0.05
82	涕灭威	0.03	91	滴滴涕	0.05
83	辛硫磷	0.05	92	狄氏剂	0.05
84	溴氰虫酰胺	2 *	93	毒杀芬	0.05 *
85	氧乐果	0.02	94	六六六	0.05
86	乙基多杀菌素	0.3 *	95	氯丹	0.02
87	乙酰甲胺磷	1	96	灭蚁灵	0.01
88	蝇毒磷	0.05	97	七氯	0.02
89	治螟磷	0.01	98	异狄氏剂	0.05

根据 GB 2763—2019《食品安全国家标准　食品中农药最大残留限量》的食品分类，关于花椰菜的农药残留限量标准有 40 项，头状花序芸薹属蔬菜的农药残留限量标准有 5 项，关于芸薹属类蔬菜的农药残留限量标准有 53 项，花椰菜相关的农药残留标准共 98 项，结合中国农药登记状况，中国花椰菜农药登记和农药残留限量标准的制定情况如下。

（1）登记和农药残留限量标准情况。中国在花椰菜上登记的农药共计 10 种，包括杀菌剂 4 种、杀虫剂 4 种、除草剂 1 种、植物生长调节剂 1 种。其中在被登记的农药中有 5 种已经在 GB 2763—2019《食品安全国家标准　食品中农药最大残留限量》中制定了标准规定。

（2）已经在花椰菜上登记并制定了农药残留限量标准的农药总计 5 种。这部分农药的限量标准相对比较宽松，除了甲氨基阿维菌素苯甲酸盐的农药残留限量标准为 0.05 mg/kg，其余 4 种农药的农药残留限量标准均大于或等于 0.1 mg/kg。

（3）在蔬菜或在农业上禁用和限用的有 59 种，这部分农药的限量标准比较严格，除毒死蜱、乐果和乙酰甲胺磷的限量值为 1 mg/kg 以及灭多威的限量值为 0.2 mg/kg 外，其余一般设置小于或等于 0.05 mg/kg。

（4）不在登记、禁限用范围内但属于 GB 2763—2019《食品安全国家标准　食品中农药最大残留限量》的农药共有 65 种，在这些农药中，所制定的限量标准有的相对严格，例如氟啶虫胺腈、五氯硝基苯、戊唑醇、亚砜磷、倍硫磷、氟虫腈、硫环磷、杀扑磷、水胺硫磷、辛硫磷、氧乐果、艾氏剂、狄氏剂、氯丹、灭蚁灵、七氯、异狄氏剂的限量标准设置范围为小于或等于 0.05 mg/kg，其余农药的限量标准相对宽松。

1.2.8　马铃薯农药残留限量标准情况

中国马铃薯的农药残留限量标准主要来源于 GB 2763—2019《食品安全国家标准

食品中农药最大残留限量》。该标准于 2020 年 2 月 15 日正式实施，关于马铃薯的农药最大残留限量标准见表 17。

表 17 GB 2763—2019《食品安全国家标准 食品中农药最大残留限量》中
关于马铃薯的农药最大残留限量标准

序号	农药中文名称	MRL/（mg/kg）	序号	农药中文名称	MRL/（mg/kg）
1	2,4-滴和 2,4-滴钠盐	0.2	26	二甲戊灵	0.3
2	阿维菌素	0.01	27	二嗪磷	0.01
3	百菌清	0.2	28	砜嘧磺隆	0.1
4	保棉磷	0.05	29	氟苯脲	0.05
5	苯氟磺胺	0.1	30	氟吡甲禾灵和高效氟吡甲禾灵	0.1*
6	苯醚甲环唑	0.02	31	氟吡菌胺	0.05*
7	苯霜灵	0.02	32	氟吡菌酰胺	0.03*
8	苯酰菌胺	0.02	33	氟啶胺	0.5
9	吡虫啉	0.5	34	氟啶虫酰胺	0.2*
10	吡噻菌胺	0.05*	35	氟氯氰菊酯和高效氟氯氰菊酯	0.01
11	吡唑醚菌酯	0.02	36	氟吗啉	0.5*
12	丙硫菌唑	0.02*	37	氟氰戊菊酯	0.05
13	丙炔噁草酮	0.02*	38	氟酰脲	0.01
14	丙森锌	0.5	39	氟唑环菌胺	0.02*
15	丙溴磷	0.05	40	福美双	0.5
16	草铵膦	0.1*	41	复硝酚钠	0.1*
17	代森联	0.5	42	咯菌腈	0.05
18	代森锰锌	0.5	43	甲基立枯磷	0.2
19	代森锌	0.5	44	甲硫威	0.05*
20	敌草快	0.05	45	甲哌鎓	3*
21	敌磺钠	0.1*	46	甲霜灵和精甲霜灵	0.05
22	啶酰菌胺	1	47	精二甲吩草胺	0.01
23	多抗霉素	0.5*	48	克百威	0.1
24	多杀霉素	0.01*	49	克菌丹	0.05
25	噁唑菌酮	0.5	50	喹禾灵和精喹禾灵	0.05

（续表）

序号	农药中文名称	MRL/（mg/kg）	序号	农药中文名称	MRL/（mg/kg）
51	乐果	0.5*	79	杀线威	0.1*
52	溴甲烷	5*	80	双炔酰菌胺	0.01*
53	磷化铝	0.05	81	霜霉威和霜霉威盐酸盐	0.3
54	甲基毒死蜱	5*	82	霜脲氰	0.5
55	硫丹	0.05*	83	四氯硝基苯	20
56	螺虫乙酯	0.8*	84	涕灭威	0.1
57	氯苯胺灵	30	85	肟菌酯	0.2
58	氯氟氰菊酯和高效氯氟氰菊酯	0.02	86	五氯硝基苯	0.2
59	氯菊酯	0.05	87	烯草酮	0.5
60	马拉硫磷	0.5	88	烯酰吗啉	0.05
61	咪唑菌酮	0.02	89	溴氰虫酰胺	0.05*
62	嘧菌酯	0.1	90	溴氰菊酯	0.01
63	嘧霉胺	0.05	91	亚胺硫磷	0.05
64	灭草松	0.1*	92	亚砜磷	0.01*
65	灭菌丹	0.1	93	乙草胺	0.1
66	萘乙酸和萘乙酸钠	0.05	94	异噁草酮	0.02
67	嗪草酮	0.2	95	抑霉唑	5
68	氰氟虫腙	0.02	96	抑芽丹	50
69	氰霜唑	0.02*	97	茚虫威	0.02
70	氰戊菊酯和S-氰戊菊酯	0.05	98	唑螨酯	0.05
71	噻草酮	3*	99	唑嘧菌胺	0.05*
72	噻虫啉	0.02	100	百草枯	0.05*
73	噻虫嗪	0.2	101	倍硫磷	0.05
74	噻呋酰胺	2	102	苯线磷	0.02
75	噻节因	0.05	103	除虫菊素	0.05
76	噻菌灵	15	104	敌百虫	0.2
77	噻唑膦	0.1	105	敌敌畏	0.2
78	三苯基氢氧化锡	0.1*	106	地虫硫磷	0.01

（续表）

序号	农药中文名称	MRL/（mg/kg）	序号	农药中文名称	MRL/（mg/kg）
107	对硫磷	0.01	127	杀虫脒	0.01
108	氟虫腈	0.02	128	杀螟硫磷	0.5*
109	甲胺磷	0.05	129	杀扑磷	0.05
110	甲拌磷	0.01	130	水胺硫磷	0.05
111	甲基对硫磷	0.02	131	特丁硫磷	0.01*
112	甲基硫环磷	0.03*	132	辛硫磷	0.05
113	甲基异柳磷	0.01*	133	氧乐果	0.02
114	甲萘威	1	134	乙酰甲胺磷	1
115	久效磷	0.03	135	蝇毒磷	0.05
116	抗蚜威	0.05	136	增效醚	0.5
117	联苯菊酯		137	治螟磷	0.01
118	磷胺	0.05	138	艾氏剂	0.05
119	硫环磷	0.03	139	滴滴涕	0.05
120	硫线磷	0.02	140	狄氏剂	0.05
121	氯虫苯甲酰胺	0.02*	141	毒杀芬	0.05*
122	氯氰菊酯和高效氯氰菊酯	0.01	142	六六六	0.05
123	氯唑磷	0.01	143	氯丹	0.02
124	灭多威	0.2	144	灭蚁灵	0.01
125	灭线磷	0.02	145	七氯	0.02
126	内吸磷	0.02	146	异狄氏剂	0.05

根据 GB 2763—2019《食品安全国家标准 食品中农药最大残留限量》的食品分类，关于马铃薯的农药残留限量标准有 99 项，根茎类和薯芋类蔬菜的农药残留限量标准有 47 项，花椰菜相关的农药残留标准共 146 项，结合中国农药登记状况，中国马铃薯农药登记和农药残留限量标准的制定情况如下。

（1）登记和农药残留限量标准情况。中国在马铃薯上登记的农药共计 161 种，包括杀菌剂 107 种、杀虫剂 16 种、除草剂 23 种、植物生长调节剂 12 种，植物抗诱剂 1 种，复配剂 2 种。其中在被登记的农药中有 32 种已经在 GB 2763—2019《食品安全国家标准 食品中农药最大残留限量》中制定了标准规定。

（2）已经在马铃薯上登记并制定了农药残留限量标准的农药总计 32 种。这部分农药的限量标准相对比较宽松，除了吡唑醚菌酯的农药残留限量标准为 0.02 mg/kg、丙炔噁草酮和氰霜唑的临时残留限量标准为 0.02 mg/kg 以及双炔酰菌胺的临时残留限量标准为 0.01 mg/kg，其余农药的农药残留限量标准均大于或等于 0.05 mg/kg。

（3）在蔬菜或在农业上禁用和限用的有 65 种，这部分农药的限量标准比较严格，除乙酰甲胺磷的限量值为 1 mg/kg 以及乐果的临时限量为 0.5 mg/kg 外，其余一般设置小于或等于 0.05 mg/kg。

（4）不在登记、禁限用范围内但属于 GB 2763—2019《食品安全国家标准　食品中农药最大残留限量》的农药共有 87 种，在这些农药中，所制定的限量标准有的相对严格，例如阿维菌素、多杀霉素、二嗪磷、氟氯氰菊酯和高效氟氯氰菊酯、氟酰脲、精二甲吩草胺、溴氰菊酯、亚砜磷、氯氰菊酯和高效氯氰菊酯、灭蚁灵等 57 种农药的限量标准设置范围为小于或等于 0.05 mg/kg，其余农药的限量标准相对宽松。

1.2.9　大宗蔬菜农药残留限量标准宽严情况

为近一步了解中国大宗蔬菜的农药残留限量标准的情况，在表 10 至表 17 中的对各类别蔬菜中农药的限量标准值列举基础上进行分类，具体分类情况见表 18。在 GB 2763—2019《食品安全国家标准　食品中农药最大残留限量》中，大白菜农药残留限量标准范围占比最大的是 0.1～1（含 1）mg/kg，共 36 项，比例为 33.33%，占比最小的范围是小于等于 0.01 mg/kg，共 9 项，占比 8.33%；番茄农药残留限量标准范围占比最大的是 0.1～1（含 1）mg/kg，共 79 项，比例为 43.89%，占比最小的范围是小于等于 0.01 mg/kg，共 11 项，占比为 6.11%；黄瓜农药残留限量标准范围占比最大的是 0.1～1（含 1）mg/kg，共 87 项，比例为 49.71%，占比最小的范围是小于等于 0.01 mg/kg，共 10 项，占比为 5.71%；甘蓝农药残留限量标准范围占比最大的是 0.01～0.1（含 0.1）mg/kg，共 28 项，比例为 47.46%，占比最小的范围是大于 1 mg/kg，共 8 项，占比为 13.56%；辣椒农药残留限量标准范围占比最大的是 0.1～1（含 1）mg/kg，共 49 项，比例为 35.77%，占比最小的范围是小于等于 0.01 mg/kg，共 11 项，占比为 8.03%；茄子农药残留限量标准范围占比最大的是 0.1～1（含 1）mg/kg，共 53 项，比例为 47.32%，占比最小的范围是大于 1 mg/kg，共 10 项，比例为 8.93%；花椰菜农药残留限量标准范围占比最大的是 0.01～0.1（含 0.1）mg/kg，共 39 项，比例为 39.80%，占比最小的范围是小于等于 0.01 mg/kg，共 10 项，比例为 10.20%；马铃薯农药残留限量标准范围占比最大的是 0.01～0.1（含 0.1）mg/kg，共 84 项，占比为 57.53%，占比最小的范围是大于 1 mg/kg，共 10 项，占 6.85%。

表 18　中国大宗蔬菜农药残留限量标准分类

类别	农药残留限量标准分类情况					
	限量范围/（mg/kg）	≤0.01	0.01～0.1（含 0.1）	0.1～1（含 1）	>1	合计
大白菜	数量/项	9	35	36	28	108
	比例/%	8.33	32.41	33.33	25.93	1

（续表）

类别	农药残留限量标准分类情况					
番茄	限量范围/（mg/kg）	≤0.01	0.01~0.1（含0.1）	0.1~1（含1）	>1	合计
	数量/项	11	45	79	45	180
	比例/%	6.11	25.00	43.89	25.00	1
黄瓜	限量范围/（mg/kg）	≤0.01	0.01~0.1（含0.1）	0.1~1（含1）	>1	合计
	数量/项	10	47	87	31	175
	比例/%	5.71	26.86	49.71	17.71	1
甘蓝	限量范围/（mg/kg）	≤0.01	0.01~0.1（含0.1）	0.1~1（含1）	>1	合计
	数量/项	9	28	14	8	59
	比例/%	15.25	47.46	23.73	13.56	1
辣椒	限量范围/（mg/kg）	≤0.01	0.01~0.1（含0.1）	0.1~1（含1）	>1	合计
	数量/项	11	39	49	38	137
	比例/%	8.03	28.47	35.77	27.74	1
茄子	限量范围/（mg/kg）	≤0.01	0.01~0.1（含0.1）	0.1~1（含1）	>1	合计
	数量/项	11	38	53	10	112
	比例/%	9.82	33.93	47.32	8.93	1
花椰菜	限量范围/（mg/kg）	≤0.01	0.01~0.1（含0.1）	0.1~1（含1）	>1	合计
	数量/项	10	39	32	17	98
	比例/%	10.20	39.80	32.65	17.35	1
马铃薯	限量范围/（mg/kg）	≤0.01	0.01~0.1（含0.1）	0.1~1（含1）	>1	合计
	数量/项	19	84	33	10	146
	比例/%	13.01	57.53	22.60	6.85	1

与2016年制定的标准相比较，在2019年制定的标准中发生了一些变动，具体情况如下，对于大白菜，2019年新增添了腈菌唑、代森锌等19项农药残留限量标准，并在2016年制定的限量标准基础上更改了4项农药的残留限量标准，包括丙森锌的限量值由5 mg/kg更改为50 mg/kg、代森联的限量值由5 mg/kg更改为50 mg/kg、代森锰锌的限量值5 mg/kg更改为50 mg/kg以及敌百虫的限量值由0.2 mg/kg改动为2 mg/kg；对于番茄的农药残留限量标准，新增添了矮壮素、克菌丹等43项农药残留限量标准；在黄瓜的标准中，增加了苯菌酮、己唑醇等22项农药残留限量标准，另外多菌灵的限量标准值由0.5 mg/kg更改为2 mg/kg、氯氟氰菊酯和高效氯氟氰菊酯的限量标准值由

0.05 mg/kg 更改为 1 mg/kg、螺虫乙酯的限量标准值由 0.2 mg/kg 更改为 1 mg/kg；在甘蓝的农药残留限量标准中，2019 年删除掉代森锌、杀虫双 2 项农药残留标准，增添了啶酰菌胺、嘧菌酯等 7 项农药残留标；在辣椒的限量标准中，增加了吡虫啉、克菌丹、氟乐灵等 44 项农药残留限量标准，此外，在新标准中对原有标准中的代森联和代森锰锌的最大残留量均由 1 mg/kg 调至 10 mg/kg，甲萘威的限量标准由 1 mg/kg 调节为 0.5 mg/kg；茄子标准中，增加了多菌灵、丙溴磷、除虫菊素等 26 项农药残留限量标准，并在原有标准中更改了氟吡菌胺的限量值，由 1 mg/kg 调节至 0.5 mg/kg，甲基硫菌灵的限量值由 2 mg/kg 调整至 3 mg/kg；在花椰菜的标准中，增加了吡虫啉、丙溴磷、除虫菊素等 24 项农药残留限量标准，并在原有标准中更改了敌百虫和敌敌畏的限量值，均由 0.2 mg/kg 调节至 0.1 mg/kg；对于马铃薯标准，增加了百菌清、吡虫啉、草铵膦等 29 项农药残留限量标准，并在原有标准中将氯氟氰菊酯和高效氯氟氰菊酯的限量值由 0.01 mg/kg 调整为 0.02 mg/kg。

1.2.10　禁限用农药情况

近些年，为保障农业生产安全、农产品质量安全和生态环境安全，有效预防、控制和降低农药使用风险，国家对于农药方面的监管越来越严，农业农村部及相关主管部门陆续发布了许多禁用和限用的农药产品清单。

《中华人民共和国食品安全法》第四十九条规定：禁止将剧毒、高毒农药用于蔬菜、瓜果、茶叶和中草药材等国家规定的农作物；第一百二十三条规定：违法使用剧毒、高度农药的，除依照有关法律、法规规定给予处罚外，可以由公安机关依照规定给予拘留。

《中华人民共和国农药管理条例》第三十四条对农药禁限用方面也作出了相关规定：农药使用者应当严格按照农药的标签标注的使用范围、使用方法和剂量、使用技术要求和注意事项使用农药，不得扩大使用范围、加大用药剂量或者改变使用方法；农药使用者不得使用禁用的农药；标签标注安全间隔期的农药，在农产品收获前应当按照安全间隔期的要求停止使用；剧毒、高毒农药不得用于防治卫生害虫，不得用于蔬菜、瓜果、茶叶、菌类、中草药材的生产，不得用于水生植物的病虫害防治。

至 2020 年 1 月，中国将禁限用 89 种农药（其中 41 种为禁用农药，见表 19；48 种限用农药，见表 20。另外还有 23 种停止新增登记的农药，见表 21）。目前，农业农村部对六六六等 41 种农药采取禁用措施，其中公告第 148 号新增对氟虫胺的管理措施，自 2019 年 3 月 22 日起，不再受理、批准含氟虫胺农药产品（包括该有效成分的原药、单剂、复配制剂）的农药登记和登记延续；自 2019 年 3 月 26 日起，撤销含氟虫胺农药产品的农药登记和生产许可；自 2020 年 1 月 1 日起，禁止使用含氟虫胺成分的农药产品。此外，农业农村部对氧乐果等 48 种农药在某些作物上进行限制使用。其中，从 2019 年 8 月 1 日起，禁止乙酰甲胺磷、丁硫克百威、乐果在蔬菜、瓜果、茶叶、菌类和中草药材作物上使用。

表 19 国家禁止使用农药清单

序号	农药名称	禁用原因	禁用范围	撤销登记日期	禁止销售使用日期	公告
1	六六六	持久有机污染物	国家明令禁止使用17种	2002年6月5日	2002年6月5日	农业部公告第199号
2	滴滴涕					
3	毒杀芬					
4	艾氏剂					
5	狄氏剂					
6	二溴乙烷	致癌、致畸、生殖毒性				
7	除草醚					
8	杀虫脒					
9	敌枯双					
10	二溴氯丙烷					
11	砷、铅类	高毒、富集				
12	汞制剂					
13	氟乙酰胺	高毒、剧毒				
14	甘氟					
15	毒鼠强					
16	氟乙酸钠					
17	毒鼠硅					
18	甲胺磷		禁止使用	2003年12月31日（混配制剂）	2004年6月30日（混配制剂）	农业部公告第274号
19	对硫磷					
20	甲基对硫磷					
21	久效磷					
22	磷胺					
23	八氯二丙醚	在生产、使用过程中对人畜安全具有较大风险和危害		2007年3月1日	2008年1月1日	农业部公告第747号

（续表）

序号	农药名称	禁用原因	禁用范围	撤销登记日期	禁止销售使用日期	公告
24	苯线磷	高毒	禁止使用	2011 年 10 月 31 日	2013 年 10 月 31 日	农业部公告第 1586 号
25	地虫硫磷					
26	甲基硫环磷					
27	磷化钙					
28	磷化镁					
29	磷化锌					
30	硫线磷					
31	蝇毒磷					
32	治螟磷					
33	特丁硫磷					
34	百草枯水剂	对人畜毒害大		2014 年 7 月 1 日撤销百草枯水剂登记和生产许可、停止生产，保留母药生产企业水剂出口境外使用登记、允许专供出口生产	2016 年 7 月 1 日停止水剂在国内销售和使用	农业部、工业和信息化部、国家质量监督检验检疫总局公告第 1745 号
35	氯磺隆（包括原药、单剂和复配剂）	长残效致害药			2015 年 12 月 31 日	农业部公告第 2032 号
36	胺苯磺隆			2013 年 12 月 31 日撤销单剂产品登记证；2015 年 7 月 1 日撤销原药和复配制剂产品登记证	2015 年 12 月 31 日禁止单剂产品销售使用；2015 年 7 月 1 日禁止复配制剂产品销售使用	
37	甲磺隆				2015 年 12 月 31 日禁止单剂产品在国内销售使用；2017 年 7 月 1 日禁止在国内销售使用，保留出口境外使用登记	
38	福美胂	对人类和环境高风险、杂质致癌		2013 年 12 月 31 日	2015 年 12 月 31 日	
39	福美甲胂					
40	三氯杀螨醇	高毒		2016 年 9 月 7 日	2018 年 10 月 1 日	农业部公告第 2445 号
41	氟虫胺	持久有机污染物		2019 年 3 月 26 日	2020 年 1 月 1 日	农业农村部公告第 148 号

表 20　国家限制使用农药清单

序号	农药名称	禁用范围	公告	施行日期	限用原因	备注
1	氧乐果	甘蓝禁用	农业部公告第 194 号	2002 年 6 月 1 日	高毒	实行定点经营，标签还应标注"限制使用"字样，用于食用农产品的，还应标注安全间隔期
2	甲基异柳磷	蔬菜禁用	农业部公告第 199 号	2002 年 6 月 5 日		
3	涕灭威					
4	克百威					
5	甲拌磷					
6	特丁硫磷					
7	甲胺磷					
8	甲基对硫磷					
9	对硫磷					
10	久效磷					
11	磷胺					
12	甲基硫环磷					
13	治螟磷					
14	内吸磷					
15	灭线磷					
16	磷环磷					
17	蝇毒磷					
18	地虫硫磷					
19	氯唑磷					
20	苯线磷					
21	三氯杀螨醇	茶树			杂质为有机氯，残留超标	
22	氰戊菊酯					
23	丁酰肼	花生	农业部第 274 号公告农农发〔2010〕2 号通知	2003 年 4 月 30 日	致癌	
24	氟虫腈	仅限于卫生用、玉米等部分旱田种子包衣剂和专供出口产品使用	农业部公告第 1157 号	2009 年 10 月 1 日	对甲壳类水生生物和蜜蜂具有高风险，在水和土壤中降解慢	

（续表）

序号	农药名称	禁用范围	公告	施行日期	限用原因	备注
25	水胺硫磷	柑橘树	农业部公告第1586号	2011年6月15日	高毒	
26	灭多威	十字花科蔬菜禁用				
27	硫线磷	黄瓜禁用				
28	硫丹	农业				
29		苹果树、茶树	农业农村部公告　第2552号	2019年1月1日		
30	溴甲烷	黄瓜禁用	农业部公告第2289号	2015年10月1日	高毒/蒙特利尔协议管制物（破坏臭氧层）	
31		农业	农业农村部公告　第2552号	2019年1月1日		
32	毒死蜱	蔬菜禁用	农业部公告第2032号	2016年12月31日	残留超标	
33	三唑磷					
34	氯化苦	限用于土壤熏蒸，在专业技术人员指导下使用	农业部公告第2289号	2015年10月1日	高毒	实行定点经营，标签还应标注"限制使用"字样，用于食用农产品的，还应标注安全间隔期
35	磷化铝	限规范包装的磷化铝农药产品。应当内外双层包装。外包装应具有良好密闭性，防水防潮防气体外泄。内包装应具有通透性，便于直接熏蒸使用。内、外包装均应标注高毒标识及"人畜居住场所禁止使用"等注意事项	农业农村部公告　第2445号	2018年10月1日	对人畜高毒	
36	乙酰甲胺磷	蔬菜、瓜果、茶叶、菌类和中草药材禁用	农业农村部公告　第2552号	2019年8月1日	剧毒、高毒	标签应标注"限制使用"字样，用于食用农产品的，还应标注安全间隔期
37	丁硫克百威				高毒	
38	乐果					

（续表）

序号	农药名称	禁用范围	公告	施行日期	限用原因	备注
39	氟鼠灵	—	农业部公告第2567号	2017年10月1日	—	实行定点经营，标签还应标注"限制使用"字样，用于食用农产品的，还应标注安全间隔期
40	百草枯					
41	2,4-滴丁酯					
42	C型肉毒梭菌毒素					
43	D型肉毒梭菌毒素					
44	敌鼠钠盐					
45	杀鼠灵					
46	杀鼠醚					
47	溴敌隆					
48	溴鼠灵					

表21 国家停止新增农药登记清单

序号	农药名称	原因	公告	施行日期
1	内吸磷	高毒	农业部公告 第194号	2002年4月22日（临时登记申请）
2	甲拌磷	高毒	农业部公告 第194号 农业部公告 第1586号	2002年4月22日（临时登记申请），2011年6月15日（登记申请）
3	氧乐果			
4	水胺硫磷			
5	特丁硫磷			
6	甲基硫环磷			
7	治螟磷			
8	甲基异柳磷			
9	涕灭威			
10	克百威			
11	灭多威			

（续表）

序号	农药名称	原因	公告	施行日期
12	苯线磷			
13	地虫硫磷			
14	磷化钙			
15	磷化镁			
16	磷化锌			
17	硫线磷	高毒	农业部公告　第1586号	2011年6月15日（登记申请）
18	蝇毒磷			
19	杀扑磷			
20	灭线磷			
21	磷化铝			
22	溴甲烷			
23	硫丹			

1.3 CAC大宗蔬菜农药残留限量标准

CAC已成为全球消费者、食品生产和加工者、各国食品管理机构以及国际食品贸易重要的基本参照标准。自1961年开始制定国际食品法典以来，CAC在食品质量和安全方面的工作已得到世界的重视，并成为唯一的国际参考标准，促进国际社会和各国政府对食品安全的认同。现将相关大宗蔬菜的标准按照蔬菜类别整理于附录1中，同时表22中将目前规定各类大宗蔬菜的农药最大残留限量标准按照标准的宽严程度进行分类表示出来，以便对CAC的标准有比较清晰的理解。

表22　CAC大宗蔬菜农药残留限量标准分类

类别	限量范围	≤0.01	0.01~0.1（含0.1）	0.1~1（含1）	>1	合计
白菜	数量/项	1	0	1	2	4
	比例/%	25.0	0.0	25.0	50.0	
番茄	数量/项	2	7	51	24	84
	比例/%	2.4	8.3	60.7	28.6	
黄瓜	数量/项	1	12	30	7	50
	比例/%	2.0	24.0	60.0	14.0	

（续表）

类别	限量范围	≤0.01	0.01~0.1（含0.1）	0.1~1（含1）	>1	合计
甘蓝	数量/项	0	3	1	0	4
	比例/%	0.0	75.0	25.0	0.0	
辣椒	数量/项	1	0	3	9	13
	比例/%	7.7	0.0	23.1	69.2	
茄子	数量/项	1	6	22	2	31
	比例/%	3.2	19.4	71.0	6.5	
花椰菜	数量/项	0	4	13	16	33
	比例/%	0.0	12.1	39.4	48.5	
马铃薯	数量/项	17	41	10	9	77
	比例/%	22.1	53.2	13.0	11.7	

与 CAC 标准相比，中国 GB 2763—2019《食品安全国家标准　食品中农药最大残留限量》关于各类大宗蔬菜的农药数量与 CAC 标准相比较的各类情况见表 23。

表 23　中国与 CAC 大宗蔬菜农药残留限量标准对比

蔬菜名称	中国农药残留限量总数/项	CAC农药残留限量总数/项	仅中国有规定的农药数量/种	中、CAC均有规定的农药数量/种	仅CAC有规定的农药数量/种	中、CAC均有规定的农药数量/种		
						比CAC严格的农药数量	与CAC一致的农药数量	比CAC宽松的农药数量
大白菜	108	4	105	3	1	1	2	0
番茄	180	84	146	34	50	8	3	23
黄瓜	175	50	145	30	20	3	2	25
甘蓝	59	4	58	1	3	0	0	1
辣椒	137	13	127	10	3	1	8	1
茄子	112	31	96	16	15	1	12	3
花椰菜	98	33	97	19	14	5	8	6
马铃薯	146	77	88	58	19	10	36	12

1.4　欧盟大宗蔬菜农药残留限量标准

欧盟作为世界第二大的水果和蔬菜生产者，果蔬行业在欧盟农业中占有不可或缺的位置，大约占农产品总价值的17%。为确保果蔬的食品安全，欧盟建立了一套相应严格完善的监管体系，在农药残留方面，欧盟制定（EC）No.396/2005法规以用于监管欧盟果蔬的农药最大残留限量，保证贸易的公正化，令市场有序发展。现将相关大宗蔬菜的标准按照蔬菜类别整理于附录2中，同时表24中将目前规定各类大宗蔬菜的农药最大残留限量标准按照标准的宽严程度进行分类表示出来，以便对欧盟标准有比较清晰的理解。

表24　欧盟大宗蔬菜农药残留限量标准分类

类别	农药残留限量标准分类情况					
白菜	限量范围/（mg/kg）	≤0.01	0.01~0.1（含0.1）	0.1~1（含1）	>1	合计
	数量/项	291	140	19	23	473
	比例/%	61.52	29.60	4.02	4.86	
番茄	限量范围/（mg/kg）	≤0.01	0.01~0.1（含0.1）	0.1~1（含1）	>1	合计
	数量/项	238	125	80	31	474
	比例/%	50.21	26.37	16.88	6.54	
黄瓜	限量范围/（mg/kg）	≤0.01	0.01~0.1（含0.1）	0.1~1（含1）	>1	合计
	数量/项	254	134	75	11	474
	比例/%	53.59	28.27	15.82	2.32	
甘蓝	限量范围/（mg/kg）	≤0.01	0.01~0.1（含0.1）	0.1~1（含1）	>1	合计
	数量/项	301	147	15	10	473
	比例/%	63.64	31.08	3.17	2.11	
辣椒	限量范围/（mg/kg）	≤0.01	0.01~0.1（含0.1）	0.1~1（含1）	>1	合计
	数量/项	256	129	53	28	466
	比例/%	54.94	27.68	11.37	6.01	
茄子	限量范围/（mg/kg）	≤0.01	0.01~0.1（含0.1）	0.1~1（含1）	>1	合计
	数量/项	248	127	72	24	471
	比例/%	52.65	26.96	15.29	5.10	
花椰菜	限量范围/（mg/kg）	≤0.01	0.01~0.1（含0.1）	0.1~1（含1）	>1	合计
	数量/项	281	140	31	21	473
	比例/%	59.41	29.60	6.55	4.44	
马铃薯	限量范围/（mg/kg）	≤0.01	0.01~0.1（含0.1）	0.1~1（含1）	>1	合计
	数量/项	280	175	20	11	486
	比例/%	57.61	36.01	4.12	2.26	

根据表 24 对欧盟的几类大宗蔬菜农残限量标准分析如下。

（1）在大白菜的农药残留限量的规定中，农药残留标准限量小于等于 0.01 mg/kg 共 291 项，占规定总数的 61.52%，农药残留标准限量在 0.01~0.1 mg/kg（含 0.1 mg/kg）的有 140 项，占总数的 29.60%，农药残留标准限量在 0.1~1 mg/kg（含 1 mg/kg）的有 19 项，占总数的 4.02%，农药残留标准限量大于 1 mg/kg 共 23 项，占规定总数的 4.86%。

（2）在番茄的农药残留限量的规定中，农药残留标准限量小于等于 0.01 mg/kg 共 238 项，占规定总数的 50.21%，农药残留标准限量在 0.01~0.1 mg/kg（含 0.1 mg/kg）的有 125 项，占总数的 26.37%，农药残留标准限量在 0.1~1 mg/kg（含 1 mg/kg）的有 80 项，占总数的 16.88%，农药残留标准限量大于 1 mg/kg 共 31 项，占规定总数的 6.54%。

（3）在黄瓜的农药残留限量的规定中，农药残留标准限量小于等于 0.01 mg/kg 共 254 项，占规定总数的 53.59%，农药残留标准限量在 0.01~0.1 mg/kg（含 0.1 mg/kg）的有 134 项，占总数的 28.27%，农药残留标准限量在 0.1~1 mg/kg（含 1 mg/kg）的有 75 项，占总数的 15.82%，农药残留标准限量大于 1 mg/kg 共 11 项，占规定总数的 2.32%。

（4）在甘蓝的农药残留限量的规定中，农药残留标准限量小于等于 0.01 mg/kg 共 301 项，占规定总数的 63.64%，农药残留标准限量在 0.01~0.1 mg/kg（含 0.1 mg/kg）的有 147 项，占总数的 31.08%，农药残留标准限量在 0.1~1 mg/kg（含 1 mg/kg）的有 15 项，占总数的 3.17%，农药残留标准限量大于 1 mg/kg 共 10 项，占规定总数的 2.11%。

（5）在辣椒的农药残留限量的规定中，农药残留标准限量小于等于 0.01 mg/kg 共 256 项，占规定总数的 54.94%，农药残留标准限量在 0.01~0.1 mg/kg（含 0.1 mg/kg）的有 129 项，占总数的 27.68%，农药残留标准限量在 0.1~1 mg/kg（含 1 mg/kg）的有 53 项，占总数的 11.37%，农药残留标准限量大于 1 mg/kg 共 28 项，占规定总数的 6.01%。

（6）在茄子的农药残留限量的规定中，农药残留标准限量小于等于 0.01 mg/kg 共 248 项，占规定总数的 52.65%，农药残留标准限量在 0.01~0.1 mg/kg（含 0.1 mg/kg）的有 127 项，占总数的 26.96%，农药残留标准限量在 0.1~1 mg/kg（含 1 mg/kg）的有 72 项，占总数的 15.29%，农药残留标准限量大于 1 mg/kg 共 24 项，占规定总数的 5.10%。

（7）在花椰菜的农药残留限量的规定中，农药残留标准限量小于等于 0.01 mg/kg 共 280 项，占规定总数的 57.61%，农药残留标准限量在 0.01~0.1 mg/kg（含 0.1 mg/kg）的有 140 项，占总数的 29.60%，农药残留标准限量在 0.1~1 mg/kg（含 1 mg/kg）的有 19 项，占总数的 4.02%，农药残留标准限量大于 1 mg/kg 共 23 项，占规定总数的 4.86%。

（8）在马铃薯的农药残留限量的规定中，农药残留标准限量小于等于 0.01 mg/kg 共 291 项，占规定总数的 61.52%，农药残留标准限量在 0.01~0.1 mg/kg（含

0.1 mg/kg）的有 175 项，占总数的 36.01%，农药残留标准限量在 0.1~1 mg/kg（含 1 mg/kg）的有 20 项，占总数的 4.12%，农药残留标准限量大于 1 mg/kg 共 11 项，占规定总数的 2.26%。

（9）与欧盟标准相比，中国 GB 2763—2019《食品安全国家标准　食品中农药最大残留限量》关于各类大宗蔬菜的农药数量与欧盟标准相比较的各类情况见表 25。中国关于大白菜的农药数量有 108 种，其中 MRL 标准一致的共 27 种，中国比欧盟宽松的农药数量有 21 种，比欧盟严格的有 3 种；在番茄的农残标准中，中国的农药数量有 180 种，其中 MRL 标准一致的共 19 种，中国比欧盟宽松的农药数量有 11 种，比欧盟严格的有 2 种；黄瓜的农残标准中，我国的农药数量有 175 种，其中 MRL 标准一致的共 44 种，中国比欧盟宽松的农药数量有 34 种，比欧盟严格的有 2 种；甘蓝的农残标准中，中国的农药数量有 59 种，其中 MRL 标准一致的共 18 种，中国比欧盟宽松的农药数量有 14 种，没有比欧盟严格的标准；辣椒的农残标准中，中国的农药数量有 137 种，其中 MRL 标准一致的共 82 种，中国比欧盟宽松的农药数量有 61 种，比欧盟严格的有 14 种；茄子的农残标准中，中国的农药数量有 112 种，其中 MRL 标准一致的共 34 种，中国比欧盟宽松的农药数量有 22 种，比欧盟严格的有 4 种；花椰菜的农残标准中，中国的农药数量有 98 种，其中 MRL 标准一致的共 26 种，中国比欧盟宽松的农药数量有 19 种，比欧盟严格的有 3 种；马铃薯的农残标准中，中国的农药数量有 146 种，其中 MRL 标准一致的共 39 种，中国比欧盟宽松的农药数量有 24 种，比欧盟严格的有 6 种；相比之下，欧盟标准中农药种类规定的更全面、限量规定方面更严格。

表 25　中国与欧盟大宗蔬菜农药残留限量标准对比

蔬菜名称	中国农药残留限量总数/项	欧盟农药残留限量总数/项	仅中国有规定的农药数量/种	中、欧均有规定的农药数量/种	仅欧盟有规定的农药数量/种	中、欧均有规定的农药数量/种		
						比欧盟严格的农药数量	与欧盟一致的农药数量	比欧盟宽松的农药数量
大白菜	108	473	81	27	446	3	3	21
番茄	180	474	161	19	455	2	6	11
黄瓜	175	474	136	44	430	2	8	34
甘蓝	59	473	40	18	455	0	4	14
辣椒	137	466	57	82	384	14	7	61
茄子	112	471	78	34	437	4	8	22
花椰菜	98	473	72	26	447	3	4	19
马铃薯	146	486	107	39	447	6	9	24

欧盟对食品安全方面有着相当严格的要求并且出台了许多法规和条令、标准以便更好的管理。对于农药限量的授权和管理是以 91/414/EEC 指令以及于 2005 年颁布的 396/2005 法规为主要手段，建立植物源、动物源产品和饲料中统一的农药残留限量的

管理的框架。截至 2019 年 10 月更新后的法规 396/2005 的附件 IV 中，欧盟公布了豁免食品中农药最大残留限量标准名单，总计 106 种物质，包括微生物、无机物和植物提取物等，并按照已批准和尚未批准的分类标准对这 106 种物质进行汇总，具体见表 26、表 27。此外，欧盟还根据企业提供的资料以及风险评估确定了禁止使用的农药，通过相关法规对近 890 种农药和活性成分停止授权，具体的欧盟撤销登记的农药清单见附录 3。

表 26 欧盟豁免残留限量的农药名单（已经批准登记）

序号	中文名称	英文名称/拉丁学名
1	高岭土	aluminium silicate（aka kaolin）
2	碳化钙	calcium carbide
3	碳酸钙	calcium carbonate
4	氢氧化钙	calcium hydroxide
5	二氧化碳	carbon dioxide
6	磷酸铁	ferric phosphate［iron（III）phosphate］
7	硅藻土	kieselguhr（aka diatomaceous earth）
8	石硫合剂	lime sulphur
9	碳酸氢钾	potassium hydrogen carbonate
10	石英砂	quartz sand
11	碳酸氢钠	sodium hydrogen carbonate
12	硫磺	sulphur
13	正癸醇	1-decanol
14	乙酸	acetic acid
15	苯甲酸	benzoic acid
16	癸酸	capric acid
17	壳聚糖盐酸盐	chitosan hydrochloride
18	甲壳低聚糖-低聚半乳糖醛酸	COS-OGA
19	脂肪酸：月桂酸	fatty acid：lauric acid
20	脂肪酸 C_7-C_{20}	fatty acids C_7-C_{20}
21	脂肪酸：脂肪酸甲酯	fatty acid：fatty acid methyl ester
22	脂肪酸：辛酸	fatty acids：octanoic acid
23	脂肪酸：油酸，包括油酸乙酯	fatty acids：oleic acid incl，ethyloleate
24	脂肪酸：葡聚糖酸	fatty acids：pelargonic acid

（续表）

序号	中文名称	英文名称/拉丁学名
25	果糖	fructose
26	香叶醇	geraniol
27	还原型 XFG 木葡寡糖（DP7）	heptamaloxyloglucan
28	海带多糖	laminarin
29	卵磷脂	lecithins
30	麦芽糊精	maltodextrin
31	C12-20 异链烷烃	paraffin oil（CAS 64742-46-7）
32	润滑油	paraffin oil（CAS 72623-86-0）
33	白矿物油、石蜡油	paraffin oil（CAS 8042-47-5）
34	农用矿物油夏油	paraffin oil（CAS 97862-82-3）
35	蔗糖	sucrose
36	百里香酚	thymol
37	尿素	urea
38	醋	vinegar
39	茶树提取物	extract from tea tree
40	问荆	*Equisetum arvense* L.
41	大蒜提取物	garlic extract
42	柳属皮质	*Salix* spp. cortex
43	小卷叶蛾颗粒体病毒 BV-0001 株系	*Adoxophyes orana granulo virus* strain BV-0001
44	白粉寄生孢菌 AQ10 株系	*Ampelomyces quisqualis* strain AQ10
45	普鲁兰短梗霉 DSM14940 和 DSM14941 株系	*Aureobasidium pullulans* strains DSM 14940 and DSM14941
46	解淀粉芽孢杆菌植物亚种 D747 株系	*Bacillus amyloliquefaciens* subsp. *plantarum* strain D747
47	坚强芽孢杆菌 I-1582	*Bacillus firmus* I-1582
48	枯草芽孢杆菌 QST713 株系	*Bacillus subtilis* strain QST 713
49	球孢白僵菌 ATCC74040 株系	*Beauveria bassiana* strain AtCC 74040
50	球孢白僵菌 GHA 株系	*Beauveria bassiana* strain GHA
51	酿酒酵母细胞壁提取物（酿酒酵母 LAS117 株系）	cerevisane
52	盾壳霉 CON/M/91-08（DSM 9660）株系	*Coniothyrium minitans* strain CON/M/91-08（DSM 9660）

（续表）

序号	中文名称	英文名称/拉丁学名
53	苹果蠹蛾颗粒体病毒（CpGV）	*Cydia pomonella Granulo virus*（CpGV）
54	链孢粘帚霉 J1446 株系	*Gliocladium catenulatum* strain J1446
55	捕蝇蜡蚧菌 Ve6 株系	*Lecanicillium muscarium* strain Ve6
56	玫烟色棒束孢 Apopka 97 株系	*Paecilomyces fumosoroseus* apopka strain 97
57	玫烟色棒束孢 FE 9901 株系	*Paecilomyces fumosoroseus* strain FE 9901
58	淡紫拟青霉 251 株系	*Paecilomyces lilacinus* strain 251
59	凤果花叶病毒 CH2 品系 1906 菌株	*Pepino mosaic virus* strain CH2 isolate 1906
60	大伏革菌	*Phlebiopsis gigantea*
61	绿针假单胞菌 MA342 株系	*Pseudomonas chlororaphis* strain MA342
62	棘孢木霉（原名哈茨木霉）ICC012、T25 和 TV1 株系	*Trichoderma asperellum*（formerly *T. harzianum*）strains ICC012，T25 and TV1
63	哈茨木霉 T34 株系	*Trichoderma asperellum*（strain T34）
64	深绿木霉（原名哈茨木霉）IMI206040 和 T11 株系	*Trichoderma atroviride*（formerly *T. harzianum*）strains IMI 206040 and T11
65	深绿木霉 I-1237 株系	*Trichoderma atroviride* strain I-1237
66	盖氏木霉（原名绿色木霉）ICC080 株系	*Trichoderma gamsii*（formerly *T. viride*）strain ICC080
67	哈茨木霉 T-22 和 ITEM908 株系	*Trichoderma harzianum* strains T-22 and ITEM 908
68	黑白轮枝菌 WCS850 株系	*Verticillium albo-atrum* isolate WCS850
69	南瓜黄化花叶病毒弱株	*Zucchini yellow mosaik virus*-weak strain
70	棉铃虫核型多角体病毒	*Helicoverpa armigera nucleopolyhedro virus*
71	斜纹夜蛾核型多角体病毒	*Spodoptera littoralis nucleopolyhedro virus*
72	S-脱落酸（国标：S-诱抗素）	S-abscisic acid
73	L-抗坏血酸/维生素 C	L-ascorbic acid
74	乙烯	ethylene
75	赤霉酸	gibberellic acid
76	赤霉素	gibberellin

（续表）

序号	中文名称	英文名称/拉丁学名
77	橙油	orange oil
78	植物油/香茅醇	plant oils/citronellol
79	植物油/丁香油，丁香酚	plant oils/clove oil，Eugenol
80	植物油/菜籽油	plant oils/rapeseed oil
81	植物油/留兰香油，薄荷油	plant oils/spearmint oil
82	驱避剂：血粉	repellants：blood meal
83	驱避剂：鱼油	repellants：fish oil
84	驱避剂：羊脂	repellants：sheep fat
85	红圆蚧引诱剂	rescalure

表 27　欧盟豁免残留限量的农药名单（暂未批准登记）

序号	中文名称	英文名称
1	石灰岩	limestone
2	碘化钾	potassium Iodide
3	三碘化钾	potassium triiodide
4	硫氰化钾	potassium thiocyanate
5	硅酸铝钠	sodium aluminium silicate
6	硫酸	sulphuric acid
7	1,4-二氨基丁烷	1,4-diaminobutane（aka putrescine）
8	乙酸铵	ammonium acetate
9	脂肪醇	fatty alcohols/aliphatic alcohols
10	乳酸	lactic acid
11	甲基壬基酮	methyl nonyl ketone
12	海藻提取物	seaweed extracts
13	三甲铵盐酸盐	trimethylamine hydrochloride
14	胡椒粉	pepper
15	多孢木霉 IMI206039 株系	*Trichoderma polysporum* strain IMI 206039
16	甜菜夜蛾核型多角体病毒	*Spodoptera exigua nuclear polyhedrosis virus*
17	驱避剂：妥（塔）尔油	repellants：tall oil

（续表）

序号	中文名称	英文名称
18	叶酸	folic acid
19	脂肪酸：庚酸	fatty acids：heptanoic acid
20	脂肪酸：癸酸	fatty acids：decanoic acid
21	硫酸亚铁	ferrous sulphate ［iron（II）sulphate］

1.5 美国大宗蔬菜农药残留限量标准

美国作为农产品的进出口大国，负责美国食品中农药残留量监测的政府机构是美国农业部和美国食品药品管理局，对农药残留限量的规定主要包含在联邦法规 CFR 40 环境保护第 180 节，即化学农药在食品中的残留量与容许限量。美国目前规定的农药最大残留限量标准的具体清单见附录 4 中，并根据标准的宽严程度进行分类（表 28）。

表 28 美国大宗蔬菜农药残留限量标准分类

类别	农药残留限量标准分类情况					
白菜	限量范围/（mg/kg）	≤0.01	0.01~0.1（含0.1）	0.1~1（含1）	>1	合计
	数量/项	1	6	9	20	36
	比例/%	2.78	16.67	25.00	55.56	
番茄	限量范围/（mg/kg）	≤0.01	0.01~0.1（含0.1）	0.1~1（含1）	>1	合计
	数量/项	2	5	30	17	54
	比例/%	3.70	9.26	55.56	31.48	
黄瓜	限量范围/（mg/kg）	≤0.01	0.01~0.1（含0.1）	0.1~1（含1）	>1	合计
	数量/项	0	7	11	11	29
	比例/%	0	24.14	37.93	37.93	
甘蓝	限量范围/（mg/kg）	≤0.01	0.01~0.1（含0.1）	0.1~1（含1）	>1	合计
	数量/项	0	0	2	4	6
	比例/%	0	0	33.33	66.67	
辣椒	限量范围/（mg/kg）	≤0.01	0.01~0.1（含0.1）	0.1~1（含1）	>1	合计
	数量/项	1	4	21	15	41
	比例/%	2.44	9.76	51.22	36.59	

（续表）

类别	农药残留限量标准分类情况					
茄子	限量范围/（mg/kg）	≤0.01	0.01~0.1（含0.1）	0.1~1（含1）	>1	合计
	数量/项	1	2	9	6	18
	比例/%	5.56	11.11	50.00	33.33	
花椰菜	限量范围/（mg/kg）	≤0.01	0.01~0.1（含0.1）	0.1~1（含1）	>1	合计
	数量/项	0	1	10	10	21
	比例/%	0	4.76	47.62	47.62	
马铃薯	限量范围/（mg/kg）	≤0.01	0.01~0.1（含0.1）	0.1~1（含1）	>1	合计
	数量/项	1	36	22	6	65
	比例/%	1.54	55.38	33.85	9.23	

根据表28分析如下。

（1）美国对大白菜农药残留限量标准的规定，农药残留限量标准在0.01 mg/kg以下的有1项，占标准总数的2.78%；农药残留限量标准为0.01~0.1 mg/kg（含0.1 mg/kg）的有6项，占标准总数的16.67%；农药残留限量标准为0.1~1 mg/kg（含1 mg/kg）的有9项，占标准总数的25%；农药残留限量标准在1 mg/kg以上的有20项，占标准总数的55.56%。

（2）美国对番茄农药残留限量标准的规定，农药残留限量标准在0.01 mg/kg以下的有1项，占标准总数的2.78%；农药残留限量标准为0.01~0.1 mg/kg（含0.1 mg/kg）的有6项，占标准总数的16.67%；农药残留限量标准为0.1~1 mg/kg（含1 mg/kg）的有9项，占标准总数的25%；农药残留限量标准在1 mg/kg以上的有20项，占标准总数的55.56%。

（3）美国对黄瓜农药残留限量标准的规定，没有农药残留限量标准在0.01 mg/kg以下；农药残留限量标准为0.01~0.1 mg/kg（含0.1 mg/kg）的有7项，占标准总数的24.14%；农药残留限量标准为0.1~1 mg/kg（含1 mg/kg）的有11项，占标准总数的37.93%；农药残留限量标准在1 mg/kg以上的有11项，占标准总数的37.93%。

（4）美国对甘蓝农药残留限量标准的规定，没有农药残留限量标准在0.01 mg/kg以下以及0.01~0.1 mg/kg（含0.1 mg/kg）；农药残留限量标准为0.1~1 mg/kg（含1 mg/kg）的有2项，占标准总数的33.33%；农药残留限量标准在1 mg/kg以上的有4项，占标准总数的66.67%。

（5）美国对辣椒农药残留限量标准的规定，农药残留限量标准在0.01 mg/kg以下的有1项，占标准总数的2.44%；农药残留限量标准为0.01~0.1 mg/kg（含0.1 mg/kg）的有4项，占标准总数的9.76%；农药残留限量标准为0.1~1 mg/kg（含1 mg/kg）的有21项，占标准总数的51.22%；农药残留限量标准在1 mg/kg以上的有15项，占标准总数的36.59%。

（6）美国对茄子农药残留限量标准的规定，农药残留限量标准在 0.01 mg/kg 以下的有 1 项，占标准总数的 5.56%；农药残留限量标准为 0.01～0.1 mg/kg（含 0.1 mg/kg）的有 2 项，占标准总数的 11.11%；农药残留限量标准为 0.1～1 mg/kg（含 1 mg/kg）的有 9 项，占标准总数的 50%；农药残留限量标准在 1 mg/kg 以上的有 6 项，占标准总数的 33.33%。

（7）美国对花椰菜农药残留限量标准的规定，没有农药残留限量标准在 0.01 mg/kg 以下的；农药残留限量标准为 0.01~0.1 mg/kg（含 0.1 mg/kg）的有 1 项，占标准总数的 4.76%；农药残留限量标准为 0.1~1 mg/kg（含 1 mg/kg）的有 10 项，占标准总数的 47.62%；农药残留限量标准在 1 mg/kg 以上的有 10 项，占标准总数的 47.62%。

（8）美国对马铃薯农药残留限量标准的规定，农药残留限量标准在 0.01 mg/kg 以下的有 1 项，占标准总数的 1.54%；农药残留限量标准为 0.01～0.1 mg/kg（含 0.1 mg/kg）的有 36 项，占标准总数的 55.38%；农药残留限量标准为 0.1～1 mg/kg（含 1 mg/kg）的有 22 项，占标准总数的 33.85%；农药残留限量标准在 1 mg/kg 以上的有 6 项，占标准总数的 9.23%。

与美国相比，中国 GB 2763—2019《食品安全国家标准　食品中农药最大残留限量》关于大宗蔬菜的农药残留限量标准中，各类蔬菜的分析情况（表 29）如下：

（1）大白菜的相关农药残留限量标准中，与美国均有的农药残留限量标准的农药数量为 5 种。其中两者的 MRL 一致的以及比美国宽松的数量均为 0，比美国严格的有 5 种，分别是西维因、甲胺磷、灭多威、氯菊酯以及苯线磷。

（2）番茄的相关农药残留限量标准中，与美国均有的农药残留限量标准的农药数量为 24 种。其中两者的 MRL 一致的有 6 项，分别是百菌清、氟氯氰菊酯、溴氰菊酯、乙烯利、杀线威以及苯酰菌胺，比美国宽松的数量均为 11 种，比美国严格的有 7 种。

（3）黄瓜的相关农药残留限量标准中，与美国均有的农药残留限量标准的农药数量为 11 种。其中两者的 MRL 一致的有 3 项，分别是乙螨唑、杀线威、农利灵，比美国宽松的数量为 3 种，为毒死蜱、唑螨酯和代森锰锌，比美国严格的有 5 种，分别是克百威、氯硝胺、环酰菌胺、灭菌丹以及马拉硫磷。

（4）甘蓝的相关农药残留限量标准中，两国之间的标准没有重合项。

（5）辣椒的相关农药残留限量标准中，与美国均有的农药残留限量标准的农药数量为 15 种。其中两者的 MRL 一致的有 1 项，为联苯菊酯，比美国宽松的数量均为 6 种，比美国严格的有 8 种。

（6）茄子的相关农药残留限量标准中，与美国均有的农药残留限量标准的农药数量为 5 种。其中两者的 MRL 一致的的数量均为 0，比美国宽松的有 1 种，为氯菊酯，比美国严格的有 4 种，分别是联苯菊酯、苯线磷、马拉硫磷以及双苯氟脲。

（7）花椰菜的相关农药残留限量标准中，与美国均有的农药残留限量标准的农药数量为 3 种。其中两者的 MRL 一致的以及比美国宽松的数量均为 0，比美国严格的有 3 种，分别是甲胺磷、灭多虫以及氯菊酯。

（8）马铃薯的相关农药残留限量标准中，与美国均有的农药残留限量标准的农药数量为 27 种。其中两者的 MRL 一致的有 6 种，分别是烯草酮、氰霜唑、烯酰吗啉、抑芽丹、氯菊酯以及砜嘧磺隆，比美国宽松的数量均为 8 种，比美国严格的有 13 种。

表 29　中国与美国大宗蔬菜农药残留限量标准对比

蔬菜名称	中国农药残留限量总数/项	美国农药残留限量总数/项	仅中国有规定的农药数量/种	中、美均有规定的农药数量/种	仅美国有规定的农药数量/种	中、美均有规定的农药数量/种		
						比美国严格的农药数量	与美国一致的农药数量	比美国宽松的农药数量
大白菜	108	36	103	5	31	5	0	0
番茄	180	54	156	24	30	7	6	11
黄瓜	175	29	164	11	18	5	3	3
甘蓝	59	6	59	0	6	0	0	0
辣椒	137	41	122	15	26	8	1	6
茄子	112	18	107	5	13	4	0	1
花椰菜	98	21	95	3	18	3	0	0
马铃薯	146	65	119	27	38	13	6	8

美国联邦法规第 40 章第 180.2 节（40CFR 180.2）列举了美国的豁免物质，在最近更新的"豁免物质"清单中按性质归类可分为微生物活菌体、生物制剂农药、有机化合物、无机化合物及盐类、昆虫信息素、植物激素和植物生长调节剂、植物源性农药、生化农药植物花的挥发性引诱剂化合物、植物和微生物提取物、表面活性剂、食品添加剂、氨基酸、天敌、其他 14 种（表 30）。

表 30　美国采用"豁免物质"分类列表

类型	"豁免物质"名称	数量/个
微生物活菌体	*Alterna riadest ruens* 菌株 59、黄曲霉 AF36、花生上的黄曲霉 NRRL21882、白粉寄生孢单离物 M10、蜡状芽孢杆菌菌株 BPO1、强固芽孢杆菌 I-1582、甜菜上的罩状芽孢杆菌分离株、短小芽孢杆菌 GB34、短小芽孢杆菌菌株 QST2808、球形芽孢杆菌、枯草芽孢杆菌 GB03、枯草杆菌 MBI600、枯草杆菌菌株 QST713、解淀粉芽孢杆菌菌株 FZB24、球孢白僵菌 ATCC#74040、球孢白僵菌 HF23、球孢白僵菌菌株 GHA、假丝酵母单离物 I-182、胶孢炭疽菌合萌、盾壳霉菌株 CON/M/91-08、链孢粘帚霉菌株 J1446、绿粘帚霉单离体 GL-21、乳酸大链壶菌、真菌 QST 20799 及其在再水合时产生的挥发物、蝗虫微孢子虫、淡紫拟青霉 strain251、成团泛菌菌株 C9-1、成团泛菌菌株 E325、穿刺巴斯德杆菌、绿针假胞菌菌株 63-28、荧光假单胞菌 A506、荧光假单胞菌 1629RS、丁香假单胞菌 742RS、荧光假单胞菌菌株 PRA-25、丁香假单胞菌菌株 PF-A22U L、利迪链霉菌 WYEC108、链霉菌菌株 K61、哈茨木霉 KRL-AG2（ATCC#2 0847）属 T-22、哈茨木霉菌株 T-39、微生物芽孢杆菌中存活的孢子、微生物苏云金芽孢杆菌中能成活的孢子、辣椒斑点病菌和番茄细菌性斑点病病原特定噬菌体	42

(续表)

类型	"豁免物质"名称	数量/个
生物制剂农药	源自苏云金芽孢杆菌品种的 δ-内毒素并包裹在已死荧光假单胞菌的 CryIA（c）和 CryIC、其表达质粒和克隆载体、源自苏云金芽孢杆菌并包裹在已死萤光假单胞菌的 δ-内毒素、芹菜夜蛾核型多角体病毒的包含体、印度谷螟颗粒体病毒、已死的疣孢漆斑菌、美洲棉铃虫核型多角体病毒、日本金龟颗粒病毒的包含体、棕榈疫霉、甜菜夜蛾核型多角体病毒、烟草绿斑驳花叶病毒（TMGMV）、小西葫芦黄花叶病毒菌株	12
有机化合物	丙烯酸酯聚合体和共聚物、烯丙基异硫氰酸酯、作为芥菜的食品级油的成分、三异丙醇铝和仲丁醇铝、2-氨基-4,5-二氢-6-甲基-4-丙基-s-三唑酮、(1,5-α)吡啶-5-酮碳酸氢铵、较高脂肪酸的铵盐(C_8-C_{18} 饱和的；C_8-C_{12} 不饱和的)、3-氨基甲酰-2,4,5-三氯安息香酸、癸酸、二烯丙基硫化物、二元酯、二甲基亚砜、甲酰胺磺隆、甲醛与壬基酚和环氧乙烷的聚合物、蚁酸、(Z)-11-十六醛、甲氧咪草烟、异构体产品-C、异构产品-M、异佛乐酮、烯虫酯、邻氨基苯甲酸甲酯、甲基丁香酚和马拉硫磷化合物、甲基水杨酸酯、单尿素二氢硫磺盐、N-(正-辛基)-2-吡咯烷酮和 N-(正-十二烷基)-2-吡咯烷酮、N-椰油酰基肌氨酸钠盐混合物、壬酸、过氧乙酸、磷酸、聚-N-乙酰基-D-葡萄糖胺聚（环已双胍）氢氯化物（PHMB）、聚丁烯、多氧霉素 D 锌盐、四氢糠醇、麝香草酚、2,2,5-三甲基-3-二氯乙酰基-1,3-噁唑烷、三(2-乙基己基)磷酸酯、二甲苯	38
昆虫信息素	节肢动物信息素、(E,E)-8,10-十二碳二烯-1-醇、鳞翅类信息素、番茄蚀虫昆虫信息素	4
植物激素和植物生长调节剂	生长素、细胞分裂素、1,4-二甲基萘、乙烯、赤霉素［赤霉酸（GA3 和 GA4+GA7）、钠或钾赤霉素］、超敏蛋白、1-甲基环丙烯、5-硝基愈创木酚钠、邻-硝基苯酚钠、对-硝基苯酚钠	10
植物源性农药	印楝素、6-苄基腺嘌呤、桉树油、薄荷醇、松油、芝麻茎	6
生化农药植物花的挥发性引诱剂化合物	肉桂醛、肉桂醇、4-甲氧基肉桂醛、3-苯基丙醇、4-甲氧苯乙基酒精、吲哚、1,2,4-三甲氧基苯、(Z)-7,8-环氧-2-甲基十八烷（舞毒蛾性引诱剂）、棉红铃虫性诱剂、S-脱落酸	10
植物和微生物提取物	熟亚麻籽油、辣椒碱、清澄亲油性苦楝油提取物、*Chenopodium ambrosioides near ambrosioides* 萃取物、香叶醇、加州希蒙得木油、来自得克萨斯仙人球、南方红栎、香漆和红树科的植物提取物、皂树提取物（皂角苷）、大虎杖提取物、水解酿酒酵母提取物	11
无机化合物及盐类	硼酸及其盐、硼砂（十水四硼酸钠）、八硼酸二钠、硼氧化物（硼酐）、硼酸钠、偏硼酸钠、次氯酸钙、二氧化碳、氯气、铜、磷酸铁、硫酸亚铁、碘清洁剂、石灰、石硫合剂、氮、碳酸氢钾、磷酸二氢钾、硅酸钾、碳酸氢钠、碳酸钠、氯酸钠、亚氯酸钠、双乙酸钠、次氯酸钠、偏硅酸钠、硫磺、硫酸	28
表面活性剂	C_{12}-C_{18} 脂肪酸钾盐、C_8、C_{10} 和 C_{12} 脂肪酸甘油单酯和脂肪酸丙二醇单酯、甘醇、鼠李糖脂生物表面活性剂、三苯乙烯基苯酚聚氧乙烯醚	5
食品添加剂	肉桂醛、香茅醇、食物、药物和化妆品用色素一号蓝色粉、过氧化氢、溶血磷脂酰乙醇胺（LPE）、聚-D-葡萄糖胺（聚氨基葡萄糖）、山梨酸钾、丙酸、山梨糖醇辛酸酯、二氧化钛、3,7,11-三甲基-1,6,10-十二碳三烯-1-醇、3,7,11-三甲基-2,6,10-十二碳三烯-3-醇、醋酸	13

（续表）

类型	"豁免物质"名称	数量/个
氨基酸	γ-氨基丁酸、L-谷氨酸、N-酰基肌氨酸、N-椰油酰基肌氨酸、N-月桂酰肌氨酸、N-甲基-N-(1-氧十二烷基)氨基乙酸、N-甲基-N-(1-氧八烷基)氨基乙酸、N-甲基-N-(1-氧十四烷基)氨基乙酸、N-肉豆蔻酰肌氨酸、N-油酰基肌氨酸	10
天敌	寄生的（拟寄生物）和食肉昆虫	1
其他	硅藻土、高岭土、季铵盐氯化合物，烷基（C_{12}-C_{18}）苄基二甲基氯化物等农药成分、活性炭等化学信息剂中的惰性成分、干酪素等特别化学物质、丁二烯-苯乙烯共聚物等聚合体	351

1.6 澳新大宗蔬菜农药残留限量标准

澳新于1998年签订食品标准互认协议，共同建立了澳大利亚、新西兰食品标准局（FSANZ），负责制定澳新的食品标准法典。澳新作为农业生产大国，相关于农药残留限量标准的规定主要来源于澳新食品标准局颁布的《澳新食品标准法典》，其中所规定的大宗蔬菜农药残留限量标准的具体情况见附录5，同时根据附录5对标准的宽严程度进行分类，分类结果见表31。

表31 澳新大宗蔬菜农药残留限量标准分类

类别		农药残留限量标准分类情况				
白菜	限量范围/（mg/kg）	≤0.01	0.01~0.1（含0.1）	0.1~1（含1）	>1	合计
	数量/项	1	9	22	16	48
	比例/%	2.08	18.75	45.83	33.33	
番茄	限量范围/（mg/kg）	≤0.01	0.01~0.1（含0.1）	0.1~1（含1）	>1	合计
	数量/项	5	15	29	7	56
	比例/%	8.93	26.79	51.79	12.50	
黄瓜	限量范围/（mg/kg）	≤0.01	0.01~0.1（含0.1）	0.1~1（含1）	>1	合计
	数量/项	0	5	8	7	20
	比例/%	0	25.00	40.00	35.00	
辣椒	限量范围/（mg/kg）	≤0.01	0.01~0.1（含0.1）	0.1~1（含1）	>1	合计
	数量/项	2	0	3	3	8
	比例/%	25.00	0.00	37.50	37.50	

（续表）

类别	农药残留限量标准分类情况					
茄子	限量范围/（mg/kg）	≤0.01	0.01~0.1（含0.1）	0.1~1（含1）	>1	合计
	数量/项	0	2	5	0	7
	比例/%	0.00	28.57	71.43	0.00	
花椰菜	限量范围/（mg/kg）	≤0.01	0.01~0.1（含0.1）	0.1~1（含1）	>1	合计
	数量/项	2	1	1	3	7
	比例/%	28.57	14.29	14.29	42.86	
马铃薯	限量范围/（mg/kg）	≤0.01	0.01~0.1（含0.1）	0.1~1（含1）	>1	合计
	数量/项	12	39	8	8	67
	比例/%	17.91	58.21	11.94	11.94	

根据表 31 的分析，澳新对于大宗蔬菜农药残留限量标准的规定分析结果如下。

（1）对大白菜农药残留限量标准的规定，农药残留限量标准在 0.01 mg/kg 以下的有 1 种，占标准总数的 2.08%；农药残留限量标准为 0.01～0.1 mg/kg（含 0.1 mg/kg）的有 9 种，占标准总数的 18.75%；农药残留限量标准为 0.1～1 mg/kg（含 1 mg/kg）的有 22 种，占标准总数的 45.83%；农药残留限量标准在 1 mg/kg 以上的有 16 种，占标准总数的 33.33%。

（2）对番茄农药残留限量标准的规定，农药残留限量标准在 0.01 mg/kg 以下的有 5 种，占标准总数的 8.93%；农药残留限量标准为 0.01～0.1 mg/kg（含 0.1 mg/kg）的有 15 种，占标准总数的 26.79%；农药残留限量标准为 0.1～1 mg/kg（含 1 mg/kg）的有 29 种，占标准总数的 51.79%；农药残留限量标准在 1 mg/kg 以上的有 7 种，占标准总数的 12.50%。

（3）对黄瓜农药残留限量标准的规定，没有农药残留限量标准在 0.01 mg/kg 以下；农药残留限量标准为 0.01～0.1 mg/kg（含 0.1 mg/kg）的有 5 种，占标准总数的 25%；农药残留限量标准为 0.1～1 mg/kg（含 1 mg/kg）的有 8 种，占标准总数的 40%；农药残留限量标准在 1 mg/kg 以上的有 7 项，占标准总数的 35%。

（4）对辣椒农药残留限量标准的规定，农药残留限量标准在 0.01 mg/kg 以下的有 2 项，占标准总数的 25%；没有农药残留限量在 0.01～0.1 mg/kg（含 0.1 mg/kg）的项目；农药残留限量标准为 0.1～1 mg/kg（含 1 mg/kg）的有 3 项，占标准总数的 37.5%；农药残留限量标准在 1 mg/kg 以上的有 3 项，占标准总数的 37.5%。

（5）对茄子农药残留限量标准的规定中没有农药残留限量在 0.01 mg/kg 以下和在

1 mg/kg 以上的标准；农药残留限量标准为 0.01～0.1 mg/kg（含 0.1 mg/kg）的有 2 项，占标准总数的 28.57%；农药残留限量标准为 0.1～1 mg/kg（含 1 mg/kg）的有 5 项，占标准总数的 71.43%。

（6）对花椰菜农药残留限量标准的规定，农药残留限量标准在 0.01 mg/kg 以下的有 2 项，占标准总数的 28.57%；农药残留限量标准为 0.01～0.1 mg/kg（含 0.1 mg/kg）的有 1 项，占标准总数的 14.29%；农药残留限量标准为 0.1～1 mg/kg（含 1 mg/kg）的有 1 项，占标准总数的 14.29%；农药残留限量标准在 1 mg/kg 以上的有 3 项，占标准总数的 42.86%。

（7）对马铃薯农药残留限量标准的规定，农药残留限量标准在 0.01 mg/kg 以下的有 12 项，占标准总数的 17.91%；农药残留限量标准为 0.01～0.1 mg/kg（含 0.1 mg/kg）的有 39 项，占标准总数的 58.21%；农药残留限量标准为 0.1～1 mg/kg（含 1 mg/kg）的有 8 项，占标准总数的 11.94%；农药残留限量标准在 1 mg/kg 以上的有 8 项，占标准总数的 11.94%。

中国的 GB 2763—2019《食品安全国家标准 食品中农药最大残留限量》与澳大利亚和新西兰（澳新）的相关农药残留限量标准对比下，各项大宗蔬菜的比较结果（表 32）如下。

（1）在大白菜的相关农药残留限量标准中，与澳新均有的农药残留限量标准的农药数量为 17 种。其中两者的 MRL 一致的有 3 种，分别是多杀霉素、螺虫乙酯和噻虫嗪，比澳新宽松的数量为 6 种，比澳新严格的有 8 种。

（2）在番茄的相关农药残留限量标准中，与澳新均有的农药残留限量标准的农药数量为 29 种。其中两者的 MRL 一致的有 9 种，比澳新宽松的数量为 13 种，分别是多杀霉素、螺虫乙酯和噻虫嗪，比澳新严格的有 7 种，分别是高灭磷、嘧菌环胺、敌草腈、苯丁锡、甲胺磷、杀扑磷、氧乐果。

（3）在黄瓜的相关农药残留限量标准中，与澳新均有的农药残留限量标准的农药数量为 11 种。其中两者的 MRL 一致的有 2 种，分别为联苯菊酯和咯菌腈，比澳新宽松的数量为 3 种，比澳新严格的有 6 种。

（4）在辣椒的相关农药残留限量标准中，与澳新均有的农药残留限量标准的农药数量为 6 种。其中两者的 MRL 一致的有 2 种，分别是苯菌酮、肟菌酯，比澳新宽松的数量为 1 种，即氟虫腈，比澳新严格的有 3 种。

（5）在茄子的相关农药残留限量标准中，与澳新均有的农药残留限量标准的农药数量为 2 种。其中两者的 MRL 一致的有 1 种，即茚虫威，比澳新严格的有 1 种，即敌百虫。

（6）在花椰菜的相关农药残留限量标准中，与澳新均有的农药残留限量标准的农药数量为 1 种，即比澳新严格的唑菌胺酯。

（7）在马铃薯的相关农药残留限量标准中，与澳新均有的农药残留限量标准的农药数量为 33 种。其中两者的 MRL 一致的有 12 种，比澳新宽松的数量为 11 种，比美国严格的有 10 种，分别是嘧菌酯、广灭灵、苯醚甲环、敌草快、咯菌腈、甲胺磷、百草枯、吡噻菌胺、甲基代森以及螺虫乙酯。

表 32 中国与澳新大宗蔬菜农药残留限量标准比对

蔬菜名称	中国农药残留限量总数/项	澳新农药残留限量总数/项	仅中国有规定的农药数量/种	中、澳新均有规定的农药数量/种	仅澳新有规定的农药数量/种	中、澳新均有规定的农药数量/种		
						比澳新严格的农药数量	与澳新一致的农药数量	比澳新宽松的农药数量
大白菜	108	48	91	17	31	8	3	6
番茄	180	56	151	29	27	7	9	13
黄瓜	175	20	164	11	9	6	2	3
甘蓝	59	0	59	0	0	0	0	0
辣椒	137	8	131	6	2	3	2	1
茄子	112	7	110	2	5	1	1	0
花椰菜	98	7	97	1	6	0	0	1
马铃薯	146	67	113	33	34	10	12	11

1.7 日本大宗蔬菜农药残留限量标准

1.7.1 大宗蔬菜农药残留限量标准情况

日本对农产品的要求十分严格，并建立了一套完善而又系统的法律法规以确保农产品的质量安全，2006 年日本厚生劳动省出台了"肯定列表制度"以对蔬菜的农药残留限量作出规定，根据日本厚生劳动省网站最新公布的"肯定列表制度"的相关数据将相关的大宗蔬菜农药残留限量标准列于附录 6 中，并根据标准的宽严程度进行分类（表 33）。

表 33 日本大宗蔬菜农药残留限量标准分类

类别	农药残留限量标准分类情况					
白菜	限量范围/（mg/kg）	≤0.01	0.01~0.1（含 0.1）	0.1~1（含 1）	>1	合计
	数量/项	13	89	71	73	246
	比例/%	5.28	36.18	28.86	29.67	
番茄	限量范围/（mg/kg）	≤0.01	0.01~0.1（含 0.1）	0.1~1（含 1）	>1	合计
	数量/项	14	78	118	88	298
	比例/%	4.70	26.17	39.60	29.53	

（续表）

类别	农药残留限量标准分类情况					
黄瓜	限量范围/（mg/kg）	≤0.01	0.01~0.1（含0.1）	0.1~1（含1）	>1	合计
	数量/项	14	79	149	52	294
	比例/%	4.76	26.87	50.68	17.69	
甘蓝	限量范围/（mg/kg）	≤0.01	0.01~0.1（含0.1）	0.1~1（含1）	>1	合计
	数量/项	13	100	77	76	266
	比例/%	4.89	37.59	28.95	28.57	
辣椒	限量范围/（mg/kg）	≤0.01	0.01~0.1（含0.1）	0.1~1（含1）	>1	合计
	数量/项	12	72	100	84	268
	比例/%	4.48	26.87	37.31	31.34	
茄子	限量范围/（mg/kg）	≤0.01	0.01~0.1（含0.1）	0.1~1（含1）	>1	合计
	数量/项	11	73	123	65	272
	比例/%	4.04	26.84	45.22	23.90	
花椰菜	限量范围/（mg/kg）	≤0.01	0.01~0.1（含0.1）	0.1~1（含1）	>1	合计
	数量/项	10	87	63	80	240
	比例/%	4.17	36.25	26.25	33.33	
马铃薯	限量范围/（mg/kg）	≤0.01	0.01~0.1（含0.1）	0.1~1（含1）	>1	合计
	数量/项	24	155	71	15	265
	比例/%	9.06	58.49	26.79	5.66	

（1）对大白菜农药残留限量标准的规定，农药残留限量标准在 0.01 mg/kg 以下的有 13 项，占标准总数的 5.28%；农药残留限量标准为 0.01~0.1 mg/kg（含 0.1 mg/kg）的有 89 项，占标准总数的 36.18%；农药残留限量标准为 0.1~1 mg/kg（含 1 mg/kg）的有 71 项，占标准总数的 28.86%；农药残留限量标准在 1 mg/kg 以上的有 73 项，占标准总数的 29.67%。

（2）对番茄农药残留限量标准的规定，农药残留限量标准在 0.01 mg/kg 以下的有 14 项，占标准总数的 4.70%；农药残留限量标准为 0.01~0.1 mg/kg（含 0.1 mg/kg）的有 78 项，占标准总数的 26.17%；农药残留限量标准为 0.1~1 mg/kg（含 1 mg/kg）的有 118 项，占标准总数的 39.60%；农药残留限量标准在 1 mg/kg 以上的有 88 项，占标准总数的 29.53%。

（3）对黄瓜农药残留限量标准的规定，农药残留限量标准在 0.01 mg/kg 以下的有 14 项，占标准总数的 4.76%；农药残留限量标准为 0.01~0.1 mg/kg（含 0.1 mg/kg）的有 79 项，占标准总数的 26.87%；农药残留限量标准为 0.1~1 mg/kg（含 1 mg/kg）的有 149 项，占标准总数的 50.68%；农药残留限量标准在 1 mg/kg 以上的有

52 项，占标准总数的 17.69%。

（4）对甘蓝农药残留限量标准的规定，农药残留限量标准在 0.01 mg/kg 以下的有 13 项，占标准总数的 4.89%；农药残留限量标准为 0.01～0.1 mg/kg（含 0.1 mg/kg）的有 100 项，占标准总数的 37.59%；农药残留限量标准为 0.1～1 mg/kg（含 1 mg/kg）的有 77 项，占标准总数的 28.95%；农药残留限量标准在 1 mg/kg 以上的有 76 项，占标准总数的 28.57%。

（5）对辣椒农药残留限量标准的规定，农药残留限量标准在 0.01 mg/kg 以下的有 12 项，占标准总数的 4.48%；农药残留限量标准为 0.01～0.1 mg/kg（含 0.1 mg/kg）的有 72 项，占标准总数的 26.87%；农药残留限量标准为 0.1～1 mg/kg（含 1 mg/kg）的有 100 项，占标准总数的 37.31%；农药残留限量标准在 1 mg/kg 以上的有 84 项，占标准总数的 31.34%。

（6）对茄子农药残留限量标准的规定，农药残留限量标准在 0.01 mg/kg 以下的有 11 项，占标准总数的 4.04%；农药残留限量标准为 0.01～0.1 mg/kg（含 0.1 mg/kg）的有 73 项，占标准总数的 26.84%；农药残留限量标准为 0.1～1 mg/kg（含 1 mg/kg）的有 123 项，占标准总数的 45.22%；农药残留限量标准在 1 mg/kg 以上的有 65 项，占标准总数的 23.90%。

（7）对花椰菜农药残留限量标准的规定，农药残留限量标准在 0.01 mg/kg 以下的有 10 项，占标准总数的 4.17%；农药残留限量标准为 0.01～0.1 mg/kg（含 0.1 mg/kg）的有 87 项，占标准总数的 36.25%；农药残留限量标准为 0.1～1 mg/kg（含 1 mg/kg）的有 63 项，占标准总数的 26.25%；农药残留限量标准在 1 mg/kg 以上的有 80 项，占标准总数的 33.33%。

（8）对马铃薯农药残留限量标准的规定，农药残留限量标准在 0.01 mg/kg 以下的有 24 项，占标准总数的 9.06%；农药残留限量标准为 0.01～0.1 mg/kg（含 0.1 mg/kg）的有 155 项，占标准总数的 58.49%；农药残留限量标准为 0.1～1 mg/kg（含 1 mg/kg）的有 71 项，占标准总数的 26.79%；农药残留限量标准在 1 mg/kg 以上的有 15 项，占标准总数的 5.66%。

日本标准与中国 GB 2763—2019《食品安全国家标准　食品中农药最大残留限量》关于大宗蔬菜的农药残留限量标准相比较的结果见表 34，整体而言，日本的农药残留限量标准数量多于中国标准，在中、日两国规定中均有的农药残留限量标准中的对比结果如下。

（1）在大白菜的标准中，两国均含的规定数量有 56 种，其中限量标准一致的有乐果等 17 种，中国比日本严格的标准限量有滴滴涕等 25 种。

（2）在番茄的标准中，两国均含的规定数量有 110 种，其中限量标准一致的有百菌清等 40 种，中国比日本严格的标准限量有克百威等 55 种。

（3）在黄瓜的标准中，两国均含的规定数量有 106 种，其中限量标准一致的有联苯菊酯等 36 种，中国比日本严格的标准限量有甲拌磷等 54 种。

（4）在甘蓝的标准中，两国均含的规定数量有 33 种，其中限量标准一致的有百草枯等 11 种，中国比日本严格的标准限量有久效磷等 19 种。

（5）在辣椒的标准中，两国均含的规定数量有 82 种，其中限量标准一致的有敌草快等 6 种，中国比日本严格的标准限量有百菌清等 61 种。

（6）在茄子的标准中，两国均含的规定数量有 73 种，其中限量标准一致的有硫线磷等 19 种，中国比日本严格的标准限量有乐果等 42 种。

（7）在花椰菜的标准中，两国均含的规定数量有 58 种，其中限量标准一致的有乐果等 14 种，中国比日本严格的标准限量有滴滴涕等 35 种。

（8）在马铃薯的标准中，两国均含的规定数量有 92 种，其中限量标准一致的有氯丹等 37 种，中国比日本严格的标准限量有苯线磷等 35 种。

表 34　中国与日本大宗蔬菜农药残留限量标准对比

蔬菜名称	中国农药残留限量总数/项	日本农药残留限量总数/项	仅中国有规定的农药数量/种	中、日均有规定的农药数量/种	仅日本有规定的农药数量/种	中、日均有规定的农药数量/种		
						比日本严格的农药数量	与日本一致的农药数量	比日本宽松的农药数量
大白菜	108	246	52	56	190	25	17	14
番茄	180	298	70	110	188	55	40	15
黄瓜	175	294	69	106	188	54	36	16
甘蓝	59	266	26	33	233	19	11	3
辣椒	137	268	55	82	186	61	6	15
茄子	112	272	39	73	199	42	19	12
花椰菜	98	240	40	58	182	35	14	9
马铃薯	146	265	54	92	173	35	37	20

1.7.2　"豁免物质"

"豁免物质"指的是在一定残留水平下不会对人体健康产生不利影响的农业化学品，这其中包括源于母体化合物但发生了化学变化所产生的化合物。

在指定"豁免物质"时，健康、劳动与福利部主要考虑以下因素：日本的评估、FAO/WHO 食品添加剂联合专家委员会（JECFA）和 JMPR（FAO/WHO 杀虫剂联合专家委员会）评估、基于《农药取缔法》的评估以及其他国家和地区（澳大利亚、美国）的评估（相当于 JECFA 采用的科学评估）。最终在"肯定列表"中确定了 65 种豁免物质共计 10 类，现将这些物质按照分类列于表 35。

表 35　日本"豁免物质"清单

序号	类型	"豁免物质"名称	数量/种
1	氨基酸	丙氨酸、精氨酸、丝氨酸、甘氨酸、酪氨酸、缬氨酸、蛋氨酸、组氨酸、亮氨酸	9

（续表）

序号	类型	"豁免物质"名称	数量/种
2	维生素	β-胡萝卜素、维生素 D_2、维生素 C、维生素 B_{12}、维生素 B_1、维生素 B_2、维生素 B_3、维生素 B_5、维生素 E、维生素 H、维生素 B_6、维生素 K_3、维生素 B_9、维生素 A	14
3	微量元素、矿物质	锌、铵、硫、氯、钾、钙、硅、硒、铁、铜、钡、镁、碘	13
4	食品和饲料添加剂	天冬酰胺、谷氨酰胺、β-阿朴-8′-胡萝卜素酸乙酯、万寿菊色素、辣椒红素、羟丙基淀粉、虾青素、肉桂醛、胆碱、柠檬酸、酒石酸、乳酸、山梨酸、卵磷脂、丙二醇	15
5	天然杀虫剂	印棟素、印度棟油、矿物油	3
6	生物提取剂	绿藻提取物、香菇菌丝提取物、蒜素	3
7	生物活素	肌醇	1
8	无机化合物	碳酸氢钠	1
9	有机化合物	尿素	1
10	其他	油酸、机油、硅藻土、石蜡、蜡	5

1.7.3 禁用和不得检出物质

日本在制定"肯定列表"时，同时规定了食品中不得检出物质，至今已有19种物质不得检出，具体见表36。

表36 日本不得检出物质清单

序号	中文名称	英文名称
1	2,4,5-涕	2,4,5-T
2	异丙硝唑	ipronidazole
3	喹乙醇	olaquindox
4	敌菌丹	captafol
5	卡巴多司（包括喹噁啉-2-羧酸）	carbadox including QCA
6	蝇毒磷	coumaphos
7	氯霉素	chloramphenicol
8	氯丙嗪	chlorpromazine
9	己烯雌酚	diethylstilbestrol
10	二甲硝咪唑	dimetridazole

序号	中文名称	英文名称
11	丁酰肼	daminozide
12	呋喃西林	nitrofurazone
13	呋喃妥英	nitrofurantoin
14	呋喃唑酮	furazolidone
15	呋喃它酮	furaltadone
16	苯胺灵	propham
17	孔雀石绿	malachite green
18	甲硝唑	metronidazole
19	罗硝唑	ronidazole

1.8 韩国大宗蔬菜农药残留限量标准

韩国食品中的农药残留限量标准是由韩国药品监督管理局（KFDA）制定和发布并收录在韩国《食品公典》中，由农产品中农药最大残留限量、人参中农药最大残留限量以及畜产品中农药最大残留限量三大部分组成。大宗蔬菜的农药最大残留限量属于农产品中农药最大残留限量这一部分，具体的农药残留限量标准见附录7。在对8种大宗蔬菜的农药最大残留限量标准按照标准的宽严程度进行分类，具体见表37。

表37 韩国大宗蔬菜农药残留限量标准分类

类别	农药残留限量标准分类情况				
白菜	限量范围/（mg/kg）	≤0.01	0.01~0.1（含0.1）	0.1~1（含1）	>1	合计
	数量/项	1	45	72	29	147
	比例/%	0.68	30.61	48.98	19.73	
番茄	限量范围/（mg/kg）	≤0.01	0.01~0.1（含0.1）	0.1~1（含1）	>1	合计
	数量/项	3	21	85	56	165
	比例/%	1.82	12.73	51.52	33.94	
黄瓜	限量范围/（mg/kg）	≤0.01	0.01~0.1（含0.1）	0.1~1（含1）	>1	合计
	数量/项	1	22	130	27	180
	比例/%	0.56	12.22	72.22	15.00	

（续表）

类别	农药残留限量标准分类情况					
甘蓝	限量范围/（mg/kg）	≤0.01	0.01~0.1（含0.1）	0.1~1（含1）	>1	合计
	数量/项	0	26	15	6	47
	比例/%	0.00	55.32	31.91	12.77	
辣椒	限量范围/（mg/kg）	≤0.01	0.01~0.1（含0.1）	0.1~1（含1）	>1	合计
	数量/项	1	42	90	78	211
	比例/%	0.47	19.91	42.65	36.97	
茄子	限量范围/（mg/kg）	≤0.01	0.01~0.1（含0.1）	0.1~1（含1）	>1	合计
	数量/项	0	28	81	23	132
	比例/%	0.00	21.21	61.36	17.42	
花椰菜	限量范围/（mg/kg）	≤0.01	0.01~0.1（含0.1）	0.1~1（含1）	>1	合计
	数量/项	0	35	25	20	80
	比例/%	0.00	43.75	31.25	25.00	
马铃薯	限量范围/（mg/kg）	≤0.01	0.01~0.1（含0.1）	0.1~1（含1）	>1	合计
	数量/项	9	133	30	11	183
	比例/%	4.92	72.68	16.39	6.01	

韩国与中国 GB 2763—2019《食品安全国家标准　食品中农药最大残留限量》相关大宗蔬菜的标准限量比较中，根据表 38 的分析结果如下。

（1）在韩国对大白菜的农药残留限量标准的规定中，与中国均有的农药数量有 56 种，其中 MRL 标准一致的有辛硫磷、氯氰菊酯等 7 种，比中国宽松的有苯线磷、特丁磷等 18 种。

（2）在韩国对番茄的农药残留限量标准的规定中，与中国均有的农药数量有 48 种，其中 MRL 标准一致的有呋虫胺、咯菌腈、多杀霉素和肟菌酯 4 种，比中国宽松的有棉隆、乙烯利等 17 种。

（3）在韩国对黄瓜的农药残留限量标准的规定中，与中国均有的农药数量有 106 种，其中 MRL 标准一致的有克菌丹、草氨酰等 36 种，比中国宽松的有乐果、溴氰菊酯等 54 种。

（4）在韩国对甘蓝的农药残留限量标准的规定中，与中国均有的农药数量有 10 种，其中 MRL 标准一致的有氰虫酰胺、辛硫磷等 2 种，比中国宽松的有硫线磷、甲拌磷、特丁磷 3 种。

（5）在韩国对辣椒的农药残留限量标准的规定中，与中国均有的农药数量有 75 种，其中 MRL 标准一致的有辛硫磷、氯氰菊酯等 7 种，比中国宽松的有硫线磷、百菌清等 18 种。

　　（6）在韩国对茄子的农药残留限量标准的规定中，与中国均有的农药数量有 52 种，其中 MRL 标准一致的有联苯菊酯、杀螟硫磷等 12 种，比中国宽松的有对硫磷、甲拌磷等 16 种。

　　（7）在韩国对花椰菜的农药残留限量标准的规定中，与中国均有的农药数量有 31 种，其中 MRL 标准一致的有噻虫胺、呋虫胺、吡噻菌胺以及辛硫磷 4 种，比中国宽松的有联苯菊酯、特丁磷等 13 种。

　　（8）在韩国对马铃薯的农药残留限量标准的规定中，与中国均有的农药数量有 82 种，其中 MRL 标准一致的有辛硫磷、灭菌丹等 30 种，比中国宽松的有嘧菌酯、苯霜灵等 27 种。

表 38　中国与韩国大宗蔬菜农药残留限量标准比对

蔬菜名称	中国农药残留限量总数/项	韩国农药残留限量总数/项	仅中国有规定的农药数量/种	中、韩均有规定的农药数量/种	仅韩国有规定的农药数量/种	中、韩均有规定的农药数量/种		
						比韩国严格的农药数量	与韩国一致的农药数量	比韩国宽松的农药数量
大白菜	108	147	52	56	91	18	7	31
番茄	180	165	132	48	117	17	4	27
黄瓜	175	180	69	106	74	54	36	16
甘蓝	59	47	49	10	37	3	2	5
辣椒	137	211	62	75	136	18	7	50
茄子	112	132	60	52	80	16	12	24
花椰菜	98	80	67	31	49	13	4	14
马铃薯	146	183	64	82	101	27	30	25

1.9　中国香港特别行政区大宗蔬菜农药残留限量标准

1.9.1　大宗蔬菜农药残留限量标准

　　中国香港特别行政区食品农药残留在《食物内除害剂残余规例》（第 1332CM 章）中进行规定，为方便公众使用，还相应出台了《食物内除害剂残余规例》使用指引、《食物内除害剂残余规例》食物分类指引、建议在《食物内除害剂残余规例》中增加或修订最高残余限量/最高再残余限量以及增加获豁免除害剂的指引。根据 2018 年最新出台的标准，将相关大宗蔬菜的农药残留限量标准整理在附录 8 中，并按照标准宽严程度进行分类，具体见表 39。

表 39 中国香港特别行政区大宗蔬菜限量标准分类

类别	农药残留限量标准分类情况					
白菜	限量范围/（mg/kg）	≤0.01	0.01~0.1（含0.1）	0.1~1（含1）	>1	合计
	数量/项	3	17	19	41	80
	比例/%	3.75	21.25	23.75	51.25	
番茄	限量范围/（mg/kg）	≤0.01	0.01~0.1（含0.1）	0.1~1（含1）	>1	合计
	数量/项	5	33	75	32	145
	比例/%	3.45	22.76	51.72	22.07	
黄瓜	限量范围/（mg/kg）	≤0.01	0.01~0.1（含0.1）	0.1~1（含1）	>1	合计
	数量/项	3	37	66	20	126
	比例/%	2.38	29.37	52.38	15.87	
甘蓝	限量范围/（mg/kg）	≤0.01	0.01~0.1（含0.1）	0.1~1（含1）	>1	合计
	数量/项	2	15	25	32	74
	比例/%	2.70	20.27	33.78	43.24	
辣椒	限量范围/（mg/kg）	≤0.01	0.01~0.1（含0.1）	0.1~1（含1）	>1	合计
	数量/项	4	30	59	20	113
	比例/%	3.54	26.55	52.21	17.70	
茄子	限量范围/（mg/kg）	≤0.01	0.01~0.1（含0.1）	0.1~1（含1）	>1	合计
	数量/项	3	28	59	13	103
	比例/%	2.91	27.18	57.28	12.62	
花椰菜	限量范围/（mg/kg）	≤0.01	0.01~0.1（含0.1）	0.1~1（含1）	>1	合计
	数量/项	3	19	34	35	91
	比例/%	3.30	20.88	37.36	38.46	
马铃薯	限量范围/（mg/kg）	≤0.01	0.01~0.1（含0.1）	0.1~1（含1）	>1	合计
	数量/项	10	69	26	16	121
	比例/%	8.26	57.02	21.49	13.22	

与中国香港特别行政区标准相比，内地 GB 2763—2019《食品安全国家标准 食品中农药最大残留限量》关于大宗蔬菜的农药残留限量标准中，内地标准与香港标准有重复的农药品种较多，在限量规定方面的一致性较好（表40）。各大宗蔬菜的对比结果如下。

（1）在大白菜的标准中，内地与香港均有的限量标准数量有 53 种，其中 MRL 标准一致的有 2,4-滴、艾氏剂等 28 种，内地比香港宽松的有敌百虫、氰戊菊酯等 8 种，内地较严格的有百草枯、毒死蜱等 17 种。

（2）在番茄的标准中，内地与香港均有的限量标准数量有 103 种，其中 MRL 标准一致的有百草枯、百菌清等 71 种，内地比香港宽松的有敌百虫、灭线磷等 18 种，内地较严格的有克百威、七氯等 14 种。

（3）在黄瓜的标准中，内地与香港均有的限量标准数量有 93 种，其中 MRL 标准一致的有百草枯、百菌清等 27 种，内地比香港宽松的有保棉磷、毒死蜱等 48 种，内地较严格的有艾氏剂、狄氏剂等 18 种。

（4）在甘蓝的标准中，内地与香港均有的限量标准数量有 25 种，其中 MRL 标准一致的有百草枯、倍硫磷等 21 种，内地比香港宽松的有敌百虫 1 种，内地较严格的有七氯、灭多威等 3 种。

（5）在辣椒的标准中，内地与香港均有的限量标准数量有 76 种，其中 MRL 标准一致的有百草枯、多菌灵等 55 种，内地比香港宽松的有敌百虫、多杀霉素等 8 种，内地较严格的敌草快、艾氏剂等 13 种。

（6）在茄子的标准中，内地与香港均有的限量标准数量有 51 种，其中 MRL 标准一致的有对硫磷、腐霉利等 28 种，内地比香港宽松的有敌百虫、多菌灵等 7 种，内地较严格的有艾氏剂、狄氏剂等 11 种。

（7）在花椰菜的标准中，内地与香港均有的限量标准数量有 59 种，其中 MRL 标准一致的有滴滴涕、百草枯等 39 种，内地比香港宽松的有吡虫啉、二嗪磷等 8 种，内地较严格的有敌敌畏、氟氯氰菊酯等 12 种。

（8）在马铃薯的标准中，内地与香港均有的限量标准数量有 93 种，其中 MRL 标准一致的有甲胺磷、乐果等 60 种，内地比香港宽松的有敌百虫、杀扑磷等 9 种，内地较严格的有草铵膦、对硫磷等 24 种。

表40　内地与香港大宗蔬菜农药残留限量标准比对

蔬菜名称	内地农药残留限量总数/项	香港农药残留限量总数/项	仅内地有规定的农药数量/种	内地、香港均有规定的农药数量/种	仅香港有规定的农药数量/种	内地、香港均有规定的农药/种		
						比香港严格的农药数量	与香港一致的农药数量	比香港宽松的农药数量
白菜	108	80	55	53	25	17	28	8
番茄	180	145	77	103	68	14	71	18
黄瓜	180	126	87	93	40	18	27	48
甘蓝	58	74	33	25	41	3	21	1
辣椒	137	113	61	76	52	13	55	8
茄子	112	103	43	69	60	11	51	7
花椰菜	98	91	39	59	52	12	39	8
马铃薯	146	121	53	93	68	24	60	9

1.9.2 "豁免物质"

根据最新的《食物内除害剂残余规例》查询，中国香港特别行政区"豁免物质"清单见表41。

表41 中国香港特别行政区"豁免物质"清单

序号	物质名称
1	1,4-二氨基丁烷
2	苯乙酮
3	赤杨树皮
4	损毁链格孢菌株059
5	乙酸铵
6	碳酸氢铵/碳酸氢钾/碳酸氢钠
7	无定型二氧化硅
8	白粉寄生孢单离物M10和菌株AQ10
9	蜡样芽孢杆菌菌株BP01
10	短小芽孢杆菌菌株QST2808
11	枯草芽孢杆菌菌株GBO3、MBI600和QST713
12	苏云金杆菌
13	球孢白僵菌株GHA
14	硼酸/硼酸盐类［硼砂（十水四硼酸钠）、四水八硼酸二钠、氧化硼（硼酐）、硼酸钠和偏硼酸钠］
15	溴氯二甲基脲酸
16	碳酸钙/碳酸钠
17	辣椒碱
18	甲壳素
19	几丁聚糖
20	肉桂醛
21	丁香油
22	盾壳霉菌株CON/M/91-08
23	细胞分裂素
24	皂树萃取物（皂角苷）
25	茶树萃取物
26	脂肪酸 C_7-C_{20}

（续表）

序号	物质名称
27	脂肪族醇
28	γ-氨基丁酸
29	大蒜萃取物
30	香叶醇
31	链孢粘帚霉菌株 J1446
32	高油菜素内酯
33	芹菜夜蛾核型多角体病毒的包含体
34	印度谷螟颗粒体病毒
35	吲哚-3-丁酸
36	乙二胺四乙酸铁络合物
37	磷酸铁
38	玖烟色拟青霉菌株 97
39	乳酸
40	石硫合剂（多硫化钙）
41	溶血磷脂酰乙醇胺
42	邻氨基苯甲酸甲酯
43	甲基壬基酮
44	矿物油
45	硫酸二氢单脲（硫酸盐尿素）
46	*Muscodor albus* 菌株 QST20799 和其在再水合作用下所产生的挥发物
47	苦楝油
48	蝗虫微孢子虫
49	日本金龟颗粒病毒的包含体
50	淡紫拟青霉菌株 251
51	过氧乙酸
52	信息素
53	仙人掌得克萨斯仙人球（*Opuntia lindheimeri*）、南方红栎（*Quercus falcata*）、香漆（*Rhus aromatica*）和美国红树（*Rhizophoria mangle*）萃取物
54	磷酸二氢钾
55	邻硝基苯酚钾/对硝基苯酚钾/邻硝基苯酚钠/对硝基苯酚钠
56	三碘化钾

序号	物质名称
57	水解蛋白
58	绿针假单胞菌菌株 63-28 和 MA342
59	*Pseudozyma flocculosa* 菌株 PF-A22 UL
60	寡雄腐霉菌菌株 DV74
61	鼠李糖脂生物表面活性剂
62	S-诱抗素
63	海草萃取物
64	硅酸铝钠
65	山梨糖醇辛酸酯
66	大豆卵磷脂
67	甜菜夜蛾核型多角体病毒
68	利迪链霉菌菌株 WYEC108
69	蔗糖辛酸酯
70	硫磺
71	妥尔油
72	人工制成的 *Chenopodium ambrosioides* near *ambrosioides* 萃取物中的萜烯成分（α-松油烯、d-苎烯和对异丙基甲苯）
73	棘孢木霉菌株 ICC012
74	盖姆斯木霉菌株 ICC080
75	钩状木霉菌株 382
76	哈茨木霉菌株 T-22 和 T-39
77	三甲胺盐酸盐
78	水解酿酒酵母萃取物

1.10　中国台湾地区大宗蔬菜农药残留限量标准

中国台湾地区的农药管理是按照台湾标准规定的检验法检验各种农产品中残留农药种类以及浓度，同时根据台湾卫生署制定的《农药残留容许量标准》监管农产品的农药残留状况。现将相关大宗蔬菜的限量标准列于附录 9 中，并按照限量标准的宽严程度分类列于表 42 中。

表42　中国台湾地区大宗蔬菜农药残留限量标准分类

类别	农药残留限量标准分类情况					
白菜	限量范围/（mg/kg）	≤0.01	0.01~0.1（含0.1）	0.1~1（含1）	>1	合计
	数量/项	0	3	13	20	36
	比例/%	0.00	8.33	36.11	55.56	
番茄	限量范围/（mg/kg）	≤0.01	0.01~0.1（含0.1）	0.1~1（含1）	>1	合计
	数量/项	0	9	51	21	81
	比例/%	0.00	11.11	62.96	25.93	
黄瓜	限量范围/（mg/kg）	≤0.01	0.01~0.1（含0.1）	0.1~1（含1）	>1	合计
	数量/项	2	19	101	12	134
	比例/%	1.49	14.18	75.37	8.96	
甘蓝	限量范围/（mg/kg）	≤0.01	0.01~0.1（含0.1）	0.1~1（含1）	>1	合计
	数量/项	0	5	7	8	20
	比例/%	0.00	25.00	35.00	40.00	
辣椒	限量范围/（mg/kg）	≤0.01	0.01~0.1（含0.1）	0.1~1（含1）	>1	合计
	数量/项	0	6	45	12	63
	比例/%	0.00	9.52	71.43	19.05	
茄子	限量范围/（mg/kg）	≤0.01	0.01~0.1（含0.1）	0.1~1（含1）	>1	合计
	数量/项	0	3	37	7	47
	比例/%	0.00	6.38	78.72	14.89	
花椰菜	限量范围/（mg/kg）	≤0.01	0.01~0.1（含0.1）	0.1~1（含1）	>1	合计
	数量/项	0	3	2	2	7
	比例/%	0.00	42.86	28.57	28.57	
马铃薯	限量范围/（mg/kg）	≤0.01	0.01~0.1（含0.1）	0.1~1（含1）	>1	合计
	数量/项	4	49	18	7	78
	比例/%	5.13	62.82	23.08	8.97	

　　与台湾相比，大陆与台湾对大宗蔬菜农药残留 MRL 的对比结果见表43，其中大陆和台湾对大白菜均规定的农药残留限量标准数量有 15 种，MRL 一致的有 2 种，大陆比台湾严格的有 7 种；对番茄均规定的农药残留限量标准数量有 33 种，MRL 一致的有 4 种，大陆比台湾严格的有 13 种；对黄瓜均规定的农药残留限量标准数量有 73 种，MRL 一致的有 14 种，大陆比台湾严格的有 9 种；对甘蓝均规定的农药残留限量标准数量有 5 种，MRL 一致的有 1 种，大陆比台湾严格的有 3 种；对辣椒均规定的农药残留限量标准数量有 28 种，MRL 一致的有 2 种，大陆比台湾严格的有 9 种；对茄子均规定的农药

残留限量标准数量有 24 种，MRL 一致的有 9 种，大陆比台湾严格的有 9 种；对花椰菜均规定的农药残留限量标准数量有 6 种，MRL 一致的有 3 种，大陆比台湾严格的有 1 种；对马铃薯均规定的农药残留限量标准数量有 46 种，MRL 一致的有 30 种，大陆比台湾严格的有 8 种。

表 43　大陆与台湾大宗蔬菜农药残留限量标准比对

蔬菜名称	大陆农药残留限量总数/项	台湾农药残留限量总数/项	仅大陆有规定的农药数量/种	大陆、台湾均有规定的农药数量/种	仅台湾有规定的农药数量/种	大陆、台湾均有规定的农药/种		
						比台湾严格的农药数量	与台湾一致的农药数量	比台湾宽松的农药数量
大白菜	108	36	93	15	21	7	2	6
番茄	180	81	147	33	48	13	4	16
黄瓜	180	134	107	73	61	9	14	50
甘蓝	58	20	53	5	15	3	1	1
辣椒	137	63	109	28	35	9	2	17
茄子	112	47	88	24	23	9	9	6
花椰菜	98	7	92	6	1	1	3	2
马铃薯	146	78	100	46	32	8	30	8

2 国内外大宗蔬菜重金属和污染物的限量标准

2.1 中国大宗蔬菜重金属及污染物限量标准

蔬菜的重金属污染是食品污染物中的一个重要环节，重金属在蔬菜中的富集累积，可通过食物链危害人类健康和生命安全。因此，对中国蔬菜重金属污染状况进行全面了解并提出具有建设性的防控措施具有重要的实际意义，中国农产品食品中重金属及污染物的限量标准主要在 GB 2762—2017《食品安全国家标准 食品中污染物限量》中，其中规定了农产品食品中重金属和污染物的限量标准（表 44）。

表 44 中国大宗蔬菜中重金属及污染物限量标准

污染物名称	蔬菜类别	MRL/（mg/kg）	检验方法	备注
总汞	新鲜蔬菜	0.01	按 GB 5009.17—2014《食品安全国家标准 食品中总汞及有机汞的测定》规定的方法测定	限量值以 Hg 计。
镉	新鲜蔬菜（叶菜蔬菜、豆类蔬菜、块根和块茎蔬菜、茎类蔬菜、黄花菜除外）	0.05	按 GB 5009.15—2014《食品安全国家标准 食品中镉的测定》规定的方法测定	限量值以 Cd 计。
	豆类蔬菜、块根和块茎蔬菜、茎类蔬菜（芹菜除外）	0.1		限量值以 Cd 计。
铅	新鲜蔬菜（芸薹类蔬菜、叶菜蔬菜、豆类蔬菜、薯类除外）	0.1	按 GB 5009.12—2014《食品安全国家标准 食品中铅的测定》规定的方法测定	限量以 Pb 计。
	芸薹类蔬菜、叶菜蔬菜	0.3		限量以 Pb 计。
	豆类蔬菜、薯类	0.2		限量以 Pb 计。

（续表）

污染物名称	蔬菜类别	MRL/（mg/kg）	检验方法	备注
铬	新鲜蔬菜	0.5	按 GB 5009.123—2014《食品安全国家标准 食品中铬的测定》规定的方法测定	限量以 Cr 计。
总砷	新鲜蔬菜	0.5	按 GB 5009.11—2014《食品安全国家标准 食品中总砷及无机砷的测定》规定的方法测定	限量以 As 计。
锡	食品（饮料类、婴幼儿配方食品、婴幼儿辅助食品除外）	250	按 GB 5009.16—2014《食品安全国家标准 食品中锡的测定》规定的方法测定	仅适用于采用镀锡薄板容器包装的食品。限量以 Sn 计。

2.2 CAC 大宗蔬菜重金属及污染物限量标准

CAC 关于食品中重金属限量的规定主要来源于 CODEX STAN 193—1995《食品和饲料中污染物和毒素通用标准》。表 45 中列举了 2019 年更新后的 CODEX STAN 193—1995 的大宗蔬菜的重金属及污染物限量标准具体情况。

表 45　CAC 规定的大宗蔬菜重金属及污染物限量标准

物质名称	蔬菜类别	MRL/（mg/kg）
铅	甘蓝类蔬菜	0.3
	鳞茎蔬菜	0.1
	果菜类、葫芦科除外	0.1
	叶菜类	0.3
	根茎及块茎蔬菜	0.1
镉	甘蓝类蔬菜	0.05
	鳞茎类蔬菜	0.05
	果菜类蔬菜、瓜类	0.05
	果菜类蔬菜、除了瓜类	0.05
	叶菜类	0.2
	马铃薯	0.1

2.3 欧盟大宗蔬菜重金属及污染物限量标准

有关于欧盟中重金属和污染物限量标准主要来源于（EC）No.1881/2006号法规中，大宗蔬菜中重金属和污染物限量标准的具体情况列于表46中。

表46 欧盟关于大宗蔬菜的重金属和污染物限量标准

污染物名称	蔬菜类别	MRL/（mg/kg）
铅	蔬菜，但不包括多叶甘蓝菜、沙参、叶菜及新鲜草本植物、菌类、海藻及果类蔬菜	0.1
	叶菜、丹参、叶类蔬菜（不包括新鲜草本植物）及下列真菌双孢蘑菇（普通蘑菇）、平菇（牡蛎菇）、香菇	0.3
	水果类蔬菜	0.05
镉	根和茎类蔬菜和水果、不包括叶类蔬菜、新鲜的药草、绿叶芸薹属植物、干蔬菜、真菌和海藻	0.05
	块根类蔬菜（不包括块根芹、欧防风、沙参和山葵）、块茎类蔬菜（不包括芹菜）。对马铃薯的最大级别适用于削马铃薯皮	0.1
	有叶蔬菜、新鲜香草、多叶甘蓝、芹菜、块根芹、防风草、丹参、辣根和下列菌类：双孢蘑菇、平菇、香菇	0.2
高氯酸盐	水果和蔬菜，但不包括葫芦科、羽衣甘蓝叶类蔬菜、草本植物	0.05
	叶类蔬菜、草本植物	0.5

2.4 澳新大宗蔬菜重金属及污染物限量标准

澳新中关于重金属及污染物限量标准的规定主要来自《澳新食品法典》，与大宗蔬菜相关的限量标准主要是镉、铅以及丙烯腈（表47）。

表47 《澳新食品标准法典》关于大宗蔬菜重金属及污染物限量标准

污染物名称	蔬菜类别	MRL/（mg/kg）
镉	叶类蔬菜	0.1
	根块类蔬菜	0.1
铅	芸薹类蔬菜	0.3
	蔬菜（除芸薹类）	0.1
丙烯腈	蔬菜（除芸薹类）	0.02

2.5 中国香港特别行政区大宗蔬菜重金属及污染物限量标准

中国香港特别行政区关于蔬菜中的重金属及污染物限量标准的规定主要来源于《2018 年食物掺杂（金属杂质含量）（修订）规例》中，表 48 中列举了与大宗蔬菜相关的重金属及污染物限量标准。

表 48 《2018 年食物掺杂（金属杂质含量）（修订）规例》关于大宗蔬菜重金属及污染物限量标准

污染物名称	蔬菜类别	MRL/（mg/kg）
锑	蔬菜	1
砷	蔬菜	0.5
镉	鳞茎类蔬菜	0.05
	芸薹类蔬菜	0.05
	瓜类蔬菜	0.05
	茄果类蔬菜	0.05
	叶菜类蔬菜	0.2
	根菜类和薯芋类蔬菜	0.1
	茎菜类蔬菜	0.1
铬	蔬菜（豆类除外）	0.5
铅	鳞茎类蔬菜	0.1
	芸薹类蔬菜（芸薹属叶类蔬菜除外）	0.1
	瓜类蔬菜	0.05
	叶菜类蔬菜	0.3
	根菜类和薯芋类蔬菜	0.1
汞	蔬菜（食用真菌除外）	0.01

3 国内外大宗蔬菜生产和贸易情况

近年来中国蔬菜产业的发展较为迅速，不仅是中国市场对蔬菜的质量要求越来越高，如今国外对中国的贸易壁垒也日趋严苛。中国在蔬菜的进出口贸易中主要以新鲜蔬菜为主，表 49 展示了联合国粮农组织（food and agriculture organization of the united nations，FAO）所统计的中国自 2016—2018 年的新鲜蔬菜具体进出口贸易情况。中国近年来蔬菜产业能够不断发展的原因主要有 2 个方面：一是中国蔬菜的播种面积和生产量在逐年增加；二是在全球经济的带动下，世界各国的消费需求也在不断增长。根据 FAO 的数据统计，世界新鲜蔬菜的生产大国除了中国外还有印度、印度尼西亚、喀麦隆、埃及、孟加拉国、意大利、伊朗、日本、巴西、哥伦比亚等，表 50 以收获面积为指标统计了 2016—2018 年世界新鲜蔬菜产量前十（除中国外）的蔬菜生产大国。

表 49　FAO 统计的 2016—2018 年我国进出口贸易情况

进出口贸易各项指标	2016 年	2017 年	2018 年
收获面积/hm²	23 651 463	23 840 310	24 183 872
进口数量/Mt	136 464	136 086	169 755
进口值/美元	79 000 000	68 480 000	105 016 000
出口数量/Mt	538 227	556 625	531 216
出口值/美元	431 973 000	514 459 000	508 680 000

表 50　FAO 统计的世界新鲜蔬菜生产大国收获面积　　　　单位：hm²

国家	2016 年	2017 年	2018 年
印度	8 454 262	8 692 269	8 746 028
印度尼西亚	1 079 013	1 169 803	1 126 049
喀麦隆	714 661	664 255	668 689
埃及	639 943	644 995	654 363
孟加拉国	572 895	587 653	586 368
意大利	476 762	463 926	461 970
伊朗	462 244	477 137	477 489
日本	375 735	374 774	376 434

（续表）

国家	2016 年	2017 年	2018 年
巴西	374 698	368 071	362 995
哥伦比亚	359 906	357 866	348 639

根据 FAO 数据统计，对我们所研究的 8 种大宗蔬菜分别以国家的进口额、进口量、出口额以及出口量以及收获面积为指标，统计自 2016—2018 年 3 年间各指标排名前十的国家（表 51~表 55）。根据表 51~表 55 分析可得：

（1）在 2016—2018 年，根据 FAO 统计的出口额数据，相对而言欧美国家占据了所统计的 8 类蔬菜出口额的较大比重，例如，其中美洲的美国、加拿大以及欧洲的英国、德国、法国，中国仅在白菜和甘蓝的出口额较为突出。

（2）在出口量方面，3 年间美国、法国、荷兰以及德国的出口量在 8 类蔬菜中所占比重较大。

（3）在进口额方面，根据 FAO 所统计的 3 年间的数据可知，美国、法国、加拿大以及德国的占比较高，中国仅在白菜和甘蓝 2 类蔬菜上有着较高的进口额。

（4）在进口量方面，美国、德国、英国和加拿大这几个欧美国家在所统计的 8 类蔬菜中名列前茅。

（5）在收获面积方面，以中国、印度、印度尼西亚和埃及这 8 类蔬菜为主要的收获面积大国。

综合以上分析，在各大宗蔬菜的进出口贸易方面，主要还是以一些经济较为发达的欧美国家名列前茅，而一些发展中国家例如中国，无论在进出口的交易额还是数量上均不及这些发达国家，说明中国在大宗蔬菜的进出口方面的工作还有很多需要努力的地方，但在蔬菜的收获面积上中国以及一些发展中的亚洲、非洲国家的成绩较为突出，这也从侧面可以反映出像中国这样的发展中国家还有许多方面工作需要完成。

表 51　FAO 统计的 2016—2018 年出口额排名前十国家情况

蔬菜名称	2016 年		2017 年		2018 年	
	国家	数值/美元	国家	数值/美元	国家	数值/美元
白菜+甘蓝	美国	375 574 000	美国	412 807 000	美国	389 021 000
	中国	324 830 000	加拿大	310 727 000	加拿大	314 881 000
	加拿大	308 512 000	中国	307 637 000	中国	247 304 000
	德国	181 113 000	德国	210 017 000	德国	195 963 000
	越南	70 261 000	荷兰	75 971 000	越南	103 389 000
	日本	65 724 000	马来西亚	58 033 000	日本	86 661 000
	马来西亚	55 904 000	俄罗斯联邦	49 129 000	荷兰	72 069 000
	英国	55 562 000	英国	47 710 000	马来西亚	67 692 000
	荷兰	46 667 000	日本	45 374 000	英国	46 744 000
	泰国	44 537 000	泰国	41 046 000	法国	42 099 000

（续表）

蔬菜名称	2016 年		2017 年		2018 年	
	国家	数值/美元	国家	数值/美元	国家	数值/美元
花椰菜	英国	193 362 000	英国	177 348 000	英国	190 954 000
	加拿大	113 169 000	加拿大	145 741 000	加拿大	145 517 000
	德国	68 360 000	德国	76 201 000	美国	91 059 000
	马来西亚	64 089 000	美国	63 372 000	德国	80 611 000
	法国	57 775 000	马来西亚	61 760 000	马来西亚	68 619 000
	荷兰	35 704 000	法国	61 264 000	法国	53 729 000
	美国	33 755 000	荷兰	55 853 000	荷兰	52 847 000
	比利时	33 505 000	波兰	37 027 000	波兰	39 190 000
	新加坡	30 982 000	比利时	34 919 000	新加坡	32 678 000
	中国	30 420 000	挪威	28 714 000	比利时	30 445 000
辣椒	美国	1 578 948 000	美国	1 430 021 000	美国	1 588 501 000
	德国	814 279 000	德国	847 152 000	德国	840 040 000
	英国	395 357 000	英国	405 951 000	英国	397 418 000
	法国	303 376 000	法国	311 947 000	法国	285 507 000
	加拿大	282 659 000	加拿大	248 993 000	加拿大	266 323 000
	荷兰	160 183 000	荷兰	219 349 000	荷兰	198 017 000
	日本	144 469 000	俄罗斯联邦	162 248 000	俄罗斯联邦	196 219 000
	俄罗斯联邦	126 937 000	日本	134 713 000	日本	135 540 000
	波兰	103 433 000	波兰	125 241 000	波兰	126 068 000
	意大利	101 251 000	意大利	108 133 000	意大利	114 544 000
黄瓜	美国	745 289 000	美国	731 538 000	美国	816 576 000
	德国	530 568 000	德国	566 207 000	德国	652 145 000
	英国	177 875 000	英国	184 998 000	英国	205 000 000
	俄罗斯联邦	125 292 000	俄罗斯联邦	146 484 000	荷兰	136 861 000
	荷兰	105 899 000	荷兰	133 128 000	俄罗斯联邦	123 491 000
	伊朗	93 429 000	法国	86 475 000	伊朗	99 956 000
	法国	82 897 000	伊朗	69 017 000	法国	88 917 000
	比利时	78 657 000	加拿大	68 005 000	波兰	72 439 000
	加拿大	63 752 000	波兰	67 692 000	加拿大	68 187 000
	捷克	51 510 000	比利时	66 003 000	比利时	66 955 000

（续表）

蔬菜名称	2016 年		2017 年		2018 年	
	国家	数值/美元	国家	数值/美元	国家	数值/美元
茄子	美国	76 518 000	德国	79 171 000	德国	78 028 000
	德国	67 299 000	美国	69 129 000	美国	71 113 000
	法国	53 999 000	法国	62 557 000	法国	59 527 000
	英国	38 022 000	英国	40 634 000	伊朗	43 207 000
	加拿大	27 771 000	加拿大	28 800 000	英国	41 693 000
	伊朗	25 476 000	意大利	24 364 000	加拿大	27 306 000
	白俄罗斯	21 907 000	白俄罗斯	23 907 000	俄罗斯联邦	25 258 000
	意大利	21 358 000	伊朗	23 793 000	意大利	23 940 000
	比利时	16 184 000	荷兰	22 858 000	荷兰	22 448 000
	俄罗斯联邦	15 920 000	比利时	17 098 000	白俄罗斯	16 604 000
马铃薯	比利时	463 363 000	比利时	507 856 000	比利时	540 679 000
	德国	275 941 000	荷兰	354 586 000	荷兰	382 365 000
	荷兰	257 058 000	西班牙	250 502 000	西班牙	254 798 000
	西班牙	252 518 000	德国	246 117 000	美国	243 601 000
	美国	217 689 000	美国	232 289 000	德国	242 559 000
	意大利	205 288 000	俄罗斯联邦	220 413 000	俄罗斯联邦	217 882 000
	埃及	162 470 000	意大利	191 928 000	意大利	187 774 000
	法国	127 237 000	法国	135 757 000	伊朗	158 003 000
	葡萄牙	121 622 000	伊朗	115 116 000	葡萄牙	114 561 000
	俄罗斯联邦	107 635 000	英国	100 517 000	越南	112 135 000
番茄	美国	2 362 944 000	美国	2 272 435 000	美国	2 486 067 000
	德国	1 306 853 000	德国	1 493 650 000	德国	1 494 581 000
	法国	633 961 000	法国	704 831 000	法国	700 724 000
	英国	583 076 000	英国	638 292 000	英国	647 610 000
	俄罗斯联邦	490 582 000	俄罗斯联邦	558 745 000	俄罗斯联邦	630 575 000
	加拿大	350 577 000	荷兰	339 828 000	加拿大	321 108 000
	荷兰	229 631 000	加拿大	332 783 000	荷兰	319 147 000
	白俄罗斯	218 458 000	波兰	222 338 000	波兰	238 695 000
	波兰	173 220 000	白俄罗斯	217 536 000	伊朗	218 426 000
	瑞典	166 475 000	瑞典	171 530 000	瑞典	170 653 000

表 52 FAO 统计的 2016—2018 年出口量排名前十国家情况

蔬菜名称	2016 年		2017 年		2018 年	
	国家	数值/t	国家	数值/t	国家	数值/t
白菜+甘蓝	中国	605 651	中国	815 878	中国	850 510
	美国	291 947	美国	224 878	美国	219 675
	荷兰	184 772	荷兰	208 771	荷兰	207 679
	墨西哥	163 713	墨西哥	147 581	墨西哥	143 486
	西班牙	96 844	波兰	100 441	爱尔兰	88 134
	爱尔兰	93 865	爱尔兰	96 309	西班牙	87 599
	波兰	87 443	西班牙	88 607	加拿大	85 334
	加拿大	69 432	意大利	68 935	乌兹别克斯坦	84 394
	印度尼西亚	68 837	加拿大	67 022	波兰	73 583
	意大利	67 811	危地马拉	67 016	意大利	72 191
花椰菜	西班牙	369 514	西班牙	360 799	西班牙	403 558
	墨西哥	245 023	墨西哥	272 035	墨西哥	256 814
	美国	128 620	法国	145 861	美国	135 892
	法国	95 771	美国	122 639	法国	104 725
	中国	91 689	中国	87 532	中国	86 398
	意大利	89 283	意大利	83 409	意大利	81 842
	白俄罗斯	49 013	白俄罗斯	53 454	白俄罗斯	51 632
	危地马拉	37 709	爱尔兰	39 358	荷兰	38 106
	爱尔兰	30 309	荷兰	36 517	危地马拉	35 132
	波兰	27 727	危地马拉	33 683	爱尔兰	32 209
辣椒	墨西哥	949 662	墨西哥	1 037 394	墨西哥	1 052 001
	西班牙	734 088	西班牙	717 107	西班牙	775 771
	荷兰	396 061	荷兰	467 437	荷兰	451 060
	加拿大	152 703	摩洛哥	200 000	摩洛哥	152 539
	美国	116 514	加拿大	142 776	加拿大	144 992
	摩洛哥	110 909	美国	115 951	越南	129 952
	土耳其	97 314	中国	97 992	土耳其	124 472
	中国	89 291	土耳其	93 242	美国	123 632
	爱尔兰	60 803	以色列	62 832	中国	99 666
	以色列	56 815	爱尔兰	58 172	以色列	92 677

（续表）

蔬菜名称	2016 年		2017 年		2018 年	
	国家	数值/t	国家	数值/t	国家	数值/t
黄瓜	墨西哥	693 611	墨西哥	750 511	墨西哥	767 073
	西班牙	632 611	西班牙	631 024	西班牙	648 636
	荷兰	350 777	荷兰	429 018	荷兰	430 565
	爱尔兰	307 566	爱尔兰	235 128	爱尔兰	270 353
	加拿大	144 988	加拿大	149 356	加拿大	156 024
	中国	73 442	中国	80 848	中国	75 786
	比利时	68 976	比利时	65 176	土耳其	65 619
	白俄罗斯	60 947	白俄罗斯	53 832	阿富汗	65 254
	美国	49 751	土耳其	48 967	比利时	54 719
	土耳其	47 802	日本	46 717	美国	46 407
茄子	西班牙	151 665	西班牙	144 515	西班牙	155 120
	爱尔兰	101 890	爱尔兰	107 562	爱尔兰	140 842
	墨西哥	61 658	墨西哥	74 238	墨西哥	75 287
	荷兰	53 546	荷兰	58 362	荷兰	56 331
	土耳其	21 743	土耳其	22 344	土耳其	24 839
	美国	17 411	美国	17 993	美国	18 918
	沙特阿拉伯	12 448	中国	14 168	中国	18 471
	洪都拉斯	12 017	立陶宛	13 583	乌兹别克斯坦	13 755
	立陶宛	11 639	白俄罗斯	13 411	洪都拉斯	11 035
	白俄罗斯	11 094	洪都拉斯	12 002	立陶宛	10 023
马铃薯	法国	1 846 822	法国	2 038 305	法国	2 324 442
	德国	1 840 718	德国	1 995 553	德国	1 923 618
	荷兰	1 626 368	荷兰	1 821 595	荷兰	1 801 349
	比利时	974 157	比利时	975 837	比利时	965 604
	爱尔兰	647 007	加拿大	705 335	巴基斯坦	688 763
	加拿大	541 711	埃及	671 287	爱尔兰	529 889
	美国	489 198	美国	546 658	加拿大	526 342
	埃及	473 000	爱尔兰	512 954	美国	481 625
	中国	409 911	中国	509 572	埃及	468 750
	巴基斯坦	397 223	巴基斯坦	414 933	中国	448 117

（续表）

蔬菜名称	2016 年		2017 年		2018 年	
	国家	数值/t	国家	数值/t	国家	数值/t
番茄	墨西哥	1 748 858	墨西哥	1 742 619	墨西哥	1 831 837
	荷兰	992 601	荷兰	1 089 230	荷兰	1 090 251
	西班牙	911 106	西班牙	809 612	西班牙	813 875
	爱尔兰	537 117	爱尔兰	531 998	摩洛哥	628 538
	摩洛哥	524 907	摩洛哥	527 724	爱尔兰	572 856
	土耳其	485 963	土耳其	522 876	土耳其	525 874
	约旦	361 439	约旦	282 271	约旦	257 889
	印度	247 990	中国	265 365	法国	223 556
	法国	247 053	法国	230 581	比利时	220 153
	比利时	222 297	比利时	218 107	美国	216 286

表 53　FAO 统计的 2016—2018 年进口额排名前十国家情况

蔬菜名称	2016 年		2017 年		2018 年	
	国家	数值/美元	国家	数值/美元	国家	数值/美元
白菜+甘蓝	美国	375 574 000	美国	412 807 000	美国	389 021 000
	中国	324 830 000	加拿大	310 727 000	加拿大	314 881 000
	加拿大	308 512 000	中国	307 637 000	中国	247 304 000
	德国	181 113 000	德国	210 017 000	德国	195 963 000
	越南	70 261 000	荷兰	75 971 000	越南	103 389 000
	日本	65 724 000	马来西亚	58 033 000	日本	86 661 000
	马来西亚	55 904 000	俄罗斯联邦	49 129 000	荷兰	72 069 000
	英国	55 562 000	英国	47 710 000	马来西亚	67 692 000
	荷兰	46 667 000	日本	45 374 000	英国	46 744 000
	泰国	44 537 000	泰国	41 046 000	法国	42 099 000
花椰菜	英国	193 362 000	英国	177 348 000	英国	190 954 000
	加拿大	113 169 000	加拿大	145 741 000	加拿大	145 517 000
	德国	68 360 000	德国	76 201 000	美国	91 059 000
	马来西亚	64 089 000	美国	63 372 000	德国	80 611 000
	法国	57 775 000	马来西亚	61 760 000	马来西亚	68 619 000

（续表）

蔬菜名称	2016 年		2017 年		2018 年	
	国家	数值/美元	国家	数值/美元	国家	数值/美元
花椰菜	荷兰	35 704 000	法国	61 264 000	法国	53 729 000
	美国	33 755 000	荷兰	55 853 000	荷兰	52 847 000
	比利时	33 505 000	波兰	37 027 000	波兰	39 190 000
	新加坡	30 982 000	比利时	34 919 000	新加坡	32 678 000
	中国	30 420 000	挪威	28 714 000	比利时	30 445 000
辣椒	美国	1 578 948 000	美国	1 430 021 000	美国	1 588 501 000
	德国	814 279 000	德国	847 152 000	德国	840 040 000
	英国	395 357 000	英国	405 951 000	英国	397 418 000
	法国	303 376 000	法国	311 947 000	法国	285 507 000
	加拿大	282 659 000	加拿大	248 993 000	加拿大	266 323 000
	荷兰	160 183 000	荷兰	219 349 000	荷兰	198 017 000
	日本	144 469 000	俄罗斯联邦	162 248 000	俄罗斯联邦	196 219 000
	俄罗斯联邦	126 937 000	日本	134 713 000	日本	135 540 000
	波兰	103 433 000	波兰	125 241 000	波兰	126 068 000
	意大利	101 251 000	意大利	108 133 000	意大利	114 544 000
黄瓜	美国	745 289 000	美国	731 538 000	美国	816 576 000
	德国	530 568 000	德国	566 207 000	德国	652 145 000
	英国	177 875 000	英国	184 998 000	英国	205 000 000
	俄罗斯联邦	125 292 000	俄罗斯联邦	146 484 000	荷兰	136 861 000
	荷兰	105 899 000	荷兰	133 128 000	俄罗斯联邦	123 491 000
	伊朗	93 429 000	法国	86 475 000	伊朗	99 956 000
	法国	82 897 000	伊朗	69 017 000	法国	88 917 000
	比利时	78 657 000	加拿大	68 005 000	波兰	72 439 000
	加拿大	63 752 000	波兰	67 692 000	加拿大	68 187 000
	捷克	51 510 000	比利时	66 003 000	比利时	66 955 000

（续表）

蔬菜名称	2016 年		2017 年		2018 年	
	国家	数值/美元	国家	数值/美元	国家	数值/美元
茄子	美国	76 518 000	德国	79 171 000	德国	78 028 000
	德国	67 299 000	美国	69 129 000	美国	71 113 000
	法国	53 999 000	法国	62 557 000	法国	59 527 000
	英国	38 022 000	英国	40 634 000	伊朗	43 207 000
	加拿大	27 771 000	加拿大	28 800 000	英国	41 693 000
	伊朗	25 476 000	意大利	24 364 000	加拿大	27 306 000
	白俄罗斯	21 907 000	白俄罗斯	23 907 000	俄罗斯联邦	25 258 000
	意大利	21 358 000	伊朗	23 793 000	意大利	23 940 000
	比利时	16 184 000	荷兰	22 858 000	荷兰	22 448 000
	俄罗斯联邦	15 920 000	比利时	17 098 000	白俄罗斯	16 604 000
马铃薯	比利时	463 363 000	比利时	507 856 000	比利时	540 679 000
	德国	275 941 000	荷兰	354 586 000	荷兰	382 365 000
	荷兰	257 058 000	西班牙	250 502 000	西班牙	254 798 000
	西班牙	252 518 000	德国	246 117 000	美国	243 601 000
	美国	217 689 000	美国	232 289 000	德国	242 559 000
	意大利	205 288 000	俄罗斯联邦	220 413 000	俄罗斯联邦	217 882 000
	埃及	162 470 000	意大利	191 928 000	意大利	187 774 000
	法国	127 237 000	法国	135 757 000	伊朗	158 003 000
	葡萄牙	121 622 000	伊朗	115 116 000	葡萄牙	114 561 000
	俄罗斯联邦	107 635 000	英国	100 517 000	越南	112 135 000
番茄	美国	2 362 944 000	美国	2 272 435 000	美国	2 486 067 000
	德国	1 306 853 000	德国	1 493 650 000	德国	1 494 581 000
	法国	633 961 000	法国	704 831 000	法国	700 724 000
	英国	583 076 000	英国	638 292 000	英国	647 610 000
	俄罗斯联邦	490 582 000	俄罗斯联邦	558 745 000	俄罗斯联邦	630 575 000
	加拿大	350 577 000	荷兰	339 828 000	加拿大	321 108 000
	荷兰	229 631 000	加拿大	332 783 000	荷兰	319 147 000
	白俄罗斯	218 458 000	波兰	222 338 000	波兰	238 695 000
	波兰	173 220 000	白俄罗斯	217 536 000	伊朗	218 426 000
	瑞典	166 475 000	瑞典	171 530 000	瑞典	170 653 000

表 54　FAO 统计的 2016—2018 年进口量排名前十国家情况

蔬菜名称	2016 年		2017 年		2018 年	
	国家	数值/t	国家	数值/t	国家	数值/t
白菜+甘蓝	中国	769 036	中国	748 836	中国	624 114
	美国	412 508	美国	411 091	美国	419 322
	德国	194 808	德国	195 027	越南	194 777
	加拿大	190 307	加拿大	178 891	加拿大	188 819
	马来西亚	128 353	马来西亚	151 691	德国	180 071
	越南	125 852	俄罗斯联邦	124 219	马来西亚	176 595
	泰国	121 362	泰国	112 433	日本	126 731
	俄罗斯联邦	79 614	荷兰	69 638	俄罗斯联邦	113 299
	新加坡	63 403	萨尔瓦多	64 091	泰国	105 108
	萨尔瓦多	61 385	新加坡	62 577	荷兰	72 003
花椰菜	英国	135 775	英国	123 864	英国	120 582
	加拿大	98 541	加拿大	105 029	加拿大	110 101
	德国	64 288	德国	80 437	美国	78 276
	马来西亚	57 076	美国	68 507	德国	76 867
	法国	56 114	马来西亚	60 719	马来西亚	59 625
	中国	38 470	法国	52 745	法国	52 603
	美国	37 073	荷兰	50 023	荷兰	45 939
	泰国	33 127	比利时	37 193	波兰	36 840
	比利时	32 425	泰国	35 868	泰国	36 488
	荷兰	29 505	波兰	32 087	葡萄牙	31 756
辣椒	美国	1 099 663	美国	1 109 866	美国	1 146 828
	德国	398 151	德国	401 568	德国	409 020
	英国	217 449	英国	214 846	英国	210 464
	法国	164 566	法国	162 605	法国	171 373
	加拿大	134 031	俄罗斯联邦	139 302	俄罗斯联邦	165 720
	俄罗斯联邦	112 214	加拿大	133 449	加拿大	141 152
	荷兰	86 121	荷兰	111 871	中国	111 518
	意大利	72 573	意大利	75 990	荷兰	110 928
	波兰	57 157	波兰	67 982	意大利	84 062
	马来西亚	55 904	马来西亚	55 353	波兰	73 508

（续表）

蔬菜名称	2016 年		2017 年		2018 年	
	国家	数值/t	国家	数值/t	国家	数值/t
黄瓜	美国	873 106	美国	881 748	美国	943 997
	德国	465 775	德国	486 633	德国	501 034
	伊朗	227 190	伊朗	166 366	伊朗	196 350
	英国	155 602	英国	151 813	英国	159 265
	俄罗斯联邦	115 639	俄罗斯联邦	134 485	俄罗斯联邦	123 028
	荷兰	99 171	荷兰	118 768	荷兰	116 572
	比利时	97 749	比利时	90 171	法国	76 320
	法国	77 792	法国	78 780	比利时	71 751
	捷克	75 176	捷克	69 750	捷克	67 468
	加拿大	54 659	波兰	58 866	巴基斯坦	65 226
茄子	伊朗	85 119	伊朗	77 521	伊朗	108 864
	美国	69 529	美国	72 561	美国	79 571
	法国	50 306	德国	49 159	德国	53 606
	德国	49 661	法国	48 914	法国	50 457
	英国	25 401	英国	25 339	英国	27 024
	加拿大	24 937	加拿大	25 104	加拿大	25 253
	意大利	21 152	俄罗斯联邦	20 751	俄罗斯联邦	22 859
	俄罗斯联邦	18 949	意大利	19 704	阿富汗	22 611
	比利时	13 477	荷兰	15 173	意大利	21 319
	新加坡	13 002	比利时	14 918	荷兰	16 431
马铃薯	比利时	2 001 184	比利时	2 170 113	比利时	2 561 882
	荷兰	1 475 645	荷兰	1 770 228	荷兰	1 832 039
	西班牙	728 762	西班牙	780 766	西班牙	824 538
	意大利	637 511	意大利	619 241	意大利	638 589
	德国	603 021	德国	607 067	德国	609 282
	美国	495 933	俄罗斯联邦	560 637	俄罗斯联邦	572 966
	葡萄牙	442 216	美国	501 794	美国	486 482
	法国	438 113	法国	431 551	伊朗	469 147
	伊朗	435 341	伊朗	384 106	葡萄牙	408 579
	俄罗斯联邦	285 490	阿富汗	382 843	法国	381 137

（续表）

蔬菜名称	2016 年		2017 年		2018 年	
	国家	数值/t	国家	数值/t	国家	数值/t
番茄	美国	1 786 399	美国	1 788 814	美国	1 856 198
	德国	738 549	德国	733 923	德国	740 847
	伊朗	544 143	俄罗斯联邦	515 862	俄罗斯联邦	577 735
	法国	537 315	法国	506 837	法国	524 098
	俄罗斯联邦	461 523	伊朗	463 439	伊朗	506 938
	英国	380 444	英国	374 633	英国	382 144
	巴基斯坦	254 546	荷兰	220 952	荷兰	229 503
	加拿大	217 650	加拿大	213 146	加拿大	227 947
	沙特阿拉伯	202 119	沙特阿拉伯	170 849	阿富汗	196 279
	白俄罗斯	187 216	白俄罗斯	168 128	沙特阿拉伯	189 688

表 55　FAO 统计的 2016—2018 年收获面积排名前十国家情况

蔬菜名称	2016 年		2017 年		2018 年	
	国家	收获面积/hm²	国家	收获面积/hm²	国家	收获面积/hm²
白菜+甘蓝	中国	981 456	中国	983 010	中国	983 154
	印度	394 000	印度	395 000	印度	402 000
	安哥拉	99 937	安哥拉	105 008	安哥拉	102 543
	印度尼西亚	71 934	印度尼西亚	90 838	印度尼西亚	66 110
	埃塞俄比亚	42 279	埃塞俄比亚	43 695	埃塞俄比亚	45 747
	日本	34 600	日本	34 800	日本	35 145
	朝鲜	31 737	朝鲜	31 453	朝鲜	31 067
	肯尼亚	26 931	哈萨克斯坦	19 180	肯尼亚	22 672
	哈萨克斯坦	20 778	孟加拉国	18 486	哈萨克斯坦	19 962
	孟加拉国	17 944	埃及	16 341	孟加拉国	18 574
花椰菜	中国	518 023	中国	532 556	中国	547 874
	印度	426 000	印度	454 000	印度	459 000
	美国	70 092	美国	70 577	美国	63 859

（续表）

蔬菜名称	2016 年		2017 年		2018 年	
	国家	收获面积/hm²	国家	收获面积/hm²	国家	收获面积/hm²
花椰菜	墨西哥	35 573	西班牙	39 332	西班牙	40 437
	西班牙	34 536	墨西哥	38 746	墨西哥	39 849
	孟加拉国	19 331	孟加拉国	19 718	孟加拉国	19 459
	法国	18 933	法国	19 140	法国	19 086
	意大利	16 259	英国	16 490	英国	16 754
	英国	16 247	日本	16 100	日本	15 875
	日本	15 800	意大利	15 956	意大利	15 860
辣椒	中国	752 262	中国	761 996	中国	771 634
	印度尼西亚	260 222	印度尼西亚	310 147	印度尼西亚	308 547
	埃及	40 850	埃及	38 588	埃及	42 132
	贝宁	27 729	喀麦隆	22 733	埃塞俄比亚	30 534
	喀麦隆	27 155	贝宁	22 516	喀麦隆	22 916
	阿尔及利亚	22 337	朝鲜	22 013	阿尔及利亚	22 108
	朝鲜	22 297	阿尔及利亚	21 867	朝鲜	21 732
	加纳	14 400	加纳	13 964	贝宁	21 052
	老挝	11 650	老挝	12 512	老挝	13 497
	意大利	11 037	意大利	10 323	加纳	13 174
黄瓜	中国	1 148 841	中国	1 067 884	中国	1 046 237
	喀麦隆	299 972	喀麦隆	253 716	喀麦隆	260 917
	伊朗	72 445	伊朗	84 574	伊朗	79 649
	印度尼西亚	42 214	印度尼西亚	39 809	印度尼西亚	39 586
	印度	29 518	印度	30 332	印度	31 150
	埃及	21 885	埃及	18 383	埃及	20 557
	哈萨克斯坦	17 762	巴基斯坦	17 761	哈萨克斯坦	20 120
	孟加拉国	14 569	孟加拉国	15 138	伊拉克	14 350
	阿塞拜疆	12 939	伊拉克	13 020	孟加拉国	13 467
	伊拉克	12 873	阿塞拜疆	12 245	阿塞拜疆	11 311

（续表）

蔬菜名称	2016 年		2017 年		2018 年	
	国家	收获面积/hm²	国家	收获面积/hm²	国家	收获面积/hm²
茄子	中国	793 932	中国	799 460	中国	804 618
	印度	663 000	印度	733 000	印度	736 000
	埃及	48 411	埃及	47 522	埃及	46 849
	印度尼西亚	44 829	印度尼西亚	43 905	印度尼西亚	44 016
	伊朗	22 005	伊朗	21 448	伊朗	21 492
	象牙海岸	16 073	象牙海岸	16 958	象牙海岸	17 619
	意大利	10 031	意大利	9 449	意大利	9 560
	日本	9 280	日本	9 160	日本	8 970
	伊拉克	8 356	伊拉克	6 992	伊拉克	6 307
	阿尔及利亚	6 683	加纳	6 335	加纳	6 266
马铃薯	中国	4 805 124	中国	4 862 361	中国	4 813 542
	印度	2 117 000	印度	2 179 000	印度	2 151 000
	孟加拉国	475 488	孟加拉国	499 725	孟加拉国	477 419
	白俄罗斯	292 404	白俄罗斯	275 997	白俄罗斯	271 772
	德国	242 600	德国	250 500	德国	252 200
	朝鲜	235 333	法国	194 055	肯尼亚	217 315
	哈萨克斯坦	186 242	肯尼亚	192 341	朝鲜	215 390
	玻利维亚	181 708	哈萨克斯坦	182 895	法国	199 886
	法国	179 129	玻利维亚	178 144	哈萨克斯坦	192 326
	哥伦比亚	160 595	埃及	174 311	玻利维亚	180 802
番茄	中国	1 018 616	中国	1 029 404	中国	1 040 126
	印度	774 000	印度	797 000	印度	786 000
	埃及	184 972	埃及	166 206	埃及	161 702
	伊朗	149 235	伊朗	155 132	伊朗	158 991
	意大利	103 940	意大利	99 750	意大利	97 092
	喀麦隆	92 626	喀麦隆	98 910	喀麦隆	93 762
	巴西	63 995	巴西	61 403	巴西	57 134
	印度尼西亚	57 688	印度尼西亚	55 623	印度尼西亚	53 850
	加纳	47 000	加纳	49 959	加纳	49 716
	贝宁	40 177	古巴	48 713	古巴	46 395

4 国内外大宗蔬菜等级规格和生产技术规程标准

4.1 中国大宗蔬菜等级规格和生产技术规程标准

4.1.1 中国大白菜等级规格和生产技术规程标准

我国关于大白菜品质以及生产技术规程方面的标准情况如表 56 所示，其中在品质方面，没有相应的国家标准，行业标准 3 项，1 项地方标准；在生产技术规程方面，有 2 项国家标准，行业标准 1 项，地方标准 15 项。

表 56 中国现行大白菜等级规格和生产技术规程标准

品种、品质	行业标准	NY/T 943—2006《大白菜等级规格》
		NY/T 2476—2013《大白菜品种鉴定技术规程 SSR 分子标记法》
		SB/T 10332—2000《大白菜》
	地方标准	DB 11/T 199.2—2003《蔬菜品种真实性和纯度田间检验规程 第 2 部分：大白菜》
种植、生产技术规程	国家标准	GB/T 17980.114—2004《农药田间药效试验准则（二） 第 114 部分：杀菌剂防治大白菜软腐病》
		GB/T 17980.115—2004《农药田间药效试验准则（二） 第 115 部分：杀菌剂防治大白菜霜霉病》
	行业标准	NY/T 972—2006《大白菜种子繁育技术规程》
	地方标准	DB 22/T 2428—2016《绿色食品 大白菜生产技术规程》
		DB 62/T 1653—2018《绿色食品 大白菜生产技术规程》
		DB 15/T 1671—2019《内蒙古产地蔬菜 化德大白菜》
		DB 23/T 943—2016《有机食品 秋大白菜生产技术操作规程》
		DB 0824/T 43—2010《无公害食品 大白菜生产技术规程》
		DB 11/T 163—2002《无公害蔬菜 白菜生产技术规程》
		DB 2103/T 010—2006《无公害农产品 秋大白菜生产技术规程》
		DB 51/T 533—2011《大白菜生产技术规程》

（续表）

种植、生产 技术规程	地方标准	DB 21/T 1436—2006《农产品质量安全　秋大白菜生产技术规程》
		DB 21/T 1525—2007《农产品质量安全　反季节大白菜生产技术规程》
		DB 21/T 1430—2006《大白菜杂交种子生产技术规程》
		DB 3703/T 004—2005《无公害大白菜生产技术规程》
		DB 3302/T 143—2018《大白菜生产技术规程》
		DB 43/T 936—2014《富硒大白菜生产技术规程》
		DB 45/T 963—2014《无公害农产品　大白菜生产技术规程》

4.1.2　中国番茄等级规格和生产技术规程标准

中国关于番茄品质以及生产技术规程方面的标准情况如表 57 所示，其中在品质方面，国家标准 8 项，行业标准 15 项，9 项地方标准；在生产技术规程方面，没有国家标准，行业标准 3 项，地方标准 42 项。

表 57　中国现行番茄等级规格和生产技术规程标准

品种、品质	国家标准	GB/T 36771—2018《番茄花叶病毒检疫鉴定方法》
		GB/T 36850—2018《番茄严重曲叶病毒检疫鉴定方法》
		GB/T 28982—2012《番茄斑萎病毒 PCR 检测方法》
		GB/T 28973—2012《番茄环斑病毒检疫鉴定方法　纳米颗粒增敏胶体金免疫层析法》
		GB/T 29431—2012《番茄溃疡病菌检疫鉴定方法》
		GB/T 17980.31—2000《农药田间药效试验准则（一）　杀菌剂防治番茄早疫病和晚疫病》
		GB/T 17980.111—2004《农药田间药效试验准则（二）　第 111 部分：杀菌剂防治番茄叶霉病》
		GB/T 17980.142—2004《农药田间药效试验准则（二）　第 142 部分：番茄生长调节剂试验》
	行业标准	NY/T 940—2006《番茄等级规格》
		NY/T 1517—2007《加工用番茄》
		SN/T 2670—2010《番茄环斑病毒检疫鉴定方法》
		SN/T 2596—2010《番茄细菌性叶斑病菌检疫鉴定方法》
		NY/T 1464.32—2010《农药田间药效试验准则　第 32 部分：杀菌剂防治番茄青枯病》
		NY/T 1858.8—2010《番茄主要病害抗病性鉴定技术规程　第 8 部分：番茄抗南方根结线虫病鉴定技术规程》

（续表）

品种、品质	行业标准	NY/T 1858.7—2010《番茄主要病害抗病性鉴定技术规程　第7部分：番茄抗黄瓜花叶病毒病鉴定技术规程》
		NY/T 2286—2012《番茄溃疡病菌检疫检测与鉴定方法》
		NY/T 1858.4—2010《番茄主要病害抗病性鉴定技术规程　第4部分：番茄抗青枯病鉴定技术规程》
		NY/T 1858.6—2010《番茄主要病害抗病性鉴定技术规程　第6部分：番茄抗番茄花叶病毒病鉴定技术规程》
		NY/T 1858.2—2010《番茄主要病害抗病性鉴定技术规程　第2部分：番茄抗叶霉病鉴定技术规程》
		NY/T 1858.2—2010《番茄主要病害抗病性鉴定技术规程　第2部分：番茄抗叶霉病鉴定技术规程》
		NY/T 1858.3—2010《番茄主要病害抗病性鉴定技术规程　第3部分：番茄抗枯萎病鉴定技术规程》
		SN/T 1816—2013《转基因成分检测　番茄检测方法》
		NY/T 1858.5—2010《番茄主要病害抗病性鉴定技术规程　第5部分：番茄抗疮痂病鉴定技术规程》
	地方标准	DB 510422/T 018—2010《无公害番茄质量标准》
		DB 510422/T 017—2010《无公害番茄质量安全标准》
		DB 11/T 199.6—2003《蔬菜品种真实性和纯度田间检验规程　第6部分：番茄》
		DB 15/T 1670—2019《内蒙古产地蔬菜　河套番茄》
		DB 61/T 1135—2018《设施番茄黄化曲叶病毒病综合防治　技术规程》
		DB 43/T 500—2009《番茄分级》
		DB 1303/T 140—2002《绿色食品　番茄》
		DB 61/T 1134—2018《番茄黄化曲叶病毒检验鉴定方法》
		DB 61/T 1082—2017《番茄灰霉病抗性鉴定技术规范》
种植、生产技术规程	行业标准	NY/T 5007—2001《无公害食品　番茄保护地生产技术规程》
		NY/T 5006—2001《无公害食品　番茄露地生产技术规程》
		NY/T 2471—2013《番茄品种鉴定技术规程　Indel 分子标记法》
	地方标准	DB 22/T 1771—2013《绿色食品　日光温室冬春茬番茄生产技术规程》
		DB 32/T 1426—2019《番茄中重要病虫害综合防治技术规程》
		DB 51/T 1180—2019《番茄生产技术规程》
		DB 21/T 3126—2019《温室番茄高品质生产技术规程》
		DB 63/T 1402—2015《番茄日光温室有机栽培技术规范》

种植、生产 技术规程	地方标准	DB 23/T 1029—2016《有机食品 番茄（露地）生产技术操作规程》
		DB 65/T 3582—2014《温室有机番茄生产技术规程》
		DB 64/T 627—2010《设施番茄有机基质栽培技术规程》
		DB 45/T 759—2011《有机番茄 生产技术规程》
		DB 43/T 1741—2020《番茄秋后栽培技术规程》
		DB 3701/T 118—2010《绿色食品 番茄生产技术规程》
		DB 21/T 1315—2004《有机食品 番茄生产技术规程》
		DB 3205/T 162—2008《绿色食品 番茄-丝瓜-芹菜高效种植技术规范》
		DB 140400/T 016—2004《绿色农产品 旱地番茄生产操作规程》
		DB 44/T 259—2005《番茄良种繁育技术操作规程》
		DB 3703/T 014—2005《无公害大棚番茄生产技术规程》
		DB 510422/T 020—2010《无公害农产品 番茄生产操作技术标准》
		DB 3703/T 041—2005《无公害露地番茄生产技术规程》
		DB 62/T 1037—2003《无公害农产品 临夏回族自治州 保护地番茄生产技术规程》
		DB 21/T 1327—2004《番茄杂交种子生产技术规程》
		DB 13/T 769—2006《无公害硬果番茄越夏生产技术规程》
		DB 45/T 1901—2018《番茄集约化穴盘育苗技术规程》
		DB 34/T 2542—2015《番茄杂交制种技术规程》
		DB 43/T 831—2013《富硒番茄生产技术规程》
		DB 45/T 2083—2019《桂北番茄高山栽培技术规程》
		DB 45/T 964--2014《无公害农产品 番茄生产技术规程》
		DB 64/T 1257—2016《设施番茄营养液土壤栽培技术规程》
		DB 34/T 726—2019《露地番茄生产技术规程》
		DB 65/T 2216—2005《有机食品 加工番茄栽培技术规程》
		DB 6101/T 151--2018《番茄穴盘基质育苗技术规程》
		DB 6111/T 129—2019《设施蔬菜袋式基质栽培技术规程 早春茬番茄》
		DB 41/T 1351—2016《日光温室冬春茬番茄生产技术规程》
		DB 14/T 188—2008《绿色食品 日光节能温室越冬茬番茄生产技术规程》

（续表）

		DB 6111/T 130—2019《设施蔬菜袋式基质栽培技术规程 越冬长季节番茄》
种植、生产技术规程	地方标准	DB 54/T 0005—2006《无公害食品 番茄高原保护地生产技术规程》
		DB 52/T 1267—2018《"夏秋番茄（辣椒）—冬春莴笋（分葱）"一年2茬高效栽培模式技术规程》
		DB 63/T 420—2002《无公害番茄保护地生产技术规程》
		DB 63/T 1476—2016《番茄青海大红制种技术规范》
		DB 63/T 914—2010《温室番茄基质栽培技术规程》
		DB 63/T 1068—2012《绿色食品 番茄保护地栽培技术规范》
		DB 63/T 1517—2016《番茄封闭式无土栽培技术规范》
		DB 63/T 1518—2016《番茄管道水培高效栽培技术规范》

4.1.3 中国黄瓜等级规格和生产技术规程标准

中国关于黄瓜品质以及生产技术规程方面的标准情况如表58所示，其中在品质方面，7项国家标准，行业标准17项，5项地方标准；在生产技术规程方面，有1项国家标准，行业标准2项，地方标准32项。

表58 中国现行黄瓜等级规格和生产技术规程标准

品种、品质	国家标准	GB/T 36853—2018《黄瓜细菌性角斑病菌检疫鉴定方法》
		GB/T 29584—2013《黄瓜黑星病菌检疫鉴定方法》
		GB/T 17980.26—2000《农药田间药效试验准则（一） 杀菌剂防治黄瓜霜霉病》
		GB/T 17980.110—2004《农药田间药效试验准则（二） 第110部分：杀菌剂防治黄瓜细菌性角斑病》
		GB/T 17980.141—2004《农药田间药效试验准则（二） 第141部分：黄瓜生长调节剂试验》
		GB/T 28071—2011《黄瓜绿斑驳花叶病毒检疫鉴定方法》
		GB/T 17980.30—2000《农药田间药效试验准则（一） 杀菌剂防治黄瓜白粉病》
	行业标准	NY/T 578—2002《黄瓜》
		NY/T 269—1995《绿色食品 黄瓜》
		NY/T 1587—2008《黄瓜等级规格》
		NY/T 1857.3—2010《黄瓜主要病害抗病性鉴定技术规程 第3部分：黄瓜抗枯萎病鉴定技术规程》

（续表）

品种、品质	行业标准	NY/T 1857.5—2010《黄瓜主要病害抗病性鉴定技术规程 第5部分：黄瓜抗黑星病鉴定技术规程》
		NY/T 2061.4—2012《农药室内生物测定试验准则 植物生长调节剂 第4部：促进抑制生根试验 黄瓜子叶生根法》
		NY/T 2061.3—2012《农药室内生物测定试验准则 植物生长调节剂 第3部：促进抑制生长试验 黄瓜子叶扩张法》
		NY/T 1464.38—2011《农药田间药效试验准则 第38部分：杀菌剂防治黄瓜黑星病》
		NY/T 2474—2013《黄瓜品种鉴定技术规程 SSR分子标记法》
		NY/T 1857.1—2010《黄瓜主要病害抗病性鉴定技术规程 第1部分：黄瓜抗霜霉病鉴定技术规程》
		NY/T 1857.8—2010《黄瓜主要病害抗病性鉴定技术规程 第8部分：黄瓜抗南方根结线虫病鉴定技术规程》
		NY/T 1858.7—2010《番茄主要病害抗病性鉴定技术规程 第7部分：番茄抗黄瓜花叶病毒病鉴定技术规程》
		NY/T 1857.2—2010《黄瓜主要病害抗病性鉴定技术规程 第2部分：黄瓜抗白粉病鉴定技术规程》
		NY/T 1857.7—2010《黄瓜主要病害抗病性鉴定技术规程 第7部分：黄瓜抗黄瓜花叶病毒病鉴定技术规程》
		NY/T 1857.6—2010《黄瓜主要病害抗病性鉴定技术规程 第6部分：黄瓜抗细菌性角斑病鉴定技术规程》
		NY/T 2060.4—2011《辣椒抗病性鉴定技术规程 第4部分：辣椒抗黄瓜花叶病毒病鉴定技术规程》
		NY/T 1857.4—2010《黄瓜主要病害抗病性鉴定技术规程 第4部分：黄瓜抗疫病鉴定技术规程》
	地方标准	DB 37/T 645—2020《烟台地黄瓜》
		DB 11/T 199.8—2003《蔬菜品种真实性和纯度田间检验规程 第8部分：黄瓜》
		DB 34/T 457—2009《鲜食黄瓜分级》
		DB 1303/T 141—2002《绿色食品 黄瓜》
		DB 63/T 1483—2016《密刺型黄瓜分级要求》
种植、生产技术规程	国家标准	GB/Z 26581—2011《黄瓜生产技术规范》
	行业标准	NY/T 5075—2002《无公害食品 黄瓜生产技术规程》
		NY/T 1805—2009《胡椒种苗黄瓜花叶病毒检测技术规范》
	地方标准	DB 23/T 1033—2016《有机食品 黄瓜（棚室）生产技术操作规程》
		DB 65/T 3585—2014《温室有机黄瓜生产技术规程》
		DB 37/T 2254—2012《有机食品 黄瓜生产技术规程》

（续表）

种植、生产技术规程	地方标准	DB 65/T 3765—2015《有机产品　日光温室水果黄瓜生产技术规程》
		DB 37/T 1058—2008《良好农业规范　出口黄瓜操作指南》
		DB 21/T 1316—2004《有机食品　黄瓜生产技术规程》
		DB 11/T 162—2002《无公害蔬菜保护地黄瓜生产技术规程》
		DB 3701/T 119—2010《绿色食品　黄瓜生产技术规程》
		DB 46/T 137—2009《黄瓜生产技术规程》
		DB 11/T 268—2005《黄瓜嫁接苗生产技术规程》
		DB 44/T 436—2007《冬黄瓜生产技术规程》
		DB 3703/T 022—2005《无公害露地黄瓜生产技术规程》
		DB 3703/T 009—2005《无公害大棚黄瓜生产技术规程》
		DB 21/T 1287—2004《无公害食品　黄瓜日光温室生产技术规程》
		DB 62/T 1035—2003 《无公害农产品　临夏回族自治州　保护地黄瓜生产技术规程》
		DB 21/T 1330—2004《黄瓜杂交种子生产技术规程》
		DB 43/T 930—2014《富硒黄瓜生产技术规程》
		DB 3205/T 027—2015《吴江乳黄瓜生产技术规程》
		DB 45/T 965—2014《无公害农产品　黄瓜生产技术规程》
		DB 64/T 1256—2016《设施黄瓜营养液土壤栽培技术规程》
		DB 34/T 1024—2019《日光温室黄瓜生产技术规程》
		DB 41/T 1352—2016《日光温室越冬茬黄瓜生产技术规程》
		DB 41/T 1348—2016《日光温室冬春茬黄瓜生产技术规程》
		DB 54/T 0007—2006《无公害食品　黄瓜高原保护地生产技术规程》
		DB 63/T 419—2002《无公害黄瓜保护地生产技术规程》
		DB 14/T 187—2008《绿色食品　日光节能温室越冬茬黄瓜生产技术规程》
		DB 63/T 817—2009《保护地黄瓜病虫害防治技术规范》
		DB 63/T 1029—2011《绿色食品　黄瓜保护地病虫害综合防治技术规范》
		DB 63/T 1030—2011《绿色食品　黄瓜保护地栽培技术规范防治技术规范》
		DB 22/T 948.1—2001《无公害瓜类（黄瓜）蔬菜生产技术规程》
		DB 63/T 816—2009《保护地黄瓜丰产栽培技术规范》
		DB 63/T 911—2010《温室黄瓜基质栽培技术规范》

4.1.4　中国甘蓝等级规格和生产技术规程标准

中国关于甘蓝品质以及生产技术规程方面的标准情况如表 59 所示，其中在品质方面，1 项国家标准，行业标准 3 项，1 项地方标准；在生产技术规程方面，有 1 项国家标准，没有相关的行业标准，地方标准 10 项。

表 59　中国现行甘蓝等级规格和生产技术规程标准

品种、品质	国家标准	GB/T 23416.4—2009《蔬菜病虫害安全防治技术规范　第 4 部分：甘蓝类》
	行业标准	NY/T 746—2012《绿色食品　甘蓝类蔬菜》
		NY/T 3269—2018《脱水蔬菜甘蓝类》
		NY/T 2313—2013《甘蓝抗枯萎病鉴定技术规程》
	地方标准	DB 11/T 199.3—2003《蔬菜品种真实性和纯度田间检验规程　第 3 部分：甘蓝》
种植、生产技术规程	国家标准	GB 16715.4—2010《瓜菜作物种子　第 4 部分：甘蓝类》
	地方标准	DB 32/T 773—2005《有机食品　甘蓝生产技术规程》
		DB 23/T 1035—2016《有机食品　春甘蓝（露地）生产技术操作规程》
		DB 64/T 1284—2016《有机食品　露地甘蓝生产技术规程》
		DB 3703/T 018—2005《无公害甘蓝生产技术规程》
		DB 21/T 1666—2008《甘蓝杂交种子生产技术规程》
		DB 52/T 1266—2018《"辣椒—夏秋甘蓝（花菜）—萝卜"一年 3 茬高效栽培模式技术规程》
		DB 52/T 1268—2018《"春大白菜—夏秋四季豆（甘蓝）—秋冬萝卜（芹菜）"一年 3 茬高效栽培模式　技术规程》
		DB 63/T 1469—2016《北旱甘蓝良种生产技术规范》
		DB 52/T 816—2013《威宁芜菁甘蓝种子生产技术规程》
		DB 32/T 827—2005《出口甘蓝生产技术规程》

4.1.5　中国辣椒等级规格和生产技术规程标准

中国关于辣椒品质以及生产技术规程方面的标准情况如表 60 所示，其中在品质方面，6 项国家标准，行业标准 4 项，18 项地方标准；在生产技术规程方面，有 1 项国家标准，无行业标准，地方标准 54 项。

表 60　中国现行辣椒等级规格和生产技术规程标准

品种、品质	国家标准	GB/T 30382-2013《辣椒（整的或粉状）》
		GB/T 21265—2007《辣椒辣度的感官评价方法》
		GB/T 36851—2018《辣椒细菌性斑点病菌检疫鉴定方法》
		GB/T 17980.33—2000《农药田间药效试验准则（一）　杀菌剂防治辣椒炭疽病》
		GB/T 17980.32—2000《农药田间药效试验准则（一）　杀菌剂防治辣椒疫病》
		GB/T 36780—2018《辣椒轻斑驳病毒检疫鉴定方法》
	行业标准	NY/T 944--2006《辣椒等级规格》
		NY/T 2475—2013《辣椒品种鉴定技术规程　SSR 分子标记法》
		NY/T 2060.3—2011《辣椒抗病性鉴定技术规程　第 3 部分：辣椒抗烟草花叶病毒病鉴定技术规程》
		NY/T 2060.4—2011《辣椒抗病性鉴定技术规程　第 4 部分：辣椒抗黄瓜花叶病毒病鉴定技术规程》
	地方标准	DB S52/009—2016《食品安全地方标准　贵州香酥辣椒》
		DB S52/010—2016《食品安全地方标准　贵州辣椒》
		DB S52/014—2016《食品安全地方标准　贵州糍粑辣椒》
		DB S52/015--2016《食品安全地方标准　贵州素辣椒》
		DB 22/T 2597—2016《地理标志产品　乾安红辣椒》
		DB 12/T 838—2018《辣椒种子纯度 SSR 分子标记鉴定方法》
		DB 13/T 1357--2011《地理标志产品　望都辣椒》
		DB 62/T 2894—2018《辣椒品种　娇美》
		DB 46/T 70—2011《黄灯笼辣椒》
		DB 62/T 2416—2013《地理标志产品　甘谷辣椒》
		DB 43/T 1187—2016《地理标志产品　洞悉七姊妹辣椒》
		DB 62/T 2896—2018《辣椒品种　长美》
		DB 43/T 495—2009《鲜辣椒分级》
		DB 52/T 948—2014《贵州辣椒种质资源鉴定规程》
		DB 62/T 2895—2018《辣椒品种　长丰》
		DB 63/T 524—2005《循化线辣椒产品分级》
		DB 61/T 910—2014《地理标志产品　兴平辣椒》
		DB 52/T 947—2014《贵州主要地方辣椒品种分类》

（续表）

种植、生产技术规程	国家标准	GB/Z 26583—2011《辣椒生产技术规范》
	地方标准	DB 32/T 1652—2010《辣椒大棚有机基质穴盘育苗技术规程》
		DB 22/T 1597—2012《绿色食品 红辣椒生产技术规程》
		DB 23/T 946—2016《有机食品 红辣椒生产技术操作规程》
		DB 65/T 3583—2014《温室有机辣椒生产技术规程》
		DB 63/T 1404—2015《辣椒日光温室有机栽培技术规范》
		DB 45/T 762—2011《有机辣椒 生产技术规程》
		DB 3701/T 120—2010《绿色食品 辣椒生产技术规程》
		DB 2103/T 001—2006《无公害农产品 露地辣椒生产技术规程》
		DB 51/T 1372—2011《鲜食辣椒采后处理技术规程》
		DB 62/T 994—2003《白银市 A 级绿色食品生产技术规程 辣椒》
		DB 46/T 98—2007《黄灯笼辣椒生产技术规程》
		DB 62/T 1040—2003《无公害农产品 临夏回族自治州 保护地辣椒生产技术规程》
		DB 21/T 1309—2004《无公害食品 辣椒生产技术规程》
		DB 21/T 1331—2004《辣椒（三系）原种生产技术规程》
		DB 21/T 1328—2004《辣椒杂交种子生产技术规程》
		DB 52/T 971—2014《辣椒主要病害综合防治技术规程》
		DB 52/T 958—2014《贵州辣椒施肥技术规程》
		DB 52/T 972—2014《辣椒主要虫害综合防治技术规程》
		DB 52/T 976—2014《贵州辣椒田间测产规范》
		DB 52/T 973—2014《辣椒疫情监测与无害化治理技术规程》
		DB 52/T 974—2014《辣椒烟青虫监测与无害化治理技术规程》
		DB 43/T 826—2013《富硒辣椒生产技术规程》
		DB 45/T 966—2014《无公害农产品 辣椒生产技术规程》
		DB 64/T 1277—2016《设施辣椒营养液土壤栽培技术规程》
		DB 52/T 957—2014《贵州辣椒栽培技术规程》
		DB 6111/T 131—2019《设施蔬菜土壤栽培水肥一体化管理技术规程 早春茬辣椒》
		DB 36/T 917—2016《绿色食品 余干辣椒生产技术规程》
		DB 52/T 1266—2018《"辣椒—夏秋甘蓝（花菜）—萝卜"一年 3 茬高效栽培模式技术规程》

种植、生产 技术规程	地方标准	DB 52/T 1267—2018《"夏秋番茄（辣椒）—冬春莴笋（分葱）"一年 2 茬高效栽培模式技术规程》
		DB 54/T 0004—2006《无公害食品 辣椒高原保护地生产技术规程》
		DB 63/T 921—2019《绿色食品 线辣椒生产技术规程》
		DB 63/T 537—2005《乐都长辣椒种子生产技术规程》
		DB 63/T 413—2002《无公害辣椒保护地生产技术规程》
		DB 63/T 522—2005《循化线辣椒栽培技术规范》
		DB 63/T 523—2005《循化线辣椒病疫防治技术规范》
		DB 63/T 912—2010《温室辣椒基质栽培技术规程》
		DB 63/T 1023—2011《辣椒露地覆膜栽培技术规范》
		DB 63/T 1024—2011《辣椒主要病虫害综合防治技术规程》
		DB 63/T 1071—2012《绿色食品 辣椒保护地栽培技术规范》
		DB 63/T 1074—2012《线辣椒青线辣椒 11 号丰产栽培技术规范》
		DB 63/T 1302—2014《辣椒青椒 3 号丰产栽培技术规范》
		DB 63/T 1471—2016《辣椒西宁 2 号良种生产技术规范》
		DB 52/T 962—2014《辣椒漂浮育苗技术规程》
		DB 52/T 952—2014《贵州辣椒三系法杂交制种技术规程》
		DB 52/T 961—2014《贵州辣椒营养土育苗技术规程》
		DB 52/T 950—2014《贵州辣椒地方品种提纯复壮技术规程》
		DB 52/T 959—2014《辣椒喷雾器点灌技术规程》
		DB 52/T 949—2014《贵州辣椒种质资源保存技术规程》
		DB 52/T 960—2014《贵州辣椒抗旱栽培技术规程》
		DB 52/T 956—2014《辣椒品种抗旱性鉴定技术规程》
		DB 52/T 951—2014《贵州辣椒常规品种繁殖制种技术规程》
		DB 41/T 1829—2019《塑料大棚春提前茬辣椒生产技术规程》
		DB 37/T 696—2007《良好农业规范出口辣椒操作指南》
		DB 63/T 1022—2011《辣椒拱棚丰产栽培技术规范》

4.1.6 中国茄子等级规格和生产技术规程标准

中国关于茄子品质以及生产技术规程方面的标准情况如表 61 所示，其中在品质方面，没有相应的国家标准，行业标准 3 项，2 项地方标准；在生产技术规程方面，没有国家标准，行业标准 1 项，地方标准 25 项。

表 61　中国现行茄子等级规格和生产技术规程标准

品种、品质	行业标准	NY/T 581—2002《茄子》
		NY/T 1894—2010《茄子等级规格》
		SB/T 10788—2012《茄子流通规范》
	地方标准	DB 37/T 3072—2017《良好农业规范　出口茄子操作指南》
		DB 12/T 839—2018《茄子种子纯度 SSR 分子标记鉴定方法》
种植、生产技术规程	行业标准	NY/T 1383—2007《茄子生产技术规范》
	地方标准	DB 22/T 1773—2013《绿色食品　日光温室冬春茬茄子生产技术规程》
		DB 23/T 1034—2016《有机食品　茄子（露地）生产技术操作规程》
		DB 65/T 3584—2014《温室有机茄子生产技术规程》
		DB 21/T 1317—2004《有机食品　茄子生产技术规程》
		DB 3201/T 058—2004《无公害农产品　茄子生产技术规程》
		DB 62/T 995—2003《白银市 A 级绿色食品生产技术规程　茄子》
		DB 2103/T 006--2006《日光温室冬春茬茄子生产技术规程》
		DB 21/T 2340—2014《茄子露地生产技术规程》
		DB 21/T 1678—2008《农产品质量安全　日光温室茄子生产技术规程》
		DB 21/T 1260—2004《无公害食品　茄子生产技术规程》
		DB 62/T 1036—2003《无公害农产品　临夏回族自治州　露地茄子生产技术规程》
		DB 3211/Z 007—2006《茄子生产技术规程》
		DB 3703/T 015—2005《无公害大棚茄子生产技术规程》
		DB 21/T 1329—2004《茄子杂交种子生产技术规程》
		DB 51/T 1043—2019《茄子生产技术规程》
		DB 45/T 930—2013《绿色食品　茄子生产技术规程》
		DB 43/T 942—2014《富硒茄子生产技术规程》
		DB 45/T 967—2014《无公害农产品　茄子生产技术规程》
		DB 34/T 723—2019《大棚茄子生产技术规程》
		DB 14/T 683—2012《无公害茄子设施生产技术规程》
		DB 36/T 516—2007《无公害食品　茄子生产技术规程》
		DB 41/T 1349—2016《日光温室越冬茬茄子生产技术规程》

（续表）

种植、生产技术规程	地方标准	DB 54/T 0003—2006《无公害食品　茄子高原保护地生产技术规程》
		DB 63/T 1121—2012《茄子丰产栽培技术规范》
		DB 63/T 1124—2012《温室茄子基质栽培技术规程》

4.1.7　中国花椰菜等级规格和生产技术规程标准

中国关于花椰菜品质以及生产技术规程方面的标准情况如表 62 所示，其中在品质方面，没有相应的国家标准，行业标准 1 项，2 项地方标准；在生产技术规程方面，没有国家标准和行业标准，地方标准 8 项。

表 62　中国现行花椰菜等级规格和生产技术规程标准

品种、品质	行业标准	NY/T 962—2006《花椰菜》
	地方标准	DB 11/T 199.4—2003《蔬菜品种真实性和纯度田间检验规程　第 4 部分：花椰菜》
		DB 43/T 573—2010《花椰菜分级》
种植、生产技术规程	地方标准	DB 13/T 947—2008《坝上蔬菜　花椰菜生产技术规程》
		DB 43/T 937—2014《绿色食品　花椰菜生产技术规程》
		DB 65/T 2169—2004《无公害农产品　露地花椰菜生产技术规程》
		DB 31/T 683—2013《花椰菜生产技术规范》
		DB 63/T 1117—2012《无公害花椰菜栽培技术规范》
		DB 54/T 0013—2006《无公害食品　花椰菜高原保护地生产技术规程》
		DB 51/T 436—2012《花椰菜生产技术规程》
		DB 52/T 487.10--2004《无公害食品　夏秋花椰菜生产技术规程》

4.1.8　中国马铃薯等级规格和生产技术规程标准

中国关于马铃薯品质以及生产技术规程方面的标准情况如表 63 所示，其中在品质方面，19 项国家标准，行业标准 22 项，14 项地方标准；在生产技术规程方面，有 6 项国家标准，行业标准 3 项，地方标准 45 项。

表 63　中国现行马铃薯等级规格和生产技术规程标准

品种、品质	国家标准	GB/T 31784—2015《马铃薯商品薯分级与检验规程》
		GB 18133—2012《马铃薯种薯》
		GB 7331—2003《马铃薯种薯产地检疫规程》
		GB/T 31575—2015《马铃薯商品薯质量追溯体系的建立与实施规程》
		GB/T 36812—2018《马铃薯黄矮病病毒分子生物学检测方法》
		GB/T 36857—2018《引进马铃薯种质资源检验检疫操作规程》
		GB/T 36816—2018《马铃薯Y病毒检疫鉴定方法》
		GB/T 36833——2018《马铃薯X病毒检疫鉴定方法》
		GB/T 36846—2018《马铃薯M病毒检疫鉴定方法》
		GB/T 36842—2018《马铃薯线角木虱检疫鉴定方法》
		GB/T 28660—2012《马铃薯种薯真实性和纯度鉴定　SSR分子标记》
		GB/T 28978—2012《马铃薯环腐病菌检疫鉴定方法》
		GB/T 29377—2012《马铃薯脱毒种薯级别与检验规程》
		GB/T 28974—2012《马铃薯A病毒检疫鉴定方法　纳米颗粒增敏胶体金免疫层析法》
		GB/T 17980.34—2000《农药田间药效试验准则（一）　杀菌剂防治马铃薯晚疫病》
		GB/T 17980.15—2000《农药田间药效试验准则（一）　杀虫剂防治马铃薯等作物蚜虫》
		GB/T 17980.52—2000《农药田间药效试验准则（一）　除草剂防治马铃薯地杂草》
		GB/T 28093—2011《马铃薯银屑病病菌检疫鉴定方法》
		GB/T 23620—2009《马铃薯甲虫疫情监测规程》
	行业标准	NY/T 1066—2006《马铃薯等级规格》
		NY/T 1963—2010《马铃薯品种鉴定》
		NY/T 1962—2010《马铃薯纺锤块茎类病毒检测》
		SN/T 1198—2013《转基因成分检测　马铃薯检测方法》
		SN/T 1178—2003《植物检疫　马铃薯甲虫检疫鉴定方法》
		SN/T 1135.4—2006《马铃薯黑粉病菌检疫鉴定方法》
		SN/T 1135.6—2008《马铃薯绯腐病菌检疫鉴定方法》
		SN/T 2729—2010《马铃薯炭疽病菌检疫鉴定方法》
		SN/T 2627—2010《马铃薯卷叶病毒检疫鉴定方法》

品种、品质	行业标准	SN/T 1135.11—2013《马铃薯皮斑病菌检疫鉴定方法》
		SN/T 2482—2010《马铃薯丛枝植原体检疫鉴定方法》
		SN/T 5139—2019《马铃薯斑马片病菌检疫鉴定方法》
		SN/T 4877.13—2019《基因条形码筛查方法 第13部分：检疫性马铃薯Y病毒属病毒》
		SN/T 4984—2017《马铃薯甲虫检疫监测技术指南》
		NY/T 3116—2017《富硒马铃薯》
		NY/T 2383—2013《马铃薯主要病虫害防治技术规程》
		NY/T 1464.42—2012《农药田间药效试验准则 第42部分：杀虫剂防治马铃薯二十八星瓢虫》
		SN/T 1723.2—2006《马铃薯金线虫检疫鉴定方法》
		SN/T 1723.1—2006《马铃薯白线虫检疫鉴定方法》
		SN/T 1135.7—2009《马铃薯A病毒检疫鉴定方法》
		SN/T 1135.1—2002《马铃薯癌肿病检疫鉴定方法》
		SN/T 1135.9—2010《马铃薯青枯病菌检疫鉴定方法》
	地方标准	DB 61/T 569—2013《地理标志产品 定边马铃薯》
		DB 15/T 1719—2019《"乌兰察布马铃薯"鲜食薯质标准》
		DB 15/T 1728—2019《"乌兰察布马铃薯"质量追溯技术规程》
		DB 42/T 1485—2018《地理标志产品 恩施马铃薯》
		DB 23/T 1996—2017《地理标志产品 克山马铃薯（克山土豆）》
		DB 64/T 1582—2018《地理标志产品 固原马铃薯》
		DB 21/T 2341—2014《马铃薯种薯（种苗）病毒多重RT-PCR检测技术规程》
		DB 52/T 603—2010《马铃薯脱毒种薯》
		DB 43/T 555—2010《鲜食马铃薯分级》
		DB 52/T 608—2010《马铃薯地下害虫综合防治技术规程》
		DB 53/T 795—2016《马铃薯晚疫病综合防控技术规程》
		DB 15/T 1168—2017《地理标志产品 达茂马铃薯》
		DB 63/T 1327—2014《马铃薯品种审定规范》
		DB 62/T 2131—2011《静宁马铃薯质量分级》

（续表）

种植、生产 技术规程	国家标准	GB/T 29376—2012《马铃薯脱毒原原种繁育技术规程》
		GB/T 29378—2012《马铃薯脱毒种薯生产技术规程》
		GB/T 29375—2012《马铃薯脱毒试管苗繁育技术规程》
		GB/T 6242—2006《种植机械　马铃薯种植机　试验方法》
		GB/T 17980.137—2004《农药田间药效试验准则（二）　第 137 部分：马铃薯抑芽剂试验》
		GB/T 17980.133—2004《农药田间药效试验准则（二）　第 133 部分：马铃薯脱叶干燥剂试验》
	行业标准	NY/T 5222—2004《无公害食品　马铃薯生产技术规程》
		NY/T 2866—2015《旱作马铃薯全膜覆盖技术规范》
		NY/T 3483—2019《马铃薯全程机械化生产技术规范》
	地方标准	DB 36/T 1170—2019《赣北春马铃薯生产技术规程》
		DB 23/T 1032—2016《有机食品　马铃薯生产技术操作规程》
		DB 62/T 4154—2020《绿色食品干旱半干旱地区马铃薯生产技术规程》
		DB 3701/T 126—2010《有机食品　马铃薯生产技术规程》
		DB 62/T 1001—2003《白银市 A 级绿色食品生产技术规程　马铃薯》
		DB 51/T 819—2008《秋马铃薯生产技术规程》
		DB 3703/T 025—2005《无公害马铃薯生产技术规程》
		DB 140400/T 019—2004《绿色食品　马铃薯生产操作规程》
		DB 21/T 1735—2009《马铃薯脱毒种薯生产技术规程》
		DB 21/T 1305—2004《无公害食品　马铃薯生产技术规程》
		DB 51/T 1038—2010《四川省水稻-秋马铃薯/油菜保护性耕作》
		DB 52/T 802—2013《贵州马铃薯高产栽培技术规程》
		DB 43/T 829—2013《富硒马铃薯生产技术规程》
		DB 52/T 499—2006《脱毒马铃薯栽培技术规程》
		DB 62/T 2933—2018《绿色食品　冬播马铃薯生产技术规程》
		DB 52/T 598—2010《冬作马铃薯栽培技术规程》
		DB 14/T 686—2020《马铃薯原原种繁育技术规程》
		DB 45/T 1309—-2016《冬种马铃薯黑地膜覆盖栽培技术规程》
		DB 45/T 1531—2017《香蕉套种马铃薯栽培技术规程》

（续表）

种植、生产技术规程	地方标准	DB 45/T 1849—2018《马铃薯粉垄高效栽培技术规程》
		DB 54/T 0086—2015《脱毒马铃薯种薯生产技术规程》
		DB 54/T 0028—2009《无公害食品 马铃薯生产技术规程》
		DB 14/T 687—2017《马铃薯脱毒原种和良种生产技术规程》
		DB 63/T 926—2019《绿色食品 马铃薯生产技术规程》
		DB 61/T 1137—2018《陕西地区马铃薯地膜栽培技术规范》
		DB 61/T 1136—2018《马铃薯拱棚双膜栽培技术规范》
		DB 63/T 1477—2016《马铃薯青薯 2 号种薯生产技术规范》
		DB 45/T 1791—2018《秋冬种马铃薯生产技术规程》
		DB 23/T 803—2004《加工型马铃薯生产技术规程》
		DB 63/T 485—2004《马铃薯贮藏技术规范》
		DB 63/T 624—2007《马铃薯大西洋丰产栽培技术规范》
		DB 63/T 626—2007《马铃薯阿尔法丰产栽培技术规范》
		DB 63/T 633—2007《马铃薯机械化收获技术操作规程》
		DB 63/T 634—2007《马铃薯机械化种植技术规程》
		DB 63/T 1050—2011《无公害农产品 富硒马铃薯生产技术规程》
		DB 63/T 1349—2015《马铃薯青薯 9 号脱毒微型薯生产技术规范》
		DB 63/T 1492—2016《柴达木盆地马铃薯滴灌栽培技术规范》
		DB 51/T 2451—2018《脱毒马铃薯原种生产技术规程》
		DB 52/T 803—2013《马铃薯脱毒原种、一级、二级种薯生产技术规程》
		DB 52/T 606—2010《贵州西部地区马铃薯抗旱保墒栽培技术规程》
		DB 52/T 605—2010《"黔芋 1 号"马铃薯脱毒种薯生产技术规程》
		DB 22/T 948.7—2001《无公害薯芋类（马铃薯）蔬菜生产技术规程》
		DB 37/T 688—2007《良好农业规范出口春季马铃薯操作指南》
		DB 61/T 1062—2017《秦岭北麓适生区马铃薯-玉米-大白菜高效栽培技术规程》
		DB 51/T 1669—2013《曾家山马铃薯生产技术规程》

经表 56~表 63 分析，中国现有标准中对大宗蔬菜的等级规格的国家标准相对缺乏，但行业标准、地方标准并不少，消除贸易壁垒对于市场经济而言是较为关键的一点，因此应该制定较为规范的统一蔬菜等级规格国家标准，使得标准可以在最大程度上方便执行和避免贸易争端。相对而言，中国在各类大宗蔬菜的种植、生产技术操作技术方面的

标准较为全面，同时蔬菜的原产地标准也较为详尽，这对大宗蔬菜在实际种植、生产过程中有较为规范的操作性。

4.2 欧盟及美国大宗蔬菜等级规格和生产技术规程标准

就欧盟和美国的新鲜蔬菜质量等级标准而言，其标准比较具有代表性，编制标准的指思想、思路及标准的特点值得中国参考和借鉴。

欧盟自 1962 年建立共同市场以来，就开始强制执行新鲜蔬菜的质量标准。1972年，欧盟发布了 1035 号《关于共同组织水果、蔬菜市场》的法规，规定在对外贸易上采用共同的质量标准，在质量标准生效后，不符合标准的新鲜蔬菜不允许在欧盟国家内销售。20 世纪 80 年代后又对许多新鲜蔬菜标准进行修订，并且标准主要以 UN/BCE 以及 OKCD 为蓝本，促进欧盟在蔬菜方面的贸易正常化、标准化。

美国对新鲜蔬菜的质量等级具有较为全面的标准，在标准的制定工作中，美国以国会授权于美国农业部的形式来制定新鲜蔬菜的官方等级标准同时匹配公正的检验服务，并在美国农业部农产品销售局新鲜产品分局水果蔬菜处设有标准化科专门负责标准的订制工作。其中最早制定的标准可追溯到 1917 年，当时的美国农业部制定了马铃薯等级标准。迄今为止，美国农业部已对 85 种鲜果、干果、蔬菜及有关产品制定了 157 项等级标准，其中鲜销蔬菜质量等级标准 70 项、加工用蔬菜质量等级标准 24 项。此外，还制定了 119 项水果、蔬菜的检验指南。美国制定标准的一个特点是因地制宜，即根据各地差异和栽培条件，制定出不同蔬菜质量标准。番茄和黄瓜等蔬菜分别有温室条件产品和常规条件产品的标准，洋葱、马铃薯和胡萝卜等蔬菜依其品种不同分别有 2~4 个不同的标准。

以欧盟和美国的新鲜蔬菜质量等级标准的条文为例，在每种蔬菜的标准中均有反映标各个方面很细的量化指标，这种量化指标保证了标准正确、有效地执行。在蔬菜质量等级标准中均对各级蔬菜产品的长短、直径、重量范围、可食部分的比例、不合格因素的比例等都有严格的规定，并且要求包装标签上必须注明蔬菜的生产地点、蔬菜品种、采摘时间、成熟程度、颜色、数量误差范围和质量误差范围等。标准的量化可以在最大程度上方便标准的执行和避免贸易争端，在蔬菜贸易中，当买卖双方对产品质量问题产生争议时，质量等级标准就成为解决争议的依据。

附　录

附录 1　CAC 大宗蔬菜农药残留限量标准

CAC 大宗蔬菜农药残留限量标准见附表 1~附表 8。

附表 1　CAC 大白菜农药残留限量标准

序号	农药中文名称	MRL/（mg/kg）	序号	农药中文名称	MRL/（mg/kg）
1	氰氟虫腙	6	3	二嗪农	0.05
2	毒死蜱	1	4	苄氯菊酯	5

附表 2　CAC 番茄农药残留限量标准

序号	农药中文名称	MRL/（mg/kg）	序号	农药中文名称	MRL/（mg/kg）
1	阿维菌素	0.05	15	百菌清	5
2	乙酰甲胺磷	1	16	甲基毒死蜱	1
3	活化酯	0.3	17	烯草酮	1
4	双甲脒	0.5	18	四螨嗪	0.5
5	苯霜灵	0.2	19	氰霜唑	0.2
6	联苯肼酯	0.5	20	噻草酮	1.5
7	联苯菊酯	0.3	21	丁氟螨酯	0.3
8	联苯三唑醇	3	22	氟氯氰菊酯	0.2
9	溴离子	75	23	氯氰菊酯	0.2
10	噻嗪酮	1	24	溴氰菊酯	0.3
11	克菌丹	5	25	二嗪农	0.5
12	甲萘威	5	26	敌螨普	0.3
13	多菌灵	0.5	27	二硫代氨基甲酸盐类	2
14	溴虫腈	0.4	28	硫丹	0.5

（续表）

序号	农药中文名称	MRL/（mg/kg）	序号	农药中文名称	MRL/（mg/kg）
29	S-氰戊菊酯	0.1	57	苯菌酮	0.6
30	乙烯利	2	58	腈菌唑	0.3
31	灭线磷	0.01	59	杀线威	0.01
32	噁唑菌酮	2	60	戊菌唑	0.09
33	苯丁锡	1	61	苄氯菊酯	1
34	环酰菌胺	2	62	增效醚	2
35	甲氰菊酯	1	63	丙溴磷	10
36	胺苯吡菌酮	3	64	霜霉威	2
37	精吡氟禾草灵	0.4	65	炔螨特	2
38	氟苯虫酰胺	2	66	丙环唑	3
39	咯菌腈	3	67	吡唑醚菌酯	0.3
40	氟吡呋喃酮	1	68	除虫菊素	0.05
41	粉唑醇	0.8	69	嘧霉胺	0.7
42	灭菌丹	3	70	吡丙醚	0.4
43	三乙膦酸铝	8	71	五氯硝基苯	0.02
44	噻螨酮	0.1	72	乙基多杀菌素	0.06
45	抑霉唑	0.3	73	多杀霉素	0.3
46	吡虫啉	0.5	74	螺螨酯	0.5
47	茚虫威	0.5	75	螺甲螨酯	0.7
48	异菌脲	5	76	戊唑醇	0.7
49	吡唑萘菌胺	0.4	77	虫酰肼	1
50	虱螨脲	0.4	78	伏虫隆	1.5
51	马拉硫磷	0.5	79	噻虫啉	0.5
52	双炔酰菌胺	0.3	80	肟菌酯	0.7
53	氰氟虫腙	0.6	81	嗪胺灵	0.7
54	甲霜灵	0.5	82	苯酰菌胺	2
55	灭多威	1	83	唑螨酯	0.3
56	甲氧虫酰肼	2	84	氟吡菌酰胺	0.5

附表 3   CAC 黄瓜农药残留限量标准

序号	农药中文名称	MRL/（mg/kg）	序号	农药中文名称	MRL/（mg/kg）
1	双甲脒	0.5	26	百菌清	3
2	联苯三唑醇	0.5	27	敌螨普	0.7
3	苄氯菊酯	0.5	28	乙螨唑	0.02
4	甲霜灵	0.5	29	氟吡菌酰胺	0.5
5	苯丁锡	0.5	30	消螨多	0.07
6	溴离子	100	31	唑嘧菌胺	0.4
7	溴螨酯	0.5	32	苯醚甲环唑	0.2
8	二嗪农	0.1	33	氟菌唑	0.5
9	异菌脲	2	34	阿维菌素	0.03
10	腈苯唑	0.2	35	啶虫脒	0.3
11	灭菌丹	1	36	虱螨脲	0.09
12	吡虫啉	1	37	嘧霉胺	0.7
13	马拉硫磷	0.2	38	戊唑醇	0.2
14	克菌丹	3	39	氟噻虫砜	0.7
15	二硫代氨基甲酸盐	2	40	氟吡呋喃酮	0.4
16	灭线磷	0.01	41	戊菌唑	0.06
17	噁唑菌酮	0.2	42	螺甲螨酯	0.15
18	多菌灵	0.05	43	伏虫隆	0.5
19	环酰菌胺	1	44	胺苯吡菌酮	0.7
20	硫丹	1	45	唑螨酯	0.3
21	噻虫啉	0.3	46	三乙膦酸铝	60
22	四螨嗪	0.5	47	吡唑萘菌胺	0.06
23	环丙氨嗪	2	48	杀线威	0.02
24	双炔酰菌胺	0.2	49	吡丙醚	0.04
25	螺螨酯	0.07	50	乙基多杀菌素	0.04

附表 4   CAC 甘蓝农药残留限量标准

序号	农药中文名称	MRL/（mg/kg）	序号	农药中文名称	MRL/（mg/kg）
1	二嗪农	0.2	3	亚砜吸磷	0.05
2	烯酰吗啉	0.02	4	苄氯菊酯	0.1

附表5　CAC辣椒农药残留限量标准

序号	农药中文名称	MRL/（mg/kg）	序号	农药中文名称	MRL/（mg/kg）
1	多菌灵	2	8	除虫脲	3
2	联苯肼酯	3	9	咪唑菌酮	4
3	甲萘威	0.5	10	阿维菌素	0.005
4	氯氰菊酯	2	11	氰霜唑	0.8
5	螺虫乙酯	2	12	苯菌酮	2
6	噻嗪酮	10	13	苯醚甲环唑	0.9
7	丙溴磷	3			

附表6　CAC茄子农药残留限量标准

序号	农药中文名称	MRL/（mg/kg）	序号	农药中文名称	MRL/（mg/kg）
1	阿维菌素	0.05	17	戊菌唑	0.09
2	联苯菊酯	0.3	18	苄氯菊酯	1
3	甲萘威	1	19	霜霉威	0.3
4	甲基毒死蜱	1	20	吡唑醚菌酯	0.3
5	氰霜唑	0.2	21	吡丙醚	0.6
6	氟氯氰菊酯	0.2	22	螺甲螨酯	0.7
7	氯氰菊酯	0.03	23	戊唑醇	0.1
8	硫丹	0.1	24	噻虫啉	0.7
9	环酰菌胺	2	25	肟菌酯	0.7
10	精吡氟禾草灵	0.4	26	嗪胺灵	1
11	咯菌腈	0.3	27	胺苯吡菌酮	3
12	噻螨酮	0.1	28	唑螨酯	0.3
13	吡虫啉	0.2	29	氟吡菌酰胺	0.5
14	茚虫威	0.5	30	吡唑萘菌胺	0.4
15	氰氟虫腙	0.6	31	杀线威	0.01
16	苯菌酮	0.6			

附表 7　CAC 花椰菜农药残留限量标准

序号	农药中文名称	MRL/（mg/kg）	序号	农药中文名称	MRL/（mg/kg）
1	氰戊菊酯	3	18	烯酰吗啉	4
2	啶虫脒	0.4	19	咯菌腈	0.7
3	百菌清	5	20	氟吡菌酰胺	0.09
4	氯氟氰菊酯	0.5	21	吡虫啉	0.5
5	嘧菌环胺	2	22	茚虫威	0.2
6	溴氰菊酯	0.1	23	异菌脲	25
7	咪唑菌酮	4	24	双炔酰菌胺	2
8	氟虫腈	0.02	25	甲霜灵	0.5
9	氟吡菌胺	2	26	甲氧虫酰肼	3
10	吡噻菌胺	5	27	氟噻唑吡乙酮	1.5
11	吡唑醚菌酯	0.1	28	苄氯菊酯	2
12	螺虫乙酯	1	29	霜霉威	3
13	肟菌酯	0.5	30	五氯硝基苯	0.05
14	溴离子	30	31	氟啶虫胺腈	0.04
15	毒死蜱	2	32	戊唑醇	0.05
16	灭蝇胺	1	33	虫酰肼	0.5
17	二嗪农	0.5			

附表 8　CAC 马铃薯农药残留限量标准

序号	农药中文名称	MRL/（mg/kg）	序号	农药中文名称	MRL/（mg/kg）
1	2,4-滴	0.2	10	溴虫腈	0.01
2	阿维菌素	0.005	11	氯苯胺灵	30
3	乙草胺	0.04	12	毒死蜱	2
4	唑嘧菌胺	0.05	13	甲基毒死蜱	0.01
5	嘧菌酯	7	14	烯草酮	0.5
6	苯霜灵	0.02	15	氰虫酰胺	0.05
7	灭草松	0.1	16	氰霜唑	0.01
8	苯并烯氟菌唑	0.02	17	噻草酮	3
9	克菌丹	0.05	18	氟氯氰菊酯	0.01

（续表）

序号	农药中文名称	MRL/（mg/kg）	序号	农药中文名称	MRL/（mg/kg）
19	嘧菌环胺	0.01	49	双炔酰菌胺	0.1
20	溴氰菊酯	0.01	50	氰氟虫腙	0.02
21	二嗪农	0.01	51	甲霜灵	0.05
22	苯醚甲环唑	4	52	甲胺磷	0.05
23	精二甲吩草胺	0.01	53	灭虫威	0.05
24	噻节因	0.05	54	灭多威	0.02
25	乐果	0.05	55	双苯氟脲	0.01
26	烯酰吗啉	0.05	56	杀线威	0.01
27	敌草快	0.1	57	砜吸磷	0.01
28	二硫代氨基甲酸盐类	0.2	58	甲基对硫磷	0.05
29	硫丹	0.05	59	吡噻菌胺	0.05
30	灭线磷	0.05	60	苄氯菊酯	0.05
31	噁唑菌酮	0.02	61	甲拌磷	0.3
32	咪唑菌酮	0.02	62	亚胺硫磷	0.05
33	唑螨酯	0.05	63	霜霉威	0.3
34	氟虫腈	0.02	64	炔螨特	0.03
35	氟啶虫酰胺	0.01	65	丙硫菌唑	0.02
36	精吡氟禾草灵	0.6	66	嘧霉胺	0.05
37	咯菌腈	5	67	氟唑环菌胺	0.02
38	氟噻虫砜	0.8	68	乙基多杀菌素	0.01
39	丙炔氟草胺	0.02	69	多杀霉素	0.01
40	氟吡菌酰胺	0.15	70	螺甲螨酯	0.02
41	氟吡呋喃酮	0.05	71	螺虫乙酯	0.8
42	氟唑菌酰胺	0.07	72	噻菌灵	15
43	灭菌丹	0.1	73	噻虫啉	0.02
44	草铵膦	0.1	74	甲基立枯磷	0.2
45	抑霉唑	9	75	唑虫酰胺	0.01
46	茚虫威	0.02	76	肟菌酯	0.02
47	虱螨脲	0.01	77	苯酰菌胺	0.02
48	抑芽丹	50			

附录2 欧盟大宗蔬菜农药残留限量标准

欧盟大宗蔬菜农药残留限量标准见附表9~附表16。

附表9 欧盟大白菜农药残留限量标准

序号	农药中文名称	MRL/(mg/kg)	序号	农药中文名称	MRL/(mg/kg)
1	1,1-二氯-2,2-二(4-乙苯)乙烷	0.01	24	杀螨特	0.01
2	1,2-二溴乙烷	0.01	25	磺草灵	0.05
3	1,2-二氯乙烷	0.01	26	莠去津	0.05
4	1,3-二氯丙烯	0.1	27	出芽短梗霉菌株 DSM14940 及 DSM14941	0.01
5	1-甲基环丙烯	0.01	28	印楝素	1
6	2,4,5-涕	0.05	29	四唑嘧磺隆	0.02
7	2,4-滴	0.05	30	乙基谷硫磷	0.02
8	2,4-滴丁酸	0.01	31	保棉磷	0.05
9	乙酰甲胺磷	0.01	32	三唑锡和三环锡	0.01
10	灭螨醌	0.01	33	燕麦灵	0.05
11	乙草胺	0.01	34	氟丁酰草胺	0.05
12	活化酯	0.01	35	苯霜灵	0.05
13	甲草胺	0.01	36	氟草胺	0.02
14	涕灭威	0.02	37	丙硫克百威	0.02
15	艾氏剂和狄氏剂	0.01	38	苯噻菌胺	0.01
16	唑嘧菌胺	60	39	杀藻胺	0.1
17	酰嘧磺隆	0.01	40	甲羧除草醚	0.05
18	氯氨吡啶酸	0.01	41	乐杀螨	0.05
19	吲唑磺菌胺	0.01	42	联苯	0.01
20	双甲脒	0.05	43	联苯吡菌胺	0.01
21	杀草强	0.01	44	啶酰菌胺	30
22	敌菌灵	0.01	45	溴离子	30
23	蒽醌	0.01	46	乙基溴硫磷	0.05

（续表）

序号	农药中文名称	MRL/（mg/kg）	序号	农药中文名称	MRL/（mg/kg）
47	溴螨酯	0.01	76	草克乐	0.01
48	溴苯腈	0.01	77	乙菌利	0.05
49	乙嘧酚磺酸酯	0.05	78	环虫酰肼	0.01
50	仲丁灵	0.01	79	吲哚酮草酯	0.05
51	丁草特	0.01	80	烯草酮	1
52	硫线磷	0.01	81	炔草酯	0.02
53	毒杀芬	0.1	82	四螨嗪	0.02
54	敌菌丹	0.02	83	异噁草酮	0.01
55	甲萘威	0.01	84	二氯吡啶酸	1
56	多菌灵和苯菌灵	0.1	85	铜化合物	20
57	克百威	0.01	86	氰胺	0.01
58	丁硫克百威	0.01	87	氰霜唑	0.01
59	唑草酮	0.01	88	环丙酸酰胺	0.05
60	杀螟丹	未规定具体限量	89	氟氯氰菊酯	0.3
61	杀螨醚	0.01	90	氰氟草酯	0.02
62	氯草灵	0.05	91	氯氰菊酯	1
63	氯丹	0.01	92	环丙唑醇	0.05
64	开蓬	0.02	93	灭蝇胺	0.05
65	溴虫腈	0.01	94	茅草枯	0.05
66	杀螨酯	0.01	95	棉隆	0.02
67	毒虫畏	0.02	96	滴滴涕	0.05
68	乙酯杀螨醇	0.02	97	甜菜安	0.05
69	氯化苦	0.01	98	燕麦敌	0.05
70	百菌清	0.01	99	二嗪农	0.05
71	绿麦隆	0.01	100	麦草畏	0.05
72	枯草隆	0.05	101	敌草腈	0.01
73	氯苯胺灵	0.01	102	敌敌畏	0.01
74	氯磺隆	0.05	103	禾草灵	0.1
75	氯酞酸二甲酯	0.01	104	氯硝胺	0.01

（续表）

序号	农药中文名称	MRL/（mg/kg）	序号	农药中文名称	MRL/（mg/kg）
105	三氯杀螨醇	0.02	134	乙嘧酚	0.05
106	二癸基二甲基氯化铵	0.1	135	灭线磷	0.02
107	苯醚甲环唑	2	136	乙氧喹啉	0.05
108	精二甲吩草胺	0.01	137	乙氧磺隆	0.01
109	噻节因	0.05	138	环氧乙烷	0.1
110	烯酰吗啉	3	139	噁唑菌酮	0.01
111	醚菌胺	0.01	140	苯线磷	0.02
112	烯唑醇	0.01	141	氯苯嘧啶醇	0.02
113	敌螨普	0.02	142	喹螨醚	0.01
114	地乐酚	0.05	143	皮蝇磷	0.01
115	特乐酚	0.05	144	杀螟松	0.01
116	敌杀磷	0.05	145	精噁唑禾草灵	0.1
117	二苯胺	0.05	146	甲氰菊酯	0.01
118	敌草快	0.05	147	苯锈啶	0.01
119	乙拌磷	0.01	148	胺苯吡菌酮	0.01
120	二嗪农	0.01	149	倍硫磷	0.01
121	二硫代氨基甲酸盐类	0.5	150	三苯基醋锡	0.05
122	敌草隆	0.1	151	三苯基氢氧化锡	0.05
123	4,6-二硝基邻甲酚	0.05	152	氰戊菊酯	0.02
124	多果定	0.2	153	氟虫腈	0.005
125	硫丹	0.05	154	嘧啶磺隆	0.01
126	异狄氏剂	0.01	155	双氟磺草胺	0.01
127	氟环唑	0.05	156	氟苯虫酰胺	0.01
128	丙草丹	0.01	157	氟螨脲	0.05
129	S-氰戊菊酯	0.02	158	氟氰戊菊酯	0.05
130	乙丁烯氟灵	0.02	159	咯菌腈	10
131	胺苯磺隆	0.01	160	氟噻草胺	0.05
132	乙烯利	0.05	161	氟虫脲	0.05
133	乙硫磷	0.01	162	杀螨净	0.02

（续表）

序号	农药中文名称	MRL/（mg/kg）	序号	农药中文名称	MRL/（mg/kg）
163	丙炔氟草胺	0.02	192	甲基咪草烟	0.01
164	伏草隆	0.01	193	灭草喹	0.05
165	氟吡菌酰胺	0.7	194	唑吡嘧磺隆	0.01
166	氟化物离子	2	195	吡虫啉	0.5
167	乙羧氟草醚	0.01	196	茚虫威	3
168	氟啶嘧磺隆	0.02	197	甲基碘磺隆	0.02
169	氯氟吡氧乙酸	0.05	198	种菌唑	0.01
170	抑嘧醇	0.01	199	丙森锌	0.05
171	氟硅唑	0.01	200	稻瘟灵	0.01
172	氟酰胺	0.05	201	异丙隆	0.01
173	氟磺胺草醚	0.01	202	吡唑萘菌胺	0.01
174	甲酰胺磺隆	0.01	203	异噁草胺	0.02
175	氯吡脲	0.01	204	异噁唑草酮	0.02
176	伐虫脒	0.01	205	乳氟禾草灵	0.01
177	安果	0.02	206	环草定	0.1
178	乙膦酸	10	207	林丹	0.01
179	噻唑膦	0.02	208	马拉硫磷	0.02
180	呋线威	0.01	209	抑芽丹	0.2
181	糠醛	1	210	双炔酰菌胺	25
182	赤霉酸	5	211	2甲4氯和2甲4氯丁酸	0.05
183	草铵膦	0.5	212	灭蚜磷	0.05
184	草甘膦	0.1	213	2甲4氯丙酸（含精2甲4氯丙酸和2甲4氯丙酸）	0.05
185	双胍辛胺	0.1			
186	氯吡嘧磺隆	0.01	214	嘧菌胺	0.01
187	七氯	0.01	215	灭锈胺	0.01
188	六氯苯	0.01	216	消螨多	0.05
189	己唑醇	0.01	217	汞化合物	0.01
190	噻螨酮	0.5	218	甲基二磺隆	0.01
191	噁霉灵	0.05	219	氰氟虫腙	7

（续表）

序号	农药中文名称	MRL/ (mg/kg)	序号	农药中文名称	MRL/ (mg/kg)
220	甲霜灵和精甲霜灵	0.05	249	噁草酮	0.05
221	苯嗪草酮	0.1	250	噁霜灵	0.01
222	叶菌唑	0.02	251	杀线威	0.01
223	噻唑隆	0.01	252	环氧嘧磺隆	0.05
224	虫螨畏	0.05	253	氧化萎锈灵	0.01
225	甲胺磷	0.01	254	砜吸磷	0.01
226	杀扑磷	0.02	255	乙氧氟草醚	0.05
227	灭虫威	0.1	256	百草枯	0.02
228	异丙甲草胺和精异丙甲草胺	0.05	257	对硫磷	0.05
229	甲氧普烯	0.02	258	甲基对硫磷	0.02
230	甲氧氯	0.01	259	戊菌隆	0.05
231	甲氧虫酰肼	0.02	260	五氟磺草胺	0.01
232	磺草唑胺	0.01	261	吡噻菌胺	0.01
233	嗪草酮	0.1	262	苄氯菊酯	0.05
234	甲磺隆	0.01	263	烯草胺	0.01
235	速灭磷	0.01	264	甜菜宁	0.05
236	密灭汀	0.05	265	苯醚菊酯	0.05
237	草达灭	0.01	266	甲拌磷	0.05
238	久效磷	0.01	267	伏杀硫磷	0.05
239	绿谷隆	0.05	268	亚胺硫磷	0.05
240	灭草隆	0.01	269	磷胺	0.01
241	腈菌唑	0.02	270	膦化物和磷化物	0.05
242	敌草胺	0.05	271	辛硫磷	0.01
243	烟嘧磺隆	0.01	272	毒莠定	0.01
244	除草醚	0.01	273	氟吡酰草胺	0.01
245	双苯氟脲	0.01	274	啶氧菌酯	0.01
246	嘧苯胺磺隆	0.01	275	唑啉草酯	0.02
247	氨磺乐灵	0.01	276	抗蚜威	2
248	丙炔噁草酮	0.01	277	嘧啶磷	0.05

（续表）

序号	农药中文名称	MRL/ （mg/kg）	序号	农药中文名称	MRL/ （mg/kg）
278	腐霉利	0.01	308	喹氧灵	0.02
279	丙溴磷	0.01	309	五氯硝基苯	0.02
280	毒草安	0.2	310	喹禾灵	0.4
281	敌稗	0.01	311	苄呋菊酯	0.1
282	炔螨特	0.01	312	玉嘧磺隆	0.01
283	苯胺灵	0.05	313	鱼藤酮	0.01
284	丙森锌	0.05	314	苯嘧磺草胺	0.03
285	异丙草胺	0.01	315	硅噻菌胺	0.01
286	残杀威	0.05	316	西玛津	0.01
287	丙苯磺隆	0.02	317	乙基多杀菌素	0.05
288	戊炔草胺	0.01	318	多杀霉素	2
289	丙氧喹啉	0.02	319	螺螨酯	0.02
290	苄草丹	0.05	320	螺甲螨酯	0.02
291	氟磺隆	0.01	321	螺虫乙酯	7
292	吡蚜酮	0.2	322	螺环菌胺	0.05
293	吡唑醚菌酯	1.5	323	磺酰磺隆	0.01
294	吡草醚	0.02	324	硫酰氟	0.01
295	磺酰草吡唑	0.01	325	硫磺	50
296	定菌磷	0.05	326	灭草松	0.03
297	除虫菊素	1	327	甲氧咪草烟	0.05
298	啶虫丙醚	0.01	328	氟胺氰菊酯	0.01
299	哒草特	0.05	329	戊唑醇	0.02
300	嘧霉胺	0.01	330	四氯硝基苯	0.05
301	甲氧苯唳菌	0.01	331	七氟菊酯	0.05
302	吡丙醚	0.05	332	环磺酮	0.02
303	甲氧磺草胺	0.01	333	特普	0.01
304	喹硫磷	0.05	334	特丁硫磷	0.01
305	二氯喹啉酸	0.05	335	特丁津	0.05
306	喹草酸	0.1	336	氟醚唑	0.02
307	灭藻醌	0.01	337	三氯杀螨砜	0.01

（续表）

序号	农药中文名称	MRL/ （mg/kg）	序号	农药中文名称	MRL/ （mg/kg）
338	噻虫啉	1	366	甲哌鎓	0.02
339	噻吩磺隆	0.01	367	肟草酮	0.01
340	禾草丹	0.01	368	乙氧呋草黄	0.03
341	甲基硫菌灵	0.1	369	乙螨唑	0.01
342	福美双	0.1	370	咪唑菌酮	55
343	苯吡唑草酮	0.01	371	呋草酮	0.01
344	野麦畏	0.1	372	氟嘧菌酯	0.01
345	三唑磷	0.01	373	霜脲氰	0.01
346	苯磺隆	0.01	374	苯草醚	0.01
347	敌百虫	0.5	375	磺草酮	0.01
348	十三吗啉	0.05	376	溴氰菊酯	0.2
349	肟菌酯	3	377	氟啶虫酰胺	0.03
350	氟乐灵	0.5	378	丙硫菌唑	0.01
351	嗪胺灵	0.01	379	联苯菊酯	0.01
352	三甲基锍阳离子，草甘膦代谢物	0.05	380	丁苯吗啉	0.01
353	抗倒酯	0.01	381	长杀草	0.01
354	灭菌唑	0.01	382	氟胺磺隆（酸）	0.01
355	三氟甲磺隆	0.01	383	嘧菌酯	6
356	缬菌胺	0.01	384	乙霉威	0.01
357	乙烯菌核利	0.05	385	精吡氟禾草灵	0.01
358	杀鼠灵	0.01	386	吡氟氯禾灵	0.01
359	福美锌	0.1	387	调环酸（调环酸和调环酸盐）	0.01
360	苯酰菌胺	0.02	388	吡氟草胺	0.01
361	霜霉威	20	389	联苯肼酯	0.02
362	1-萘乙酰胺	0.06	390	丁酰肼	0.06
363	1-萘乙酸	0.06	391	对甲抑菌灵	0.02
364	氯草敏	0.1	392	嘧菌环胺	0.02
365	麦穗宁	0.01	393	粉唑醇	0.01

（续表）

序号	农药中文名称	MRL/ （mg/kg）	序号	农药中文名称	MRL/ （mg/kg）
394	甲基磺草酮	0.01	423	氧乐果	0.01
395	丙环唑	0.01	424	氟丙菊酯	0.02
396	氟唑菌酰胺	4	425	甲霜灵	0.02
397	唑螨酯	0.01	426	噻菌灵	0.01
398	噻虫胺	0.3	427	2,4-滴丙酸	0.02
399	噻虫嗪	0.02	428	聚乙醛	0.4
400	苯并烯氟菌唑	0.01	429	氯唑灵	0.05
401	氟吡菌胺	2	430	苄嘧磺隆	0.01
402	三乙膦酸铝	10	431	mandestrobin	0.01
403	3-癸烯-2-酮	0.1	432	氟啶胺	0.01
404	氰虫酰胺	0.01	433	2-苯基苯酚	0.01
405	二氟乙酸	0.02	434	二甲草胺	0.01
406	氟吡呋喃酮	0.01	435	虱螨脲	0.01
407	异丙噻菌胺	0.01	436	阿维菌素	0.05
408	灭多威	0.01	437	苯菌酮	0.01
409	磷化氢	0.01	438	二甲戊灵	0.5
410	5-硝基愈创木酚钠	0.03	439	伏虫隆	0.01
411	氟啶虫胺腈	2	440	灭菌丹	0.03
412	硫双威	0.01	441	吡唑草胺	0.6
413	三唑酮	0.01	442	环酰菌胺	0.01
414	三唑醇	0.01	443	甲氨基阿维菌素	0.03
415	矮壮素	0.01	444	毒死蜱	0.01
416	吡螨胺	0.01	445	甲基毒死蜱	0.01
417	联苯三唑醇	0.01	446	绿草定	0.01
418	六六六	0.01	447	高效氯氟氰菊酯	0.3
419	三环唑	0.01	448	fenpicoxamid	0.01
420	甲基立枯磷	0.01	449	环溴虫酰胺	0.01
421	氟噻唑吡乙酮	0.01	450	溴敌隆	0.01
422	乐果	0.01	451	双草醚	0.01

（续表）

序号	农药中文名称	MRL/（mg/kg）	序号	农药中文名称	MRL/（mg/kg）
452	苯酸苄铵酰铵	0.01	471	碘苯腈	0.01
453	精喹禾灵	0.01	472	吡喃草酮	0.1
454	喹禾糠酯	0.01	473	苯氧威	0.01
455	氯氟醚菌唑	0.01	474	氟咯草酮	0.01
456	氟噻唑菌腈	0.01	475	虫酰肼	10
457	2-氯-5-氯苯甲酸甲酯	0.01	476	戊菌唑	0.01
458	氯氟吡啶酯	0.01	477	克菌丹	0.03
459	氟菌唑	0.02	478	醚菌酯	0.01
460	杀铃脲	0.01	479	环苯草酮	0.01
461	异菌脲	0.01	480	环氟菌胺	0.01
462	利谷隆	0.01	481	腈苯唑	0.01
463	啶虫脒	0.01	482	氟喹唑	0.01
464	醚菊酯	0.01	483	哒螨灵	0.01
465	多效唑	0.01	484	二甲吩草胺	0.01
466	糠菌唑	0.01	485	噁草酸	0.01
467	萎锈灵	0.03	486	抑霉唑	0.01
468	苯丁锡	0.01	487	醚苯磺隆	0.01
469	噻嗪酮	0.01	488	咪鲜胺	0.03
470	除虫脲	0.01	489	氯酸盐	0.06

附表 10　欧盟番茄农药残留限量标准

序号	农药中文名称	MRL/（mg/kg）	序号	农药中文名称	MRL/（mg/kg）
1	1,1-二氯-2,2-二(4-乙苯)乙烷	0.01	8	2,4-滴丁酸	0.01
2	1,2-二溴乙烷	0.01	9	乙酰甲胺磷	0.01
3	1,2-二氯乙烷	0.01	10	灭螨醌	0.2
4	1,3-二氯丙烯	0.05	11	乙草胺	0.01
5	1-甲基环丙烯	0.01	12	甲草胺	0.01
6	2,4,5-涕	0.05	13	涕灭威	0.02
7	2,4-滴	0.05	14	艾氏剂和狄氏剂	0.01

（续表）

序号	农药中文名称	MRL/（mg/kg）	序号	农药中文名称	MRL/（mg/kg）
15	唑嘧菌胺	2	44	联苯	0.01
16	酰嘧磺隆	0.01	45	联苯吡菌胺	0.01
17	氯氨吡啶酸	0.01	46	啶酰菌胺	3
18	吲唑磺菌胺	0.4	47	溴离子	50
19	双甲脒	0.05	48	乙基溴硫磷	0.05
20	杀草强	0.01	49	溴螨酯	0.01
21	敌菌灵	0.01	50	溴苯腈	0.01
22	蒽醌	0.01	51	乙嘧酚磺酸酯	2
23	杀螨特	0.01	52	仲丁灵	0.01
24	磺草灵	0.05	53	丁草特	0.01
25	莠去津	0.05	54	硫线磷	0.01
26	出芽短梗霉菌株 DSM14940 及 DSM14941	0.01	55	毒杀芬	0.1
27	印楝素	1	56	敌菌丹	0.02
28	四唑嘧磺隆	0.02	57	甲萘威	0.01
29	乙基谷硫磷	0.02	58	多菌灵和苯菌灵	0.3
30	保棉磷	0.05	59	克百威	0.01
31	三唑锡和三环锡	0.01	60	丁硫克百威	0.01
32	嘧菌酯	3	61	唑草酮	0.01
33	燕麦灵	0.05	62	氯虫苯甲酰胺	0.6
34	氟丁酰草胺	0.05	63	杀螨醚	0.01
35	苯霜灵	0.5	64	氯草灵	0.05
36	氟草胺	0.02	65	氯丹	0.01
37	丙硫克百威	0.02	66	开蓬	0.02
38	苯噻菌胺	0.3	67	溴虫腈	0.01
39	杀藻胺	0.1	68	杀螨酯	0.01
40	联苯肼酯	0.5	69	毒虫畏	0.02
41	甲羧除草醚	0.05	70	乙酯杀螨醇	0.02
42	联苯菊酯	0.3	71	氯化苦	0.05
43	乐杀螨	0.05	72	百菌清	6

（续表）

序号	农药中文名称	MRL/（mg/kg）	序号	农药中文名称	MRL/（mg/kg）
73	绿麦隆	0.01	102	麦草畏	0.05
74	枯草隆	0.05	103	敌草腈	0.01
75	氯苯胺灵	0.01	104	敌敌畏	0.01
76	氯磺隆	0.05	105	禾草灵	0.05
77	氯酞酸二甲酯	0.01	106	氯硝胺	0.01
78	草克乐	0.01	107	三氯杀螨醇	0.02
79	乙菌利	0.05	108	二癸基二甲基氯化铵	0.1
80	环虫酰肼	0.01	109	苯醚甲环唑	2
81	吲哚酮草酯	0.05	110	精二甲吩草胺	0.01
82	烯草酮	1	111	噻节因	0.05
83	炔草酯	0.02	112	烯酰吗啉	1
84	四螨嗪	0.3	113	醚菌胺	0.01
85	异噁草酮	0.01	114	烯唑醇	0.01
86	二氯吡啶酸	0.5	115	敌螨普	0.02
87	铜化合物	5	116	地乐酚	0.05
88	氰胺	0.01	117	特乐酚	0.05
89	氰霜唑	0.6	118	敌杀磷	0.05
90	环丙酸酰胺	0.05	119	二苯胺	0.05
91	氟氯氰菊酯	0.05	120	敌草快	0.05
92	氰氟草酯	0.02	121	乙拌磷	0.01
93	氯氰菊酯	0.5	122	二嗪农	0.6
94	环丙唑醇	0.05	123	二硫代氨基甲酸盐类	3
95	灭蝇胺	0.6	124	敌草隆	0.1
96	茅草枯	0.05	125	4,6-二硝基邻甲酚	0.05
97	棉隆	0.02	126	多果定	0.2
98	滴滴涕	0.05	127	甲氨基阿维菌素	0.02
99	甜菜安	0.05	128	硫丹	0.05
100	燕麦敌	0.05	129	异狄氏剂	0.01
101	二嗪农	0.01	130	氟环唑	0.05

（续表）

序号	农药中文名称	MRL/（mg/kg）	序号	农药中文名称	MRL/（mg/kg）
131	丙草丹	0.01	160	氟螨脲	0.05
132	S-氰戊菊酯	0.1	161	氟氰戊菊酯	0.05
133	乙丁烯氟灵	0.02	162	氟噻草胺	0.05
134	胺苯磺隆	0.01	163	氟虫脲	0.5
135	乙硫磷	0.01	164	杀螨净	0.02
136	乙嘧酚	0.1	165	丙炔氟草胺	0.02
137	灭线磷	0.02	166	伏草隆	0.01
138	乙氧喹啉	0.05	167	氟吡菌酰胺	0.9
139	乙氧磺隆	0.01	168	氟化物离子	2
140	环氧乙烷	0.1	169	乙羧氟草醚	0.01
141	噁唑菌酮	2	170	氟啶嘧磺隆	0.02
142	苯线磷	0.04	171	氯氟吡氧乙酸	0.05
143	氯苯嘧啶醇	0.02	172	抑嘧醇	0.01
144	喹螨醚	0.5	173	氟硅唑	0.01
145	皮蝇磷	0.01	174	氟酰胺	0.05
146	杀螟松	0.01	175	氟唑菌酰胺	0.6
147	精噁唑禾草灵	0.1	176	氟磺胺草醚	0.01
148	甲氰菊酯	0.01	177	甲酰胺磺隆	0.01
149	苯锈啶	0.01	178	氯吡脲	0.01
150	胺苯吡菌酮	3	179	伐虫脒	0.3
151	唑螨酯	0.2	180	安果	0.02
152	倍硫磷	0.01	181	乙膦酸	100
153	三苯基醋锡	0.05	182	噻唑膦	0.02
154	三苯基氢氧化锡	0.05	183	呋线威	0.01
155	氰戊菊酯	0.1	184	糠醛	1
156	氟虫腈	0.005	185	赤霉酸	5
157	嘧啶磺隆	0.01	186	草铵膦	0.1
158	双氟磺草胺	0.01	187	草甘膦	0.1
159	氟苯虫酰胺	0.2	188	双胍辛胺	0.1

（续表）

序号	农药中文名称	MRL/（mg/kg）	序号	农药中文名称	MRL/（mg/kg）
189	氯吡嘧磺隆	0.01	217	灭锈胺	0.01
190	七氯	0.01	218	消螨多	0.05
191	六氯苯	0.01	219	汞化合物	0.01
192	己唑醇	0.01	220	甲基二磺隆	0.01
193	噻螨酮	0.5	221	氰氟虫腙	0.6
194	噁霉灵	1	222	甲霜灵和精甲霜灵	0.2
195	甲基咪草烟	0.01	223	苯嗪草酮	0.1
196	灭草喹	0.05	224	叶菌唑	0.02
197	唑吡嘧磺隆	0.01	225	噻唑隆	0.01
198	吡虫啉	0.5	226	虫螨畏	0.05
199	茚虫威	0.5	227	甲胺磷	0.01
200	甲基碘磺隆	0.02	228	杀扑磷	0.02
201	种菌唑	0.01	229	灭虫威	0.2
202	丙森锌	1	230	异丙甲草胺和精异丙甲草胺	0.05
203	稻瘟灵	0.01			
204	异丙隆	0.01	231	甲氧普烯	0.02
205	异噁草胺	0.02	232	甲氧氯	0.01
206	异噁唑草酮	0.02	233	甲氧虫酰肼	2
207	乳氟禾草灵	0.01	234	磺草唑胺	0.01
208	环草定	0.1	235	嗪草酮	0.1
209	林丹	0.01	236	甲磺隆	0.01
210	马拉硫磷	0.02	237	速灭磷	0.01
211	抑芽丹	0.2	238	密灭汀	0.05
212	双炔酰菌胺	3	239	草达灭	0.01
213	2甲4氯和2甲4氯丁酸	0.05	240	久效磷	0.01
214	灭蚜磷	0.05	241	绿谷隆	0.05
215	2甲4氯丙酸（含精2甲4氯丙酸和2甲4氯丙酸）	0.05	242	灭草隆	0.01
			243	腈菌唑	0.3
216	嘧菌胺	1	244	敌草胺	0.1

（续表）

序号	农药中文名称	MRL/（mg/kg）	序号	农药中文名称	MRL/（mg/kg）
245	烟嘧磺隆	0.01	274	辛硫磷	0.01
246	除草醚	0.01	275	毒莠定	0.01
247	双苯氟脲	1	276	氟吡酰草胺	0.01
248	嘧苯胺磺隆	0.01	277	啶氧菌酯	0.01
249	氨磺乐灵	0.01	278	唑啉草酯	0.02
250	丙炔噁草酮	0.01	279	抗蚜威	1
251	噁草酮	0.05	280	嘧啶磷	1
252	噁霜灵	0.01	281	腐霉利	0.01
253	杀线威	0.01	282	丙溴磷	10
254	环氧嘧磺隆	0.05	283	毒草安	0.1
255	氧化萎锈灵	0.01	284	敌稗	0.01
256	砜吸磷	0.01	285	噁草酸	0.05
257	乙氧氟草醚	0.05	286	苯胺灵	0.05
258	百草枯	0.02	287	丙森锌	2
259	对硫磷	0.05	288	异丙草胺	0.01
260	甲基对硫磷	0.02	289	残杀威	0.05
261	戊菌唑	0.1	290	丙苯磺隆	0.02
262	戊菌隆	0.05	291	戊炔草胺	0.01
263	五氟磺草胺	0.01	292	丙氧喹啉	0.15
264	吡噻菌胺	2	293	苄草丹	0.05
265	苄氯菊酯	0.05	294	氟磺隆	0.01
266	烯草胺	0.01	295	吡蚜酮	0.5
267	甜菜宁	0.05	296	吡唑醚菌酯	0.3
268	苯醚菊酯	0.05	297	吡草醚	0.02
269	甲拌磷	0.05	298	磺酰草吡唑	0.01
270	伏杀硫磷	0.05	299	定菌磷	0.05
271	亚胺硫磷	0.05	300	除虫菊素	1
272	磷胺	0.01	301	啶虫丙醚	1
273	膦化物和磷化物	0.05	302	哒草特	0.05

（续表）

序号	农药中文名称	MRL/（mg/kg）	序号	农药中文名称	MRL/（mg/kg）
303	嘧霉胺	1	332	戊唑醇	0.9
304	甲氧苯啶菌	0.01	333	四氯硝基苯	0.05
305	吡丙醚	1	334	伏虫隆	1.5
306	甲氧磺草胺	0.01	335	七氟菊酯	0.05
307	喹硫磷	0.05	336	环磺酮	0.02
308	二氯喹啉酸	0.05	337	特普	0.01
309	喹草酸	0.1	338	吡喃草酮	0.1
310	灭藻醌	0.01	339	特丁硫磷	0.01
311	喹氧灵	0.02	340	特丁津	0.05
312	五氯硝基苯	0.02	341	氟醚唑	0.1
313	喹禾灵	0.4	342	三氯杀螨砜	0.01
314	苄呋菊酯	0.1	343	噻虫啉	0.5
315	玉嘧磺隆	0.01	344	噻虫嗪	0.2
316	鱼藤酮	0.01	345	噻吩磺隆	0.01
317	苯嘧磺草胺	0.03	346	禾草丹	0.01
318	硅噻菌胺	0.01	347	甲基硫菌灵	1
319	西玛津	0.01	348	福美双	0.1
320	乙基多杀菌素	0.5	349	苯吡唑草酮	0.01
321	多杀霉素	1	350	野麦畏	0.1
322	螺螨酯	0.5	351	三唑磷	0.01
323	螺甲螨酯	1	352	苯磺隆	0.01
324	螺虫乙酯	2	353	敌百虫	0.5
325	螺环菌胺	0.05	354	十三吗啉	0.05
326	磺酰磺隆	0.01	355	氟乐灵	0.5
327	硫酰氟	0.01	356	嗪胺灵	0.01
328	硫磺	50	357	三甲基锍阳离子，草甘膦代谢物	0.05
329	灭草松	0.03			
330	甲氧咪草烟	0.05	358	抗倒酯	0.01
331	氟胺氰菊酯	0.1	359	灭菌唑	0.01

（续表）

序号	农药中文名称	MRL/（mg/kg）	序号	农药中文名称	MRL/（mg/kg）
360	三氟甲磺隆	0.01	389	氟胺磺隆（酸）	0.01
361	乙烯菌核利	0.05	390	乙霉威	0.7
362	杀鼠灵	0.01	391	吡氟氯禾灵	0.01
363	福美锌	0.1	392	调环酸（调环酸和调环酸盐）	0.01
364	苯酰菌胺	0.5			
365	阿维菌素	0.09	393	吡氟草胺	0.01
366	霜霉威	4	394	丁酰肼	0.06
367	1-萘乙酰胺	0.06	395	对甲抑菌灵	0.02
368	1-萘乙酸	0.06	396	啶虫脒	0.5
369	氯草敏	0.1	397	嘧菌环胺	1.5
370	麦穗宁	0.01	398	乙烯利	2
371	甲哌鎓	0.02	399	粉唑醇	0.8
372	肟草酮	0.01	400	甲基磺草酮	0.01
373	乙氧呋草黄	0.03	401	丙环唑	3
374	乙螨唑	0.07	402	肟菌酯	0.7
375	咪唑菌酮	1	403	噻虫胺	0.04
376	呋草酮	0.01	404	氟吡菌胺	1
377	氟嘧菌酯	0.01	405	三乙膦酸铝	100
378	霜脲氰	0.4	406	3-癸烯-2-酮	0.1
379	苯草醚	0.01	407	氰虫酰胺	1
380	磺草酮	0.01	408	二氟乙酸	0.15
381	溴氰菊酯	0.07	409	氟吡呋喃酮	0.7
382	活化酯	0.3	410	灭多威	0.01
383	氟啶虫酰胺	0.5	411	磷化氢	0.01
384	咯菌腈	3	412	5-硝基愈创木酚钠	0.03
385	丙硫菌唑	0.01	413	氟啶虫胺腈	0.3
386	氟啶胺	0.3	414	硫双威	0.01
387	丁苯吗啉	0.01	415	三唑酮	0.01
388	长杀草	0.01	416	三唑醇	0.3

（续表）

序号	农药中文名称	MRL/ (mg/kg)	序号	农药中文名称	MRL/ (mg/kg)
417	矮壮素	0.01	446	毒死蜱	0.1
418	吡螨胺	0.8	447	甲基毒死蜱	1
419	联苯三唑醇	0.01	448	绿草定	0.01
420	六六六	0.01	449	高效氯氟氰菊酯	0.07
421	三环唑	0.01	450	fenpicoxamid	0.01
422	甲基立枯磷	0.01	451	环溴虫酰胺	0.01
423	氟噻唑吡乙酮	0.2	452	缬菌胺	0.8
424	乐果	0.01	453	溴敌隆	0.01
425	氧乐果	0.01	454	双草醚	0.01
426	氟丙菊酯	0.02	455	苯酸苄铵酰铵	0.01
427	甲霜灵	0.3	456	精喹禾灵	0.05
428	噻菌灵	0.01	457	喹禾糠酯	0.05
429	2,4-滴丙酸	0.02	458	氯氟醚菌唑	0.01
430	聚乙醛	0.15	459	氟噻唑菌腈	0.01
431	氯唑灵	0.05	460	2-氯-5-氯苯甲酸甲酯	0.01
432	苄嘧磺隆	0.01	461	氯氟吡啶酯	0.01
433	mandestrobin	0.01	462	氟菌唑	1.5
434	2-苯基苯酚	0.01	463	杀铃脲	0.01
435	二甲草胺	0.01	464	异菌脲	0.01
436	虱螨脲	0.4	465	利谷隆	0.01
437	苯并烯氟菌唑	0.9	466	醚菊酯	0.7
438	苯菌酮	0.6	467	多效唑	0.01
439	二甲戊灵	0.05	468	糠菌唑	0.01
440	灭菌丹	5	469	萎锈灵	0.03
441	吡唑草胺	0.02	470	苯丁锡	0.01
442	炔螨特	0.01	471	噻嗪酮	0.01
443	环酰菌胺	2	472	除虫脲	0.01
444	精吡氟禾草灵	0.06	473	碘苯腈	0.01
445	异丙噻菌胺	1.5	474	吡唑萘菌胺	0.5

（续表）

序号	农药中文名称	MRL/（mg/kg）	序号	农药中文名称	MRL/（mg/kg）
475	苯氧威	0.01	483	氟喹唑	0.01
476	氟咯草酮	0.01	484	哒螨灵	0.15
477	虫酰肼	1.5	485	二甲吩草胺	0.01
478	克菌丹	1	486	抑霉唑	0.3
479	醚菌酯	0.6	487	醚苯磺隆	0.01
480	环苯草酮	0.01	488	咪鲜胺	0.03
481	环氟菌胺	0.04	489	氯酸盐	0.1
482	腈苯唑	0.01			

附表11　欧盟黄瓜农药残留限量标准

序号	农药中文名称	MRL/（mg/kg）	序号	农药中文名称	MRL/（mg/kg）
1	1,1-二氯-2,2-二(4-乙苯)乙烷	0.01	18	吲唑磺菌胺	0.01
			19	双甲脒	0.05
2	1,2-二溴乙烷	0.01	20	杀草强	0.01
3	1,2-二氯乙烷	0.01	21	敌菌灵	0.01
4	1,3-二氯丙烯	0.05	22	蒽醌	0.01
5	1-甲基环丙烯	0.01	23	杀螨特	0.01
6	2,4,5-涕	0.05	24	磺草灵	0.05
7	2,4-滴	0.05	25	莠去津	0.05
8	2,4-滴丁酸	0.01	26	出芽短梗霉菌株 DSM14940 及 DSM14941	0.01
9	乙酰甲胺磷	0.01			
10	啶虫脒	0.3	27	印楝素	1
11	乙草胺	0.01	28	四唑嘧磺隆	0.02
12	甲草胺	0.01	29	乙基谷硫磷	0.02
13	涕灭威	0.02	30	保棉磷	0.2
14	艾氏剂和狄氏剂	0.02	31	三唑锡和三环锡	0.01
15	唑嘧菌胺	2	32	嘧菌酯	1
16	酰嘧磺隆	0.01	33	燕麦灵	0.05
17	氯氨吡啶酸	0.01	34	氟丁酰草胺	0.05

（续表）

序号	农药中文名称	MRL/（mg/kg）	序号	农药中文名称	MRL/（mg/kg）
35	苯霜灵	0.05	64	开蓬	0.02
36	氟草胺	0.02	65	溴虫腈	0.01
37	丙硫克百威	0.02	66	杀螨酯	0.01
38	杀藻胺	0.1	67	毒虫畏	0.02
39	联苯肼酯	0.5	68	乙酯杀螨醇	0.02
40	甲羧除草醚	0.05	69	氯化苦	0.01
41	乐杀螨	0.05	70	百菌清	5
42	联苯	0.01	71	绿麦隆	0.01
43	联苯吡菌胺	0.01	72	枯草隆	0.05
44	啶酰菌胺	3	73	氯苯胺灵	0.01
45	溴离子	50	74	氯磺隆	0.05
46	乙基溴硫磷	0.05	75	氯酞酸二甲酯	0.01
47	溴螨酯	0.01	76	草克乐	0.01
48	溴苯腈	0.01	77	乙菌利	0.05
49	乙嘧酚磺酸酯	1	78	环虫酰肼	0.01
50	仲丁灵	0.01	79	吲哚酮草酯	0.05
51	丁草特	0.01	80	烯草酮	0.5
52	硫线磷	0.01	81	炔草酯	0.02
53	毒杀芬	0.1	82	四螨嗪	0.02
54	敌菌丹	0.02	83	异噁草酮	0.01
55	甲萘威	0.01	84	二氯吡啶酸	0.5
56	多菌灵和苯菌灵	0.1	85	噻虫胺	0.02
57	克百威	0.01	86	铜化合物	5
58	丁硫克百威	0.01	87	氰胺	0.01
59	唑草酮	0.01	88	氰霜唑	0.2
60	氯虫苯甲酰胺	0.3	89	环丙酸酰胺	0.05
61	杀螨醚	0.01	90	氟氯氰菊酯	0.1
62	氯草灵	0.05	91	氰氟草酯	0.02
63	氯丹	0.01	92	氯氰菊酯	0.2

（续表）

序号	农药中文名称	MRL/（mg/kg）	序号	农药中文名称	MRL/（mg/kg）
93	环丙唑醇	0.05	122	二嗪农	0.01
94	嘧菌环胺	0.5	123	二硫代氨基甲酸盐类	2
95	灭蝇胺	2	124	敌草隆	0.1
96	茅草枯	0.05	125	4,6-二硝基邻甲酚	0.05
97	棉隆	0.02	126	多果定	0.2
98	滴滴涕	0.05	127	甲氨基阿维菌素	0.01
99	甜菜安	0.05	128	硫丹	0.05
100	燕麦敌	0.05	129	异狄氏剂	0.01
101	二嗪农	0.01	130	氟环唑	0.05
102	麦草畏	0.05	131	丙草丹	0.01
103	敌草腈	0.01	132	S-氰戊菊酯	0.02
104	敌敌畏	0.01	133	乙丁烯氟灵	0.02
105	禾草灵	0.05	134	胺苯磺隆	0.01
106	氯硝胺	0.01	135	乙烯利	0.05
107	三氯杀螨醇	0.02	136	乙硫磷	0.01
108	二癸基二甲基氯化铵	0.1	137	乙嘧酚	0.2
109	苯醚甲环唑	0.3	138	灭线磷	0.02
110	精二甲吩草胺	0.01	139	乙氧喹啉	0.05
111	噻节因	0.05	140	乙氧磺隆	0.01
112	烯酰吗啉	0.5	141	环氧乙烷	0.1
113	醚菌胺	0.01	142	乙螨唑	0.02
114	烯唑醇	0.01	143	噁唑菌酮	0.2
115	敌螨普	0.05	144	苯线磷	0.02
116	地乐酚	0.05	145	氯苯嘧啶醇	0.2
117	特乐酚	0.05	146	喹螨醚	0.2
118	敌杀磷	0.05	147	皮蝇磷	0.01
119	二苯胺	0.05	148	环酰菌胺	1
120	敌草快	0.05	149	杀螟松	0.01
121	乙拌磷	0.01	150	精噁唑禾草灵	0.1

（续表）

序号	农药中文名称	MRL/（mg/kg）	序号	农药中文名称	MRL/（mg/kg）
151	甲氰菊酯	0.01	180	甲酰胺磺隆	0.01
152	苯锈啶	0.01	181	氯吡脲	0.01
153	胺苯吡菌酮	0.7	182	伐虫脒	0.01
154	倍硫磷	0.01	183	安果	0.02
155	三苯基醋锡	0.05	184	乙膦酸	75
156	三苯基氢氧化锡	0.05	185	噻唑膦	0.02
157	氰戊菊酯	0.02	186	呋线威	0.01
158	氟虫腈	0.005	187	糠醛	1
159	嘧啶磺隆	0.01	188	赤霉酸	5
160	氟啶虫酰胺	0.5	189	草铵膦	0.1
161	双氟磺草胺	0.01	190	草甘膦	0.1
162	氟苯虫酰胺	0.15	191	双胍辛胺	0.1
163	氟螨脲	0.05	192	氯吡嘧磺隆	0.01
164	氟氰戊菊酯	0.05	193	七氯	0.01
165	咯菌腈	0.4	194	六氯苯	0.01
166	氟噻草胺	0.05	195	己唑醇	0.01
167	氟虫脲	0.2	196	噻螨酮	0.5
168	杀螨净	0.02	197	噁霉灵	0.05
169	丙炔氟草胺	0.02	198	甲基咪草烟	0.01
170	伏草隆	0.01	199	灭草喹	0.05
171	氟吡菌酰胺	0.5	200	唑吡嘧磺隆	0.01
172	氟化物离子	2	201	吡虫啉	1
173	乙羧氟草醚	0.01	202	茚虫威	0.5
174	氟啶嘧磺隆	0.02	203	甲基碘磺隆	0.02
175	氯氟吡氧乙酸	0.05	204	种菌唑	0.01
176	抑嘧醇	0.01	205	丙森锌	0.1
177	氟硅唑	0.01	206	稻瘟灵	0.01
178	氟酰胺	0.05	207	异丙隆	0.01
179	氟磺胺草醚	0.01	208	异噁草胺	0.05

（续表）

序号	农药中文名称	MRL/（mg/kg）	序号	农药中文名称	MRL/（mg/kg）
209	异噁唑草酮	0.02	236	甲氧普烯	0.02
210	醚菌酯	0.05	237	甲氧氯	0.01
211	乳氟禾草灵	0.01	238	甲氧虫酰肼	0.02
212	环草定	0.1	239	磺草唑胺	0.01
213	林丹	0.01	240	嗪草酮	0.1
214	马拉硫磷	0.02	241	甲磺隆	0.01
215	抑芽丹	0.2	242	速灭磷	0.01
216	双炔酰菌胺	0.2	243	密灭汀	0.05
217	2甲4氯和2甲4氯丁酸	0.05	244	草达灭	0.01
218	灭蚜磷	0.05	245	久效磷	0.01
219	2甲4氯丙酸（含精2甲4氯丙酸和2甲4氯丙酸）	0.05	246	绿谷隆	0.05
			247	灭草隆	0.01
220	嘧菌胺	0.01	248	腈菌唑	0.1
221	灭锈胺	0.01	249	敌草胺	0.05
222	消螨多	0.1	250	烟嘧磺隆	0.01
223	汞化合物	0.01	251	除草醚	0.01
224	甲基二磺隆	0.01	252	双苯氟脲	0.1
225	氰氟虫腙	0.4	253	嘧苯胺磺隆	0.01
226	甲霜灵和精甲霜灵	0.5	254	氨磺乐灵	0.01
227	聚乙醛	0.05	255	丙炔噁草酮	0.01
228	苯嗪草酮	0.1	256	噁草酮	0.05
229	叶菌唑	0.02	257	噁霜灵	0.01
230	噻唑隆	0.01	258	杀线威	0.01
231	虫螨畏	0.05	259	环氧嘧磺隆	0.05
232	甲胺磷	0.01	260	氧化萎锈灵	0.01
233	杀扑磷	0.02	261	砜吸磷	0.01
234	灭虫威	0.2	262	乙氧氟草醚	0.05
235	异丙甲草胺和精异丙甲草胺	0.05	263	百草枯	0.02
			264	对硫磷	0.05

（续表）

序号	农药中文名称	MRL/（mg/kg）	序号	农药中文名称	MRL/（mg/kg）
265	甲基对硫磷	0.02	294	丙苯磺隆	0.02
266	戊菌隆	0.05	295	戊炔草胺	0.01
267	五氟磺草胺	0.01	296	丙氧喹啉	0.05
268	吡噻菌胺	0.7	297	苄草丹	0.05
269	苄氯菊酯	0.05	298	氟磺隆	0.01
270	烯草胺	0.01	299	吡蚜酮	1
271	甜菜宁	0.05	300	吡唑醚菌酯	0.5
272	苯醚菊酯	0.05	301	吡草醚	0.02
273	甲拌磷	0.05	302	磺酰草吡唑	0.01
274	伏杀硫磷	0.05	303	定菌磷	0.05
275	亚胺硫磷	0.05	304	除虫菊素	1
276	磷胺	0.01	305	啶虫丙醚	0.01
277	膦化物和磷化物	0.05	306	哒草特	0.05
278	辛硫磷	0.01	307	甲氧苯唳菌	0.01
279	毒莠定	0.01	308	吡丙醚	0.1
280	氟吡酰草胺	0.01	309	甲氧磺草胺	0.01
281	啶氧菌酯	0.01	310	喹硫磷	0.05
282	唑啉草酯	0.02	311	二氯喹啉酸	0.05
283	抗蚜威	1	312	喹草酸	0.1
284	嘧啶磷	0.1	313	灭藻醌	0.01
285	腐霉利	0.01	314	喹氧灵	0.02
286	丙溴磷	0.01	315	五氯硝基苯	0.02
287	毒草安	0.1	316	喹禾灵	0.4
288	敌稗	0.01	317	苄呋菊酯	0.1
289	炔螨特	0.01	318	玉嘧磺隆	0.01
290	苯胺灵	0.05	319	鱼藤酮	0.01
291	丙森锌	2	320	苯嘧磺草胺	0.03
292	异丙草胺	0.01	321	硅噻菌胺	0.01
293	残杀威	0.05	322	西玛津	0.01

（续表）

序号	农药中文名称	MRL/（mg/kg）	序号	农药中文名称	MRL/（mg/kg）
323	乙基多杀菌素	0.2	352	野麦畏	0.1
324	多杀霉素	1	353	三唑磷	0.01
325	螺螨酯	0.1	354	苯磺隆	0.01
326	螺甲螨酯	0.3	355	敌百虫	0.5
327	螺虫乙酯	0.2	356	十三吗啉	0.05
328	螺环菌胺	0.05	357	氟乐灵	0.5
329	磺酰磺隆	0.01	358	嗪胺灵	0.01
330	硫酰氟	0.01	359	三甲基锍阳离子，草甘膦代谢物	0.05
331	硫磺	50			
332	灭草松	0.03	360	抗倒酯	0.01
333	甲氧咪草烟	0.05	361	灭菌唑	0.01
334	氟胺氰菊酯	0.05	362	三氟甲磺隆	0.01
335	吡螨胺	0.3	363	缬菌胺	0.01
336	四氯硝基苯	0.05	364	乙烯菌核利	1
337	伏虫隆	0.5	365	杀鼠灵	0.01
338	七氟菊酯	0.05	366	福美锌	0.1
339	环磺酮	0.02	367	苯酰菌胺	2
340	特普	0.01	368	阿维菌素	0.04
341	吡喃草酮	0.1	369	霜霉威	5
342	特丁硫磷	0.01	370	1-萘乙酰胺	0.06
343	特丁津	0.05	371	1-萘乙酸	0.06
344	氟醚唑	0.2	372	氯草敏	0.1
345	三氯杀螨砜	0.01	373	麦穗宁	0.01
346	噻虫嗪	0.5	374	甲哌鎓	0.02
347	噻吩磺隆	0.01	375	肟草酮	0.01
348	禾草丹	0.01	376	乙氧呋草黄	0.03
349	甲基硫菌灵	0.1	377	呋草酮	0.01
350	福美双	0.1	378	氟嘧菌酯	0.01
351	苯吡唑草酮	0.01	379	霜脲氰	0.08

（续表）

序号	农药中文名称	MRL/（mg/kg）	序号	农药中文名称	MRL/（mg/kg）
380	苯草醚	0.01	408	磷化氢	0.01
381	磺草酮	0.01	409	5-硝基愈创木酚钠	0.03
382	丙硫菌唑	0.01	410	氟啶虫胺腈	0.5
383	联苯菊酯	0.01	411	硫双威	0.01
384	丁苯吗啉	0.01	412	三唑酮	0.01
385	长杀草	0.01	413	三唑醇	0.15
386	氟胺磺隆（酸）	0.01	414	矮壮素	0.01
387	乙霉威	0.01	415	联苯三唑醇	0.01
388	精吡氟禾草灵	0.03	416	六六六	0.01
389	吡氟氯禾灵	0.01	417	三环唑	0.01
390	调环酸（调环酸和调环酸盐）	0.01	418	苯并烯氟菌唑	0.08
			419	溴氰菊酯	0.2
391	吡氟草胺	0.01	420	甲基立枯磷	0.01
392	灭螨醌	0.08	421	氟噻唑吡乙酮	0.1
393	丁酰肼	0.06	422	乐果	0.01
394	对甲抑菌灵	0.02	423	氧乐果	0.01
395	粉唑醇	0.15	424	氟丙菊酯	0.02
396	甲基磺草酮	0.01	425	噻菌灵	0.01
397	丙环唑	0.01	426	2,4-滴丙酸	0.02
398	戊唑醇	0.6	427	氯唑灵	0.4
399	肟菌酯	0.3	428	苄嘧磺隆	0.01
400	氟唑菌酰胺	0.2	429	mandestrobin	0.01
401	唑螨酯	0.08	430	氟啶胺	0.01
402	氟吡菌胺	0.5	431	2-苯基苯酚	0.01
403	3-癸烯-2-酮	0.1	432	二甲草胺	0.01
404	氰虫酰胺	0.4	433	虱螨脲	0.15
405	二氟乙酸	0.4	434	苯菌酮	0.5
406	氟吡呋喃酮	0.6	435	二甲戊灵	0.05
407	灭多威	0.01	436	咪唑菌酮	0.2

（续表）

序号	农药中文名称	MRL/（mg/kg）	序号	农药中文名称	MRL/（mg/kg）
437	灭菌丹	0.03	463	多效唑	0.01
438	吡唑草胺	0.02	464	糠菌唑	0.01
439	嘧霉胺	0.8	465	萎锈灵	0.03
440	活化酯	0.4	466	苯丁锡	0.01
441	异丙噻菌胺	1	467	噻嗪酮	0.01
442	毒死蜱	0.01	468	除虫脲	0.01
443	甲基毒死蜱	0.01	469	碘苯腈	0.01
444	绿草定	0.01	470	三乙膦酸铝	80
445	高效氯氟氰菊酯	0.05	471	吡唑萘菌胺	0.4
446	fenpicoxamid	0.01	472	苯氧威	0.01
447	环溴虫酰胺	0.01	473	氟咯草酮	0.01
448	噻虫啉	0.5	474	虫酰肼	0.01
449	溴敌隆	0.01	475	戊菌唑	0.06
450	双草醚	0.01	476	克菌丹	0.03
451	苯酸苄铵酰铵	0.01	477	环苯草酮	0.01
452	精喹禾灵	0.01	478	环氟菌胺	0.05
453	喹禾糠酯	0.01	479	腈苯唑	0.3
454	氯氟醚菌唑	0.01	480	氟喹唑	0.01
455	氟噻唑菌腈	0.01	481	哒螨灵	0.15
456	2-氯-5-氯苯甲酸甲酯	0.01	482	二甲吩草胺	0.01
457	氯氟吡啶酯	0.01	483	噁草酸	0.01
458	氟菌唑	0.5	484	抑霉唑	0.5
459	杀铃脲	0.01	485	醚苯磺隆	0.01
460	异菌脲	0.01	486	咪鲜胺	0.03
461	利谷隆	0.01	487	氯酸盐	0.2
462	醚菊酯	0.01			

附表 12 欧盟甘蓝农药残留限量标准

序号	农药中文名称	MRL/(mg/kg)	序号	农药中文名称	MRL/(mg/kg)
1	1,1-二氯-2,2-二(4-乙苯)乙烷	0.01	28	双甲脒	0.05
			29	杀草强	0.01
2	1,2-二溴乙烷	0.01	30	氯氨吡啶酸	0.01
3	1,2-二氯乙烷	0.01	31	吲唑磺菌胺	0.01
4	1,3-二氯丙烯	0.01	32	杀螨特	0.01
5	2,4,5-涕	0.01	33	敌菌灵	0.01
6	1-萘乙酰胺/1-萘乙酸	0.06	34	蒽醌	0.01
7	2,4-滴丁酸	0.01	35	莠去津	0.05
8	2,4-滴	0.05	36	四唑嘧磺隆	0.01
9	2-萘氧基乙酸	0.01	37	磺草灵	0.05
10	2-氨基-4-甲氧基-6-甲基-1,3,5-三嗪	0.01	38	印楝素	1
			39	乙基谷硫磷	0.02
11	2,5-二氯苯甲酸甲酯	0.01	40	保棉磷	0.05
12	阿维菌素	0.01	41	三唑锡/三环锡	0.01
13	2-苯基苯酚	0.01	42	嘧菌酯	5
14	8-羟基喹啉	0.01	43	燕麦灵	0.01
15	3-癸烯-2-酮	0.1	44	苯甲氧基	0.05
16	乙酰甲胺磷	0.01	45	灭草松	0.03
17	啶虫脒	0.01	46	氟丁酰草胺	0.02
18	灭螨醌	0.01	47	氟草胺	0.02
19	乙草胺	0.01	48	苄嘧磺隆	0.01
20	活化酯	0.01	49	苯噻菌胺	0.01
21	苯草醚	0.01	50	杀藻胺	0.1
22	氟丙菊酯	0.02	51	苯并烯氟菌唑	0.01
23	甲草胺	0.01	52	联苯肼酯	0.02
24	涕灭威	0.02	53	联苯菊酯	0.4
25	艾氏剂和狄氏剂	0.01	54	甲羧除草醚	0.01
26	酰嘧磺隆	0.01	55	联苯	0.01
27	唑嘧菌胺	0.01	56	双草醚	0.01

（续表）

序号	农药中文名称	MRL/（mg/kg）	序号	农药中文名称	MRL/（mg/kg）
57	联苯三唑醇	0.01	86	氯丹	0.01
58	啶酰菌胺	5（ft）	87	溴虫腈	0.01
59	联苯吡菌胺	0.01	88	杀螨酯	0.01
60	骨油	0.01	89	开蓬	0.02
61	溴敌隆	0.01	90	毒虫畏	0.01
62	乙基溴硫磷	0.01	91	矮壮素	0.01
63	溴螨酯	0.01	92	乙酯杀螨醇	0.02
64	溴苯腈	0.01	93	氨基氯哒嗪酮	0.1
65	溴离子	30	94	氯化苦	0.005
66	糠菌唑	0.01	95	百菌清	0.01
67	乙嘧酚磺酸酯	0.05	96	枯草隆	0.01
68	噻嗪酮	0.01	97	氯苯胺灵	0.01
69	仲丁灵	0.01	98	毒死蜱	0.01
70	丁草特	0.01	99	氯麦隆	0.01
71	硫线磷	0.01	100	甲基毒死蜱	0.01
72	毒杀芬	0.01	101	乙菌利	0.01
73	敌菌丹	0.02	102	氯磺隆	0.05
74	克菌丹	0.03	103	氯酞酸二甲酯	0.01
75	甲萘威	0.01	104	草克乐	0.01
76	多菌灵和苯菌灵	0.1	105	吲哚酮草酯	0.05
77	克百威	0.002	106	烯草酮	0.5
78	长杀草	0.01	107	炔草酯	0.02
79	一氧化碳	0.01	108	环虫酰肼	0.01
80	唑草酮	0.01	109	四螨嗪	0.02
81	萎锈灵	0.03	110	二氯吡啶酸	0.5
82	杀螨醚	0.01	111	异噁草酮	0.01
83	氯虫苯甲酰胺	0.01	112	噻虫胺	0.04
84	氯酸盐	0.06	113	铜化合物	20
85	氯草灵	0.01	114	氰胺	0.01

（续表）

序号	农药中文名称	MRL/（mg/kg）	序号	农药中文名称	MRL/（mg/kg）
115	氰霜唑	0.01	144	乙霉威	0.01
116	环烷基酰苯胺	0.05	145	苯醚甲环唑	0.05
117	噻草酮	2	146	除虫脲	0.01
118	氰虫酰胺	2	147	双十烷基二甲基氯化铵	0.1
119	环溴虫酰胺	0.01	148	二甲酚草胺	0.01
120	氟氯氰菊酯	0.02	149	吡氟草胺	0.01
121	氰氟草酯	0.02	150	二甲草胺	0.01
122	环氟菌胺	0.01	151	噻节因	0.05
123	氯氰菊酯	1	152	二氟乙酸	0.02
124	灭蝇胺	0.05	153	乐果	0.01
125	霜脲氰	0.01	154	烯酰吗啉	0.02
126	环丙唑醇	0.05	155	醚菌胺	0.01
127	嘧菌环胺	0.02	156	烯唑醇	0.01
128	丁酰肼	0.06	157	敌螨普	0.02
129	滴滴涕	0.05	158	地乐酚	0.02
130	溴氰菊酯	0.01	159	特乐酚	0.01
131	茅草枯	0.05	160	敌杀磷	0.01
132	棉隆	0.02	161	二苯胺	0.05
133	甜菜安	0.01	162	敌草快	0.01
134	燕麦敌	0.01	163	乙拌磷	0.01
135	二嗪农	0.2	164	二硫代氨基甲酸盐类	1
136	denathonium benzoate	0.01	165	二噻农	0.01
137	麦草畏	0.05	166	敌草隆	0.01
138	敌敌畏	0.01	167	二硝甲酚	0.01
139	敌草腈	0.01	168	硫丹	0.05
140	2,4-滴丙酸	0.02	169	多果定	0.01
141	禾草灵	0.1	170	甲氨基阿维菌素苯甲酸盐	0.01
142	氯硝胺	0.01	171	吗菌灵	0.01
143	三氯杀螨醇	0.02	172	异狄氏剂	0.01

（续表）

序号	农药中文名称	MRL/（mg/kg）	序号	农药中文名称	MRL/（mg/kg）
173	氟环唑	0.05	202	fenpicoxamid（F）（R）	0.01
174	丙草丹	0.01	203	丁苯吗啉	0.01
175	乙丁烯氟灵	0.01	204	倍硫磷	0.01
176	乙烯利	0.05	205	三苯锡	0.02
177	乙硫磷	0.01	206	唑螨酯	0.01
178	乙氧呋草黄	0.03	207	胺苯吡菌酮	0.01
179	乙嘧酚	0.05	208	氰戊菊酯	0.02
180	胺苯磺隆	0.01	209	氟虫腈	0.005
181	乙氧磺隆	0.01	210	啶嘧磺隆	0.01
182	灭线磷	0.02	211	双氟磺草胺	0.01
183	乙氧喹啉	0.02	212	氟禾草灵	0.01
184	环氧乙烷	0.05	213	氟啶虫酰胺	0.03
185	乙螨唑	0.01	214	氯氟吡啶酯	0.01
186	醚菊酯	0.01	215	氟氰戊菊酯	0.01
187	氯唑灵	0.05	216	氟啶胺	0.01
188	噁唑菌酮	0.01	217	氟螨脲	0.01
189	咪唑菌酮	0.01	218	咯菌腈	0.01
190	苯线磷	0.02	219	氟苯虫酰胺	0.01
191	氯苯嘧啶醇	0.02	220	氟噻草胺	0.05
192	喹螨醚	0.01	221	氟虫脲	0.05
193	苯丁锡	0.01	222	杀螨净	0.02
194	皮蝇磷	0.01	223	氟节胺	0.01
195	环酰菌胺	0.01	224	丙炔氟草胺	0.02
196	杀螟松	0.01	225	伏草隆	0.01
197	腈苯唑	0.01	226	氟吡菌胺	0.03
198	精噁唑禾草灵	0.1	227	氟化物离子	2.0
199	苯氧威	0.01	228	氟吡菌酰胺	0.1
200	苯锈啶	0.01	229	氟啶嘧磺隆	0.02
201	甲氰菊酯	0.01	230	氟嘧菌酯	0.01

（续表）

序号	农药中文名称	MRL/ （mg/kg）	序号	农药中文名称	MRL/ （mg/kg）
231	氟喹唑	0.01	260	六氯环己烷，α异构体	0.01
232	乙羧氟草醚	0.01	261	六六六	0.01
233	氟吡呋喃酮	0.01	262	己唑醇	0.01
234	氯氟吡氧乙酸	0.01	263	噻螨酮	1
235	呋草酮	0.01	264	抑霉唑	0.01
236	氟咯草酮	0.01	265	甲氧咪草烟	0.05
237	氟硅唑	0.01	266	噁霉灵	0.05
238	抑嘧醇	0.01	267	唑吡嘧磺隆	0.01
239	氟酰胺	0.01	268	灭草烟	0.05
240	粉唑醇	0.01	269	吡虫啉	0.3
241	氟唑菌酰胺	0.07	270	甲基咪草烟	0.01
242	氟噻唑菌腈	0.01	271	吲哚乙酸	0.1
243	灭菌丹	0.03	272	吲哚丁酸	0.1
244	甲酰胺磺隆	0.01	273	茚虫威	0.02
245	氯吡脲	0.01	274	甲基碘磺隆	0.01
246	伐虫脒	0.01	275	碘苯腈	0.01
247	氟磺胺草醚	0.01	276	异菌脲	0.01
248	安果	0.01	277	种菌唑	0.01
249	噻唑膦	0.02	278	丙森锌	0.01
250	三乙膦酸铝	10	279	异丙隆	0.01
251	麦穗宁	0.01	280	吡唑萘菌胺	0.01
252	草甘膦	0.1	281	稻瘟灵	0.01
253	草铵膦	0.03	282	异丙噻菌胺	0.01
254	双胍盐	0.05	283	异噁唑草酮	0.02
255	氟氯吡啶酯	0.02	284	醚菌酯	0.01
256	七氯	0.01	285	异噁草胺	0.02
257	吡氟氯禾灵	0.01	286	高效氯氟氰菊酯	0.01
258	氯吡嘧磺隆	0.01	287	乳氟禾草灵	0.01
259	六氯苯	0.01	288	环草定	0.1

（续表）

序号	农药中文名称	MRL/（mg/kg）	序号	农药中文名称	MRL/（mg/kg）
289	林丹	0.01	318	甲氧氯	0.01
290	利谷隆	0.01	319	甲氧虫酰肼	0.01
291	马拉硫磷	0.02	320	灭虫威	0.1
292	抑芽丹	0.2	321	甲氧普烯	0.02
293	虱螨脲	0.01	322	异丙甲草胺/精异丙甲草胺	0.05
294	2甲4氯/2甲4氯丁酸	0.05	323	磺草唑胺	0.01
295	灭蚜磷	0.01	324	甲磺隆	0.01
296	双炔酰菌胺	0.01	325	速灭磷	0.01
297	甲氧基丙烯酸酯类杀菌剂	0.01	326	苯菌酮	0.01
298	2甲4氯丙酸	0.05	327	嗪草酮	0.1
299	嘧菌胺	0.01	328	密灭汀	0.02
300	甲哌鎓	0.02	329	草达灭	0.01
301	灭锈胺	0.01	330	久效磷	0.01
302	氯氟醚菌唑	0.01	331	绿谷隆	0.01
303	汞化合物	0.01	332	腈菌唑	0.05
304	甲基二磺隆	0.01	333	灭草隆	0.01
305	甲基磺草酮	0.01	334	除草醚	0.01
306	消螨多	0.05	335	敌草胺	0.05
307	氰氟虫腙	0.05	336	烟嘧磺隆	0.01
308	甲霜灵/精甲霜灵	0.02	337	双苯氟脲	0.01
309	聚乙醛	0.15	338	嘧苯胺磺隆	0.01
310	苯嗪草酮	0.1	339	氨磺乐灵	0.01
311	吡唑草胺	0.3	340	氧乐果	0.01
312	虫螨畏	0.01	341	丙炔噁草酮	0.01
313	甲胺磷	0.01	342	杀线威	0.01
314	杀扑磷	0.02	343	环氧嘧磺隆	0.01
315	叶菌唑	0.02	344	噁草酮	0.05
316	噻唑隆	0.01	345	噁霜灵	0.01
317	灭多威	0.01			

（续表）

序号	农药中文名称	MRL/ （mg/kg）	序号	农药中文名称	MRL/ （mg/kg）
346	亚砜吸磷	0.01	375	抗蚜威	0.5
347	氧化萎锈灵	0.01	376	唑啉草酯	0.02
348	乙氧氟草醚	0.05	377	咪鲜胺	0.05
349	多效唑	0.01	378	腐霉利	0.01
350	氟噻唑吡乙酮	0.01	379	丙溴磷	0.01
351	石蜡油	0.01	380	丙环唑	0.01
352	百草枯	0.02	381	丙森锌	0.05
353	对硫磷	0.05	382	炔螨特	0.01
354	甲基对硫磷	0.01	383	异丙草胺	0.01
355	戊菌唑	0.01	384	苯胺灵	0.01
356	二甲戊灵	0.3	385	残杀威	0.05
357	戊菌隆	0.05	386	丙苯磺隆	0.02
358	五氟磺草胺	0.01	387	戊炔草胺	0.01
359	吡噻菌胺	0.01	388	苄草丹	0.01
360	烯草胺	0.01	389	丙氧喹啉	0.02
361	甜菜宁	0.01	390	氟磺隆	0.01
362	苯醚菊酯	0.02	391	除虫菊素	1
363	苄氯菊酯	0.05	392	哒螨灵	0.01
364	矿物油	0.01	393	磺酰草吡唑	0.01
365	甲拌磷	0.01	394	哒草特	0.05
366	伏杀硫磷	0.01	395	嘧霉胺	0.01
367	亚胺硫磷	0.05	396	吡丙醚	0.05
368	磷胺	0.01	397	啶虫丙醚	0.01
369	氟吡酰草胺	0.01	398	喹硫磷	0.01
370	磷酸盐/磷化盐	0.01	399	喹草酸	0.1
371	辛硫磷	0.01	400	甲氧磺草胺	0.01
372	毒莠定	0.01	401	二氯喹啉酸	0.01
373	啶氧菌酯	0.01	402	喹氧灵	0.02
374	甲基嘧啶磷	0.01	403	五氯硝基苯	0.02

序号	农药中文名称	MRL/（mg/kg）	序号	农药中文名称	MRL/（mg/kg）
404	喹禾灵	0.01	433	特丁硫磷	0.01
405	灭藻醌	0.01	434	特丁津	0.05
406	苄呋菊酯	0.01	435	氟醚唑	0.02
407	玉嘧磺隆	0.01	436	四氯杀螨砜	0.01
408	鱼藤酮	0.01	437	噻菌灵	0.01
409	硅噻菌胺	0.01	438	噻虫啉	0.04
410	苯嘧磺草胺	0.03	439	噻吩磺隆	0.01
411	西玛津	0.01	440	噻虫嗪	0.01
412	5-硝基愈创木酚钠	0.03	441	甲基硫菌灵	0.1
413	多杀霉素	2	442	福美双	0.1
414	螺螨酯	0.02	443	禾草丹	0.01
415	螺甲螨酯	0.02	444	硫双威	0.01
416	乙基多杀菌素	0.05	445	对甲抑菌灵	0.02
417	螺环菌胺	0.01	446	甲基立枯磷	0.01
418	螺虫乙酯	2	447	苯吡唑草酮	0.01
419	磺酰磺隆	0.01	448	肟草酮	0.01
420	磺草酮	0.01	449	三唑酮	0.01
421	氟啶虫胺腈	0.01	450	三唑醇	0.01
422	硫酰氟	0.01	451	醚苯磺隆	0.01
423	四氧硝基苯	0.01	452	三唑磷	0.01
424	氟胺氰菊酯	0.07	453	野麦畏	0.1
425	戊唑醇	0.02	454	苯磺隆	0.01
426	虫酰肼	0.01	455	敌百虫	0.01
427	吡螨胺	0.01	456	十三吗啉	0.01
428	特普	0.01	457	肟菌酯	0.01
429	伏虫隆	0.01	458	绿草定	0.01
430	七氟菊酯	0.05	459	三环唑	0.01
431	环磺酮	0.02	460	嗪胺灵	0.01
432	吡喃草酮	0.1	461	氟菌唑	0.02

（续表）

序号	农药中文名称	MRL/(mg/kg)	序号	农药中文名称	MRL/(mg/kg)
462	杀铃脲	0.01	468	三氟甲磺隆	0.01
463	氟乐灵	0.01	469	乙烯菌核利	0.01
464	氟胺磺隆	0.01	470	缬菌胺	0.01
465	三甲基锍阳离子	0.05	471	杀鼠灵	0.01
466	灭菌唑	0.01	472	福美锌	0.1
467	抗倒酯	0.01	473	苯酰菌胺	0.02

附表 13　欧盟辣椒农药残留限量标准

序号	农药中文名称	MRL/(mg/kg)	序号	农药中文名称	MRL/(mg/kg)
1	1,1-二氯-2,2-二(4-乙苯)乙烷	0.01	18	酰嘧磺隆	0.01
			19	氯氨吡啶酸	0.01
2	1,2-二溴乙烷	0.01	20	吲唑磺菌胺	0.01
3	1,2-二氯乙烷	0.01	21	双甲脒	0.05
4	1,3-二氯丙烯	0.05	22	杀草强	0.01
5	1-甲基环丙烯	0.01	23	敌菌灵	0.01
6	2,4,5-涕	0.05	24	蒽醌	0.01
7	2,4-滴	0.05	25	杀螨特	0.01
8	2,4-滴丁酸	0.01	26	磺草灵	0.05
9	乙酰甲胺磷	0.01	27	莠去津	0.05
10	灭螨醌	0.01	28	出芽短梗霉菌株 DSM14940 及 DSM14941	0.01
11	啶虫脒	0.3			
12	乙草胺	0.01	29	印楝素	1
13	活化酯	0.01	30	四唑嘧磺隆	0.02
14	甲草胺	0.01	31	乙基谷硫磷	0.02
15	涕灭威	0.02	32	保棉磷	0.05
16	艾氏剂和狄氏剂	0.01	33	三唑锡和三环锡	0.01
17	唑嘧菌胺	2	34	嘧菌酯	3

（续表）

序号	农药中文名称	MRL/（mg/kg）	序号	农药中文名称	MRL/（mg/kg）
35	燕麦灵	0.05	64	氯虫苯甲酰胺	1
36	氟丁酰草胺	0.05	65	杀螨醚	0.01
37	苯霜灵	0.2	66	氯草灵	0.05
38	氟草胺	0.02	67	氯丹	0.01
39	丙硫克百威	0.02	68	开蓬	0.02
40	苯噻菌胺	0.01	69	溴虫腈	0.01
41	杀藻胺	0.1	70	杀螨酯	0.01
42	联苯肼酯	3	71	毒虫畏	0.02
43	甲羧除草醚	0.05	72	乙酯杀螨醇	0.02
44	联苯菊酯	0.5	73	氯化苦	0.01
45	乐杀螨	0.05	74	百菌清	0.01
46	联苯	0.01	75	绿麦隆	0.01
47	联苯吡菌胺	0.01	76	枯草隆	0.05
48	啶酰菌胺	3	77	氯苯胺灵	0.01
49	溴离子	30	78	氯磺隆	0.05
50	乙基溴硫磷	0.05	79	氯酞酸二甲酯	0.01
51	溴螨酯	0.01	80	草克乐	0.01
52	溴苯腈	0.01	81	乙菌利	0.05
53	乙嘧酚磺酸酯	2	82	环虫酰肼	0.01
54	仲丁灵	0.01	83	吲哚酮草酯	0.05
55	丁草特	0.01	84	烯草酮	0.5
56	硫线磷	0.01	85	炔草酯	0.02
57	毒杀芬	0.1	86	四螨嗪	0.02
58	敌菌丹	0.02	87	异噁草酮	0.01
59	甲萘威	0.01	88	二氯吡啶酸	0.5
60	多菌灵和苯菌灵	0.1	89	铜化合物	5
61	克百威	0.01	90	氰胺	0.01
62	丁硫克百威	0.01	91	氰霜唑	0.01
63	唑草酮	0.01	92	环丙酸酰胺	0.05

（续表）

序号	农药中文名称	MRL/ （mg/kg）	序号	农药中文名称	MRL/ （mg/kg）
93	氟氯氰菊酯	0.3	122	敌草快	0.05
94	氰氟草酯	0.02	123	乙拌磷	0.01
95	氯氰菊酯	0.5	124	二嗪农	0.6
96	环丙唑醇	0.05	125	二硫代氨基甲酸盐类	5
97	灭蝇胺	1.5	126	敌草隆	0.1
98	茅草枯	0.05	127	4,6-二硝基邻甲酚	0.05
99	棉隆	0.02	128	多果定	0.2
100	滴滴涕	0.05	129	甲氨基阿维菌素	0.02
101	溴氰菊酯	0.2	130	硫丹	0.05
102	甜菜安	0.05	131	异狄氏剂	0.01
103	燕麦敌	0.05	132	氟环唑	0.05
104	二嗪农	0.05	133	丙草丹	0.01
105	麦草畏	0.05	134	S-氰戊菊酯	0.02
106	敌草腈	0.01	135	乙丁烯氟灵	0.05
107	敌敌畏	0.01	136	胺苯磺隆	0.01
108	禾草灵	0.05	137	乙烯利	0.05
109	氯硝胺	0.01	138	乙硫磷	0.01
110	三氯杀螨醇	0.02	139	乙嘧酚	0.1
111	二癸基二甲基氯化铵	0.1	140	灭线磷	0.05
112	精二甲吩草胺	0.01	141	乙氧喹啉	0.05
113	噻节因	0.05	142	乙氧磺隆	0.01
114	烯酰吗啉	1	143	环氧乙烷	0.1
115	醚菌胺	0.01	144	噁唑菌酮	0.01
116	烯唑醇	0.01	145	苯线磷	0.04
117	敌螨普	0.02	146	氯苯嘧啶醇	0.02
118	地乐酚	0.05	147	喹螨醚	0.5
119	特乐酚	0.05	148	腈苯唑	0.6
120	敌杀磷	0.05	149	皮蝇磷	0.01
121	二苯胺	0.05	150	杀螟松	0.01

（续表）

序号	农药中文名称	MRL/（mg/kg）	序号	农药中文名称	MRL/（mg/kg）
151	精噁唑禾草灵	0.1	180	氟唑菌酰胺	0.6
152	甲氰菊酯	0.01	181	氟磺胺草醚	0.01
153	苯锈啶	0.01	182	甲酰胺磺隆	0.01
154	胺苯吡菌酮	3	183	氯吡脲	0.01
155	唑螨酯	0.3	184	伐虫脒	0.01
156	倍硫磷	0.01	185	安果	0.02
157	三苯基醋锡	0.05	186	乙膦酸	130
158	三苯基氢氧化锡	0.05	187	噻唑膦	0.02
159	氰戊菊酯	0.02	188	呋线威	0.01
160	氟虫腈	0.005	189	糠醛	1
161	嘧啶磺隆	0.01	190	赤霉酸	5
162	双氟磺草胺	0.01	191	草铵膦	0.1
163	氟苯虫酰胺	0.2	192	草甘膦	0.1
164	氟螨脲	0.05	193	双胍辛胺	0.1
165	氟氰戊菊酯	0.05	194	氯吡嘧磺隆	0.01
166	咯菌腈	1	195	七氯	0.01
167	氟噻草胺	0.05	196	六氯苯	0.01
168	氟虫脲	0.5	197	己唑醇	0.01
169	杀螨净	0.02	198	噻螨酮	0.5
170	丙炔氟草胺	0.02	199	噁霉灵	0.05
171	伏草隆	0.01	200	甲基咪草烟	0.01
172	氟化物离子	2	201	灭草喹	0.05
173	乙羧氟草醚	0.01	202	唑吡嘧磺隆	0.01
174	氟啶嘧磺隆	0.02	203	吡虫啉	1
175	氯氟吡氧乙酸	0.05	204	茚虫威	0.3
176	抑霉醇	0.01	205	甲基碘磺隆	0.02
177	氟硅唑	0.01	206	种菌唑	0.01
178	氟酰胺	0.05	207	丙森锌	0.05
179	粉唑醇	1	208	稻瘟灵	0.01

（续表）

序号	农药中文名称	MRL/ (mg/kg)	序号	农药中文名称	MRL/ (mg/kg)
209	异丙隆	0.01	237	灭虫威	0.2
210	吡唑萘菌胺	0.09	238	异丙甲草胺和精异丙甲草胺	0.05
211	异噁草胺	0.02			
212	异噁唑草酮	0.02	239	甲氧普烯	0.02
213	乳氟禾草灵	0.01	240	甲氧氯	0.01
214	高效氯氟氰菊酯	0.1	241	甲氧虫酰肼	1
215	环草定	0.1	242	磺草唑胺	0.01
216	林丹	0.01	243	苯菌酮	2
217	马拉硫磷	0.02	244	嗪草酮	0.1
218	抑芽丹	0.2	245	甲磺隆	0.01
219	双炔酰菌胺	1	246	速灭磷	0.01
220	2 甲 4 氯和 2 甲 4 氯丁酸	0.05	247	密灭汀	0.05
221	灭蚜磷	0.05	248	草达灭	0.01
222	2 甲 4 氯丙酸（含精 2 甲 4 氯丙酸和 2 甲 4 氯丙酸）	0.05	249	久效磷	0.01
			250	绿谷隆	0.05
223	嘧菌胺	0.01	251	灭草隆	0.01
224	灭锈胺	0.01	252	腈菌唑	0.5
225	消螨多	0.05	253	敌草胺	0.1
226	汞化合物	0.01	254	烟嘧磺隆	0.01
227	甲基二磺隆	0.01	255	除草醚	0.01
228	氰氟虫腙	1	256	双苯氟脲	0.6
229	甲霜灵和精甲霜灵	0.5	257	嘧苯胺磺隆	0.01
230	聚乙醛	0.05	258	氨磺乐灵	0.01
231	苯嗪草酮	0.1	259	丙炔噁草酮	0.01
232	叶菌唑	0.02	260	噁草酮	0.05
233	噻唑隆	0.01	261	噁霜灵	0.01
234	虫螨畏	0.05	262	杀线威	0.01
235	甲胺磷	0.01	263	环氧嘧磺隆	0.05
236	杀扑磷	0.02	264	氧化萎锈灵	0.01

（续表）

序号	农药中文名称	MRL/（mg/kg）	序号	农药中文名称	MRL/（mg/kg）
265	砜吸磷	0.01	294	苯胺灵	0.05
266	乙氧氟草醚	0.05	295	丙森锌	1
267	百草枯	0.02	296	异丙草胺	0.01
268	对硫磷	0.05	297	残杀威	0.05
269	甲基对硫磷	0.02	298	丙苯磺隆	0.02
270	戊菌唑	0.2	299	戊炔草胺	0.01
271	戊菌隆	0.05	300	丙氧喹啉	0.02
272	五氟磺草胺	0.01	301	苄草丹	0.05
273	吡噻菌胺	2	302	氟磺隆	0.01
274	苄氯菊酯	0.05	303	吡蚜酮	3
275	烯草胺	0.01	304	吡唑醚菌酯	0.5
276	甜菜宁	0.05	305	吡草醚	0.02
277	苯醚菊酯	0.05	306	磺酰草吡唑	0.01
278	甲拌磷	0.05	307	定菌磷	0.05
279	伏杀硫磷	0.05	308	除虫菊素	1
280	亚胺硫磷	0.05	309	啶虫丙醚	2
281	磷胺	0.01	310	哒草特	0.05
282	膦化物和磷化物	0.05	311	嘧霉胺	2
283	辛硫磷	0.01	312	甲氧苯啶菌	0.01
284	毒莠定	0.01	313	吡丙醚	1
285	氟吡酰草胺	0.01	314	甲氧磺草胺	0.01
286	啶氧菌酯	0.01	315	喹硫磷	0.05
287	唑啉草酯	0.02	316	二氯喹啉酸	0.05
288	抗蚜威	1	317	喹草酸	0.1
289	嘧啶磷	1	318	灭藻醌	0.01
290	腐霉利	0.01	319	喹氧灵	0.02
291	丙溴磷	0.01	320	五氯硝基苯	0.02
292	毒草安	0.1	321	喹禾灵	0.4
293	敌稗	0.01	322	苄呋菊酯	0.1

序号	农药中文名称	MRL/（mg/kg）	序号	农药中文名称	MRL/（mg/kg）
323	玉嘧磺隆	0.01	352	噻虫嗪	0.7
324	鱼藤酮	0.01	353	噻吩磺隆	0.01
325	苯嘧磺草胺	0.03	354	禾草丹	0.01
326	硅噻菌胺	0.01	355	甲基硫菌灵	0.1
327	西玛津	0.01	356	福美双	0.1
328	乙基多杀菌素	0.5	357	苯吡唑草酮	0.01
329	多杀霉素	2	358	野麦畏	0.1
330	螺螨酯	0.2	359	三唑磷	0.01
331	螺甲螨酯	0.5	360	苯磺隆	0.01
332	螺虫乙酯	2	361	敌百虫	1
333	螺环菌胺	0.05	362	十三吗啉	0.05
334	磺酰磺隆	0.01	363	氟乐灵	0.5
335	硫酰氟	0.01	364	嗪胺灵	0.01
336	硫磺	50	365	三甲基锍阳离子，草甘膦代谢物	0.05
337	灭草松	0.03			
338	甲氧咪草烟	0.05	366	抗倒酯	0.01
339	氟胺氰菊酯	0.01	367	灭菌唑	0.01
340	戊唑醇	0.6	368	三氟甲磺隆	0.01
341	四氯硝基苯	0.05	369	缬菌胺	0.01
342	伏虫隆	1.5	370	乙烯菌核利	0.05
343	七氟菊酯	0.05	371	杀鼠灵	0.01
344	环磺酮	0.02	372	福美锌	0.1
345	特普	0.01	373	苯酰菌胺	0.02
346	吡喃草酮	0.1	374	阿维菌素	0.07
347	特丁硫磷	0.01	375	霜霉威	3
348	特丁津	0.05	376	1-萘乙酰胺	0.06
349	氟醚唑	0.1	377	1-萘乙酸	0.06
350	三氯杀螨砜	0.01	378	氯草敏	0.1
351	噻虫啉	1	379	麦穗宁	0.01

（续表）

序号	农药中文名称	MRL/（mg/kg）	序号	农药中文名称	MRL/（mg/kg）
380	甲哌鎓	0.02	408	三乙膦酸铝	130
381	肟草酮	0.01	409	3-癸烯-2-酮	0.1
382	乙氧呋草黄	0.03	410	氰虫酰胺	1.5
383	乙螨唑	0.01	411	二氟乙酸	0.15
384	咪唑菌酮	1	412	氟吡呋喃酮	0.9
385	呋草酮	0:01	413	灭多威	0.04
386	氟嘧菌酯	0.01	414	磷化氢	0.01
387	霜脲氰	0.01	415	5-硝基愈创木酚钠	0.03
388	苯草醚	0.02	416	氟啶虫胺腈	0.4
389	磺草酮	0.01	417	硫双威	0.01
390	氟啶虫酰胺	0.3	418	三唑酮	0.01
391	丙硫菌唑	0.01	419	三唑醇	0.5
392	丁苯吗啉	0.01	420	矮壮素	0.01
393	长杀草	0.01	421	吡螨胺	0.01
394	氟胺磺隆（酸）	0.01	422	联苯三唑醇	0.01
395	乙霉威	0.01	423	六六六	0.01
396	精吡氟禾草灵	0.01	424	三环唑	0.01
397	吡氟氯禾灵	0.01	425	苯并烯氟菌唑	1
398	调环酸（调环酸和调环酸盐）	0.01	426	甲基立枯磷	0.01
			427	氟噻唑吡乙酮	0.01
399	吡氟草胺	0.01	428	乐果	0.01
400	丁酰肼	0.06	429	氧乐果	0.01
401	对甲抑菌灵	0.02	430	氟丙菊酯	0.02
402	嘧菌环胺	1.5	431	噻菌灵	0.01
403	甲基磺草酮	0.01	432	2,4-滴丙酸	0.02
404	丙环唑	0.01	433	氯唑灵	0.1
405	肟菌酯	0.4	434	苄嘧磺隆	0.01
406	噻虫胺	0.04	435	mandestrobin	0.01
407	氟吡菌胺	1	436	氟啶胺	0.01

（续表）

序号	农药中文名称	MRL/（mg/kg）	序号	农药中文名称	MRL/（mg/kg）
437	2-苯基苯酚	0.01	463	利谷隆	0.01
438	二甲草胺	0.01	464	醚菊酯	0.01
439	虱螨脲	0.8	465	多效唑	0.01
440	二甲戊灵	0.05	466	糠菌唑	0.01
441	灭菌丹	0.03	467	萎锈灵	0.03
442	吡唑草胺	0.02	468	苯丁锡	0.01
443	炔螨特	0.01	469	噻嗪酮	0.01
444	环酰菌胺	3	470	除虫脲	0.01
445	异丙噻菌胺	3	471	碘苯腈	0.01
446	毒死蜱	0.01	472	苯醚甲环唑	0.9
447	甲基毒死蜱	1	473	苯氧威	0.01
448	绿草定	0.01	474	氟咯草酮	0.01
449	fenpicoxamid	0.01	475	虫酰肼	1.5
450	环溴虫酰胺	0.01	476	克菌丹	0.03
451	溴敌隆	0.01	477	醚菌酯	0.8
452	双草醚	0.01	478	环苯草酮	0.01
453	苯酸苄铵酰铵	0.01	479	环氟菌胺	0.06
454	精喹禾灵	0.01	480	氟喹唑	0.01
455	喹禾糠酯	0.01	481	哒螨灵	0.01
456	氯氟醚菌唑	0.01	482	氟吡菌酰胺	3
457	氟噻唑菌腈	0.01	483	二甲吩草胺	0.01
458	2-氯-5-氯苯甲酸甲酯	0.01	484	噁草酸	0.01
459	氯氟吡啶酯	0.01	485	抑霉唑	0.01
460	氟菌唑	0.02	486	醚苯磺隆	0.01
461	杀铃脲	0.01	487	咪鲜胺	0.03
462	异菌脲	0.01	488	氯酸盐	0.3

附表 14　欧盟茄子农药残留限量标准

序号	农药中文名称	MRL/（mg/kg）	序号	农药中文名称	MRL/（mg/kg）
1	1,1-二氯-2,2-二(4-乙苯)乙烷	0.01	28	印楝素	1
			29	四唑嘧磺隆	0.02
2	1,2-二溴乙烷	0.01	30	乙基谷硫磷	0.02
3	1,2-二氯乙烷	0.01	31	保棉磷	0.05
4	1,3-二氯丙烯	0.05	32	三唑锡和三环锡	0.01
5	1-甲基环丙烯	0.01	33	燕麦灵	0.05
6	2,4,5-涕	0.05	34	氟丁酰草胺	0.05
7	2,4-滴	0.05	35	苯霜灵	0.5
8	2,4-滴丁酸	0.01	36	氟草胺	0.02
9	乙酰甲胺磷	0.01	37	丙硫克百威	0.02
10	灭螨醌	0.2	38	苯噻菌胺	0.01
11	啶虫脒	0.2	39	杀藻胺	0.1
12	乙草胺	0.01	40	联苯肼酯	0.5
13	甲草胺	0.01	41	甲羧除草醚	0.05
14	涕灭威	0.02	42	联苯菊酯	0.3
15	艾氏剂和狄氏剂	0.01	43	乐杀螨	0.05
16	唑嘧菌胺	1.5	44	联苯	0.01
17	酰嘧磺隆	0.01	45	联苯吡菌胺	0.01
18	氯氨吡啶酸	0.01	46	啶酰菌胺	3
19	吲唑磺菌胺	0.4	47	溴离子	30
20	双甲脒	0.05	48	乙基溴硫磷	0.05
21	杀草强	0.01	49	溴螨酯	0.01
22	敌菌灵	0.01	50	溴苯腈	0.01
23	蒽醌	0.01	51	乙嘧酚磺酸酯	2
24	杀螨特	0.01	52	仲丁灵	0.01
25	磺草灵	0.05	53	丁草特	0.01
26	莠去津	0.05	54	硫线磷	0.01
27	出芽短梗霉菌株 DSM14940 及 DSM14941	0.01	55	毒杀芬	0.1
			56	敌菌丹	0.02

（续表）

序号	农药中文名称	MRL/（mg/kg）	序号	农药中文名称	MRL/（mg/kg）
57	甲萘威	0.01	86	二氯吡啶酸	0.5
58	多菌灵和苯菌灵	0.5	87	铜化合物	5
59	克百威	0.01	88	氰胺	0.01
60	丁硫克百威	0.01	89	环丙酸酰胺	0.05
61	唑草酮	0.01	90	环氟菌胺	0.02
62	氯虫苯甲酰胺	0.6	91	氟氯氰菊酯	0.1
63	杀螨醚	0.01	92	氰氟草酯	0.02
64	氯草灵	0.05	93	氯氰菊酯	0.5
65	氯丹	0.01	94	环丙唑醇	0.05
66	开蓬	0.02	95	灭蝇胺	0.6
67	溴虫腈	0.01	96	茅草枯	0.05
68	杀螨酯	0.01	97	棉隆	0.02
69	毒虫畏	0.02	98	滴滴涕	0.05
70	乙酯杀螨醇	0.02	99	甜菜安	0.05
71	氯化苦	0.01	100	燕麦敌	0.05
72	百菌清	6	101	二嗪农	0.01
73	绿麦隆	0.01	102	麦草畏	0.05
74	枯草隆	0.05	103	敌草腈	0.01
75	氯苯胺灵	0.01	104	敌敌畏	0.01
76	氯磺隆	0.05	105	禾草灵	0.05
77	氯酞酸二甲酯	0.01	106	氯硝胺	0.01
78	草克乐	0.01	107	三氯杀螨醇	0.02
79	乙菌利	0.05	108	二癸基二甲基氯化铵	0.1
80	环虫酰肼	0.01	109	精二甲吩草胺	0.01
81	吲哚酮草酯	0.05	110	噻节因	0.05
82	烯草酮	0.5	111	烯酰吗啉	1
83	炔草酯	0.02	112	醚菌胺	0.01
84	四螨嗪	0.02	113	烯唑醇	0.01
85	异噁草酮	0.01	114	敌螨普	0.02

序号	农药中文名称	MRL/（mg/kg）	序号	农药中文名称	MRL/（mg/kg）
115	地乐酚	0.05	144	皮蝇磷	0.01
116	特乐酚	0.05	145	杀螟松	0.01
117	敌杀磷	0.05	146	精噁唑禾草灵	0.1
118	二苯胺	0.05	147	甲氰菊酯	0.01
119	敌草快	0.05	148	苯锈啶	0.01
120	乙拌磷	0.01	149	胺苯吡菌酮	3
121	二噻农	0.01	150	倍硫磷	0.01
122	二硫代氨基甲酸盐类	3	151	三苯基醋锡	0.05
123	敌草隆	0.1	152	三苯基氢氧化锡	0.05
124	4,6-二硝基邻甲酚	0.05	153	氰戊菊酯	0.06
125	多果定	0.2	154	氟虫腈	0.005
126	硫丹	0.05	155	嘧啶磺隆	0.01
127	异狄氏剂	0.01	156	双氟磺草胺	0.01
128	氟环唑	0.05	157	氟苯虫酰胺	0.2
129	丙草丹	0.01	158	氟螨脲	0.05
130	S-氰戊菊酯	0.06	159	氟氰戊菊酯	0.05
131	乙丁烯氟灵	0.02	160	咯菌腈	0.4
132	胺苯磺隆	0.01	161	氟噻草胺	0.05
133	乙烯利	0.05	162	氟虫脲	0.5
134	乙硫磷	0.01	163	杀螨净	0.02
135	乙嘧酚	0.1	164	丙炔氟草胺	0.02
136	灭线磷	0.02	165	伏草隆	0.01
137	乙氧喹啉	0.05	166	氟化物离子	2
138	乙氧磺隆	0.01	167	乙羧氟草醚	0.01
139	环氧乙烷	0.1	168	氟啶嘧磺隆	0.02
140	噁唑菌酮	1.5	169	氯氟吡氧乙酸	0.05
141	苯线磷	0.04	170	抑嘧醇	0.01
142	氯苯嘧啶醇	0.02	171	氟硅唑	0.01
143	喹螨醚	0.5	172	氟酰胺	0.05

（续表）

序号	农药中文名称	MRL/（mg/kg）	序号	农药中文名称	MRL/（mg/kg）
173	氟唑菌酰胺	0.6	202	异丙隆	0.01
174	氟磺胺草醚	0.01	203	异噁草胺	0.02
175	甲酰胺磺隆	0.01	204	异噁唑草酮	0.02
176	氯吡脲	0.01	205	乳氟禾草灵	0.01
177	伐虫脒	0.3	206	环草定	0.1
178	安果	0.02	207	林丹	0.01
179	乙膦酸	100	208	马拉硫磷	0.02
180	噻唑膦	0.02	209	抑芽丹	0.2
181	呋线威	0.01	210	2甲4氯和2甲4氯丁酸	0.05
182	糠醛	1	211	灭蚜磷	0.05
183	赤霉酸	5	212	2甲4氯丙酸（含精2甲4氯丙酸和2甲4氯丙酸）	0.05
184	草铵膦	0.1			
185	草甘膦	0.1	213	嘧菌胺	1
186	双胍辛胺	0.1	214	灭锈胺	0.01
187	氯吡嘧磺隆	0.01	215	消螨多	0.05
188	七氯	0.01	216	汞化合物	0.01
189	六氯苯	0.01	217	甲基二磺隆	0.01
190	己唑醇	0.01	218	氰氟虫腙	0.6
191	噻螨酮	0.5	219	甲霜灵和精甲霜灵	0.05
192	噁霉灵	0.05	220	苯嗪草酮	0.1
193	甲基咪草烟	0.01	221	叶菌唑	0.02
194	灭草喹	0.05	222	噻唑隆	0.01
195	唑吡嘧磺隆	0.01	223	虫螨畏	0.05
196	吡虫啉	0.5	224	甲胺磷	0.01
197	茚虫威	0.5	225	杀扑磷	0.02
198	甲基碘磺隆	0.02	226	灭虫威	0.1
199	种菌唑	0.01	227	异丙甲草胺和精异丙甲草胺	0.05
200	丙森锌	0.05			
201	稻瘟灵	0.01	228	甲氧普烯	0.02

（续表）

序号	农药中文名称	MRL/（mg/kg）	序号	农药中文名称	MRL/（mg/kg）
229	甲氧氯	0.01	258	戊菌唑	0.1
230	甲氧虫酰肼	0.5	259	戊菌隆	0.05
231	磺草唑胺	0.01	260	五氟磺草胺	0.01
232	嗪草酮	0.1	261	吡噻菌胺	2
233	甲磺隆	0.01	262	苄氯菊酯	0.05
234	速灭磷	0.01	263	烯草胺	0.01
235	密灭汀	0.05	264	甜菜宁	0.05
236	草达灭	0.01	265	苯醚菊酯	0.05
237	久效磷	0.01	266	甲拌磷	0.05
238	绿谷隆	0.05	267	伏杀硫磷	0.05
239	灭草隆	0.01	268	亚胺硫磷	0.05
240	腈菌唑	0.3	269	磷胺	0.01
241	敌草胺	0.1	270	膦化物和磷化物	0.05
242	烟嘧磺隆	0.01	271	辛硫磷	0.01
243	除草醚	0.01	272	毒莠定	0.01
244	双苯氟脲	0.5	273	氟吡酰草胺	0.01
245	嘧苯胺磺隆	0.01	274	啶氧菌酯	0.01
246	氨磺乐灵	0.01	275	唑啉草酯	0.02
247	丙炔噁草酮	0.01	276	抗蚜威	1
248	噁草酮	0.05	277	嘧啶磷	0.05
249	噁霜灵	0.01	278	腐霉利	0.01
250	杀线威	0.02	279	丙溴磷	0.01
251	环氧嘧磺隆	0.05	280	毒草安	0.1
252	氧化萎锈灵	0.01	281	敌稗	0.01
253	砜吸磷	0.01	282	噁草酸	0.05
254	乙氧氟草醚	0.05	283	苯胺灵	0.05
255	百草枯	0.02	284	丙森锌	0.05
256	对硫磷	0.05	285	异丙草胺	0.01
257	甲基对硫磷	0.02	286	残杀威	0.05

（续表）

序号	农药中文名称	MRL/（mg/kg）	序号	农药中文名称	MRL/（mg/kg）
287	丙苯磺隆	0.02	316	西玛津	0.01
288	戊炔草胺	0.01	317	乙基多杀菌素	0.5
289	丙氧喹啉	0.15	318	多杀霉素	1
290	苄草丹	0.05	319	螺螨酯	0.02
291	氟磺隆	0.01	320	螺甲螨酯	0.5
292	吡蚜酮	0.5	321	螺虫乙酯	2
293	吡唑醚菌酯	0.3	322	螺环菌胺	0.05
294	吡草醚	0.02	323	磺酰磺隆	0.01
295	磺酰草吡唑	0.01	324	硫酰氟	0.01
296	定菌磷	0.05	325	硫磺	50
297	除虫菊素	1	326	灭草松	0.03
298	啶虫丙醚	1	327	甲氧咪草烟	0.05
299	哒草特	0.05	328	戊唑醇	0.4
300	嘧霉胺	1	329	四氯硝基苯	0.05
301	甲氧苯唳菌	0.01	330	伏虫隆	1.5
302	吡丙醚	1	331	七氟菊酯	0.05
303	甲氧磺草胺	0.01	332	环磺酮	0.02
304	喹硫磷	0.05	333	特普	0.01
305	二氯喹啉酸	0.05	334	吡喃草酮	0.1
306	喹草酸	0.1	335	特丁硫磷	0.01
307	灭藻醌	0.01	336	特丁津	0.05
308	喹氧灵	0.02	337	氟醚唑	0.02
309	五氯硝基苯	0.02	338	三氯杀螨砜	0.01
310	喹禾灵	0.4	339	噻虫嗪	0.2
311	苄呋菊酯	0.1	340	噻吩磺隆	0.01
312	玉嘧磺隆	0.01	341	禾草丹	0.01
313	鱼藤酮	0.01	342	甲基硫菌灵	2
314	苯嘧磺草胺	0.03	343	福美双	0.1
315	硅噻菌胺	0.01	344	苯吡唑草酮	0.01

（续表）

序号	农药中文名称	MRL/（mg/kg）	序号	农药中文名称	MRL/（mg/kg）
345	野麦畏	0.1	373	氟嘧菌酯	0.01
346	三唑磷	0.01	374	霜脲氰	0.3
347	苯磺隆	0.01	375	苯草醚	0.01
348	敌百虫	0.5	376	磺草酮	0.01
349	十三吗啉	0.05	377	溴氰菊酯	0.4
350	肟菌酯	0.7	378	氟啶虫酰胺	0.5
351	氟乐灵	0.5	379	丙硫菌唑	0.01
352	嗪胺灵	0.01	380	丁苯吗啉	0.01
353	三甲基锍阳离子，草甘膦代谢物	0.05	381	长杀草	0.01
			382	氟胺磺隆（酸）	0.01
354	抗倒酯	0.01	383	嘧菌酯	3
355	灭菌唑	0.01	384	乙霉威	0.7
356	三氟甲磺隆	0.01	385	精吡氟禾草灵	1
357	乙烯菌核利	0.05	386	吡氟氯禾灵	0.01
358	杀鼠灵	0.01	387	调环酸（调环酸和调环酸盐）	0.01
359	福美锌	0.1			
360	苯酰菌胺	0.02	388	吡氟草胺	0.01
361	阿维菌素	0.09	389	丁酰肼	0.06
362	霜霉威	4	390	对甲抑菌灵	0.02
363	1-萘乙酰胺	0.06	391	嘧菌环胺	1.5
364	1-萘乙酸	0.06	392	粉唑醇	0.01
365	氯草敏	0.1	393	甲基磺草酮	0.01
366	麦穗宁	0.01	394	丙环唑	0.01
367	甲哌鎓	0.02	395	苯醚甲环唑	0.6
368	肟草酮	0.01	396	氟吡菌酰胺	0.9
369	乙氧呋草黄	0.03	397	噻虫胺	0.04
370	乙螨唑	0.07	398	氟吡菌胺	1
371	咪唑菌酮	1	399	三乙膦酸铝	100
372	呋草酮	0.01	400	3-癸烯-2-酮	0.1

（续表）

序号	农药中文名称	MRL/ （mg/kg）	序号	农药中文名称	MRL/ （mg/kg）
401	氰虫酰胺	1	430	2-苯基苯酚	0.01
402	二氟乙酸	0.15	431	二甲草胺	0.01
403	氟吡呋喃酮	0.7	432	虱螨脲	0.3
404	灭多威	0.01	433	苯并烯氟菌唑	0.9
405	磷化氢	0.01	434	苯菌酮	0.6
406	5-硝基愈创木酚钠	0.03	435	二甲戊灵	0.05
407	氟啶虫胺腈	0.3	436	灭菌丹	0.03
408	硫双威	0.01	437	吡唑草胺	0.02
409	三唑酮	0.01	438	炔螨特	0.01
410	三唑醇	0.3	439	活化酯	0.15
411	矮壮素	0.01	440	环酰菌胺	2
412	吡螨胺	0.8	441	异丙噻菌胺	1.5
413	联苯三唑醇	0.01	442	甲氨基阿维菌素	0.02
414	六六六	0.01	443	毒死蜱	0.01
415	三环唑	0.01	444	甲基毒死蜱	1
416	甲基立枯磷	0.01	445	绿草定	0.01
417	氟噻唑吡乙酮	0.2	446	高效氯氟氰菊酯	0.3
418	乐果	0.01	447	fenpicoxamid	0.01
419	氧乐果	0.01	448	环溴虫酰胺	0.01
420	氟丙菊酯	0.02	449	噻虫啉	0.7
421	甲霜灵	0.01	450	缬菌胺	0.8
422	噻菌灵	0.01	451	溴敌隆	0.01
423	2,4-滴丙酸	0.02	452	双草醚	0.01
424	聚乙醛	0.15	453	苯酸苄铵酰铵	0.01
425	氯唑灵	0.05	454	精喹禾灵	0.05
426	氟胺氰菊酯	0.15	455	喹禾糠酯	0.05
427	苄嘧磺隆	0.01	456	氯氟醚菌唑	0.01
428	mandestrobin	0.01	457	氟噻唑菌腈	0.01
429	氟啶胺	0.01	458	2-氯-5-氯苯甲酸甲酯	0.01

（续表）

序号	农药中文名称	MRL/（mg/kg）	序号	农药中文名称	MRL/（mg/kg）
459	氯氟吡啶酯	0.01	475	氟咯草酮	0.01
460	氟菌唑	1.5	476	虫酰肼	1.5
461	杀铃脲	0.01	477	克菌丹	0.03
462	异菌脲	0.01	478	氰霜唑	0.3
463	利谷隆	0.01	479	醚菌酯	0.6
464	醚菊酯	0.01	480	双炔酰菌胺	3
465	多效唑	0.01	481	环苯草酮	0.01
466	糠菌唑	0.01	482	腈苯唑	0.01
467	萎锈灵	0.03	483	氟喹唑	0.01
468	苯丁锡	0.01	484	哒螨灵	0.15
469	噻嗪酮	0.01	485	二甲吩草胺	0.01
470	除虫脲	0.01	486	抑霉唑	0.01
471	碘苯腈	0.01	487	醚苯磺隆	0.01
472	唑螨酯	0.3	488	咪鲜胺	0.03
473	吡唑萘菌胺	0.5	489	氯酸盐	0.4
474	苯氧威	0.01			

附表15　欧盟花椰菜农药残留限量标准

序号	农药中文名称	MRL/（mg/kg）	序号	农药中文名称	MRL/（mg/kg）
1	1,1-二氯-2,2-二(4-乙苯)乙烷	0.01	10	灭螨醌	0.01
			11	啶虫脒	0.01
2	1,2-二溴乙烷	0.01	12	乙草胺	0.1
3	1,2-二氯乙烷	0.01	13	活化酯	0.01
4	1,3-二氯丙烯	0.05	14	甲草胺	0.01
5	1-甲基环丙烯	0.01	15	涕灭威	0.02
6	2,4,5-涕	0.05	16	艾氏剂和狄氏剂	0.01
7	2,4-滴丁酸	0.01	17	唑嘧菌胺	0.05
8	阿维菌素	0.01	18	酰嘧磺隆	0.01
9	乙酰甲胺磷	0.01	19	氯氨吡啶酸	0.01

（续表）

序号	农药中文名称	MRL/（mg/kg）	序号	农药中文名称	MRL/（mg/kg）
20	吲唑磺菌胺	0.01	48	乙基溴硫磷	0.05
21	双甲脒	0.05	49	溴螨酯	0.01
22	杀草强	0.01	50	溴苯腈	0.01
23	敌菌灵	0.01	51	乙嘧酚磺酸酯	0.05
24	蒽醌	0.01	52	仲丁灵	0.01
25	杀螨特	0.01	53	丁草特	0.01
26	磺草灵	0.05	54	硫线磷	0.01
27	莠去津	0.05	55	毒杀芬	0.1
28	出芽短梗霉菌株 DSM14940 及 DSM14941	0.01	56	敌菌丹	0.02
			57	甲萘威	0.01
29	印楝素	1	58	多菌灵和苯菌灵	0.1
30	四唑嘧磺隆	0.02	59	克百威	0.01
31	乙基谷硫磷	0.02	60	丁硫克百威	0.01
32	保棉磷	0.05	61	唑草酮	0.01
33	三唑锡和三环锡	0.01	62	氯虫苯甲酰胺	0.02
34	燕麦灵	0.05	63	杀螨醚	0.01
35	氟丁酰草胺	0.05	64	氯草灵	0.05
36	苯霜灵	0.05	65	氯丹	0.01
37	氟草胺	0.02	66	开蓬	0.02
38	丙硫克百威	0.02	67	溴虫腈	0.01
39	苯噻菌胺	0.02	68	杀螨酯	0.01
40	杀藻胺	0.1	69	毒虫畏	0.02
41	甲羧除草醚	0.05	70	乙酯杀螨醇	0.02
42	联苯菊酯	0.05	71	氯化苦	0.01
43	乐杀螨	0.05	72	百菌清	0.01
44	联苯	0.01	73	绿麦隆	0.01
45	联苯吡菌胺	0.01	74	枯草隆	0.05
46	啶酰菌胺	2	75	氯苯胺灵	10
47	溴离子	50	76	氯磺隆	0.05

（续表）

序号	农药中文名称	MRL/（mg/kg）	序号	农药中文名称	MRL/（mg/kg）
77	氯酞酸二甲酯	0.01	106	氯硝胺	0.01
78	草克乐	0.01	107	三氯杀螨醇	0.02
79	乙菌利	0.05	108	二癸基二甲基氯化铵	0.1
80	环虫酰肼	0.01	109	苯醚甲环唑	0.1
81	吲哚酮草酯	0.05	110	精二甲吩草胺	0.01
82	烯草酮	0.5	111	噻节因	0.05
83	炔草酯	0.02	112	烯酰吗啉	0.05
84	四螨嗪	0.02	113	醚菌胺	0.01
85	异噁草酮	0.01	114	烯唑醇	0.01
86	二氯吡啶酸	0.5	115	敌螨普	0.02
87	铜化合物	5	116	地乐酚	0.05
88	氰胺	0.01	117	特乐酚	0.05
89	氰霜唑	0.01	118	敌杀磷	0.05
90	环丙酸酰胺	0.05	119	二苯胺	0.05
91	氟氯氰菊酯	0.04	120	敌草快	0.05
92	氰氟草酯	0.02	121	乙拌磷	0.01
93	氯氰菊酯	0.05	122	二嗪农	0.1
94	环丙唑醇	0.05	123	二硫代氨基甲酸盐类	0.3
95	灭蝇胺	0.05	124	敌草隆	0.1
96	茅草枯	0.05	125	4,6-二硝基邻甲酚	0.05
97	棉隆	0.02	126	多果定	0.2
98	滴滴涕	0.05	127	甲氨基阿维菌素	0.01
99	甜菜安	0.05	128	硫丹	0.05
100	燕麦敌	0.05	129	异狄氏剂	0.01
101	二嗪农	0.01	130	氟环唑	0.05
102	麦草畏	0.05	131	丙草丹	0.01
103	敌草腈	0.01	132	S-氰戊菊酯	0.02
104	敌敌畏	0.01	133	乙丁烯氟灵	0.02
105	禾草灵	0.1	134	胺苯磺隆	0.01

（续表）

序号	农药中文名称	MRL/ （mg/kg）	序号	农药中文名称	MRL/ （mg/kg）
135	乙烯利	0.05	164	丙炔氟草胺	0.02
136	乙硫磷	0.01	165	伏草隆	0.01
137	乙嘧酚	0.05	166	氟化物离子	2
138	灭线磷	0.05	167	乙羧氟草醚	0.1
139	乙氧喹啉	0.05	168	氟啶嘧磺隆	0.02
140	乙氧磺隆	0.01	169	氯氟吡氧乙酸	0.05
141	环氧乙烷	0.1	170	抑嘧醇	0.01
142	噁唑菌酮	0.02	171	氟硅唑	0.01
143	苯线磷	0.02	172	氟酰胺	0.5
144	氯苯嘧啶醇	0.02	173	氟磺胺草醚	0.01
145	喹螨醚	0.01	174	甲酰胺磺隆	0.01
146	皮蝇磷	0.01	175	氯吡脲	0.01
147	杀螟松	0.01	176	伐虫脒	0.01
148	精噁唑禾草灵	0.1	177	安果	0.02
149	甲氰菊酯	0.01	178	乙膦酸	30
150	苯锈啶	0.01	179	噻唑膦	0.02
151	胺苯吡菌酮	0.01	180	呋线威	0.01
152	倍硫磷	0.01	181	糠醛	1
153	三苯基醋锡	0.05	182	赤霉酸	5
154	三苯基氢氧化锡	0.05	183	草铵膦	0.3
155	氰戊菊酯	0.02	184	草甘膦	0.5
156	嘧啶磺隆	0.01	185	双胍辛胺	0.1
157	双氟磺草胺	0.01	186	氯吡嘧磺隆	0.01
158	氟苯虫酰胺	0.01	187	七氯	0.01
159	氟螨脲	0.05	188	六氯苯	0.01
160	氟氰戊菊酯	0.05	189	己唑醇	0.01
161	氟噻草胺	0.15	190	噻螨酮	0.05
162	氟虫脲	0.05	191	噁霉灵	0.05
163	杀螨净	0.02	192	甲基咪草烟	0.01

（续表）

序号	农药中文名称	MRL/（mg/kg）	序号	农药中文名称	MRL/（mg/kg）
193	灭草喹	0.05	221	苯嗪草酮	0.1
194	唑吡嘧磺隆	0.01	222	噻唑隆	0.01
195	吡虫啉	0.5	223	虫螨畏	0.05
196	茚虫威	0.02	224	甲胺磷	0.01
197	甲基碘磺隆	0.02	225	杀扑磷	0.02
198	种菌唑	0.01	226	灭虫威	0.1
199	丙森锌	0.05	227	异丙甲草胺和精异丙甲草胺	0.05
200	稻瘟灵	0.01
201	异丙隆	0.01	228	甲氧普烯	0.02
202	吡唑萘菌胺	0.01	229	甲氧氯	0.01
203	异噁草胺	0.02	230	甲氧虫酰肼	0.02
204	异噁唑草酮	0.02	231	磺草唑胺	0.01
205	乳氟禾草灵	0.01	232	嗪草酮	0.1
206	环草定	0.1	233	甲磺隆	0.01
207	林丹	0.01	234	速灭磷	0.01
208	马拉硫磷	0.02	235	密灭汀	0.05
209	双炔酰菌胺	0.01	236	草达灭	0.01
210	2甲4氯和2甲4氯丁酸	0.05	237	久效磷	0.01
211	灭蚜磷	0.05	238	绿谷隆	0.05
212	2甲4氯丙酸（含精2甲4氯丙酸和2甲4氯丙酸）	0.05	239	灭草隆	0.01
			240	腈菌唑	0.02
213	嘧菌胺	0.01	241	敌草胺	0.1
214	灭锈胺	0.01	242	烟嘧磺隆	0.01
215	消螨多	0.05	243	除草醚	0.01
216	汞化合物	0.01	244	双苯氟脲	0.2
217	甲基二磺隆	0.01	245	嘧苯胺磺隆	0.01
218	氰氟虫腙	0.05	246	氨磺乐灵	0.01
219	甲霜灵和精甲霜灵	0.05	247	丙炔噁草酮	0.01
220	聚乙醛	0.15	248	噁草酮	0.05

（续表）

序号	农药中文名称	MRL/ （mg/kg）	序号	农药中文名称	MRL/ （mg/kg）
249	杀线威	0.01	278	丙溴磷	0.01
250	环氧嘧磺隆	0.05	279	毒草安	0.1
251	氧化萎锈灵	0.01	280	敌稗	0.01
252	砜吸磷	0.01	281	炔螨特	0.01
253	乙氧氟草醚	0.05	282	苯胺灵	0.05
254	百草枯	0.02	283	丙森锌	0.2
255	对硫磷	0.05	284	异丙草胺	0.01
256	甲基对硫磷	0.02	285	残杀威	0.05
257	戊菌隆	0.1	286	戊炔草胺	0.01
258	二甲戊灵	0.05	287	丙氧喹啉	0.02
259	五氟磺草胺	0.01	288	苄草丹	0.05
260	吡噻菌胺	0.05	289	氟磺隆	0.01
261	苄氯菊酯	0.05	290	丙硫菌唑	0.02
262	烯草胺	0.01	291	吡唑醚菌酯	0.02
263	甜菜宁	0.05	292	磺酰草吡唑	0.01
264	苯醚菊酯	0.05	293	定菌磷	0.05
265	甲拌磷	0.05	294	除虫菊素	1
266	伏杀硫磷	0.05	295	啶虫丙醚	0.01
267	亚胺硫磷	0.05	296	哒草特	0.05
268	磷胺	0.01	297	嘧霉胺	0.05
269	膦化物和磷化物	0.01	298	甲氧苯吡菌	0.01
270	辛硫磷	0.01	299	吡丙醚	0.05
271	毒莠定	0.01	300	甲氧磺草胺	0.01
272	氟吡酰草胺	0.01	301	喹硫磷	0.05
273	啶氧菌酯	0.01	302	二氯喹啉酸	0.05
274	唑啉草酯	0.02	303	喹草酸	0.1
275	抗蚜威	0.2	304	灭藻醌	0.01
276	嘧啶磷	0.05	305	喹氧灵	0.02
277	腐霉利	0.01	306	五氯硝基苯	0.02

（续表）

序号	农药中文名称	MRL/（mg/kg）	序号	农药中文名称	MRL/（mg/kg）
307	喹禾灵	0.2	336	噻吩磺隆	0.01
308	苄呋菊酯	0.1	337	禾草丹	0.01
309	玉嘧磺隆	0.01	338	甲基硫菌灵	0.1
310	鱼藤酮	0.01	339	福美双	0.1
311	苯嘧磺草胺	0.03	340	甲基立枯磷	0.2
312	硅噻菌胺	0.01	341	苯吡唑草酮	0.01
313	西玛津	0.01	342	野麦畏	0.1
314	乙基多杀菌素	0.05	343	三唑磷	0.01
315	多杀霉素	0.02	344	苯磺隆	0.01
316	螺螨酯	0.02	345	敌百虫	0.1
317	螺甲螨酯	0.02	346	十三吗啉	0.05
318	螺虫乙酯	0.8	347	肟菌酯	0.02
319	螺环菌胺	0.05	348	氟乐灵	0.1
320	磺酰磺隆	0.01	349	嗪胺灵	0.01
321	硫酰氟	0.01	350	三甲基锍阳离子，草甘膦代谢物	0.05
322	硫磺	50			
323	灭草松	0.2	351	抗倒酯	0.01
324	甲氧咪草烟	0.05	352	灭菌唑	0.01
325	氟胺氰菊酯	0.01	353	三氟甲磺隆	0.01
326	戊唑醇	0.02	354	缬菌胺	0.01
327	四氯硝基苯	0.05	355	乙烯菌核利	0.05
328	七氟菊酯	0.01	356	杀鼠灵	0.01
329	环磺酮	0.02	357	福美锌	0.1
330	特普	0.01	358	苯酰菌胺	0.02
331	特丁硫磷	0.01	359	霜霉威	0.3
332	特丁津	0.1	360	1-萘乙酰胺	0.06
333	氟醚唑	0.02	361	1-萘乙酸	0.06
334	三氯杀螨砜	0.01	362	氯草敏	0.1
335	噻虫啉	0.02	363	麦穗宁	0.01

序号	农药中文名称	MRL/（mg/kg）	序号	农药中文名称	MRL/（mg/kg）
364	甲哌鎓	0.02	392	甲基磺草酮	0.01
365	肟草酮	0.01	393	丙环唑	0.01
366	乙氧呋草黄	0.03	394	氟唑菌酰胺	0.1
367	乙螨唑	0.01	395	噻虫胺	0.03
368	呋草酮	0.01	396	噻虫嗪	0.07
369	氟嘧菌酯	0.1	397	氟吡菌胺	0.03
370	霜脲氰	0.01	398	3-癸烯-2-酮	0.1
371	苯草醚	0.02	399	氰虫酰胺	0.05
372	磺草酮	0.01	400	二氟乙酸	0.09
373	溴氰菊酯	0.3	401	氟吡呋喃酮	0.01
374	氟啶虫酰胺	0.09	402	异丙噻菌胺	0.01
375	咯菌腈	5	403	灭多威	0.01
376	叶菌唑	0.04	404	磷化氢	0.01
377	丁苯吗啉	0.01	405	5-硝基愈创木酚钠	0.03
378	长杀草	0.01	406	氟啶虫胺腈	0.03
379	氟胺磺隆（酸）	0.01	407	硫双威	0.01
380	嘧菌酯	7	408	三唑酮	0.01
381	乙霉威	0.01	409	三唑醇	0.01
382	精吡氟禾草灵	0.15	410	矮壮素	0.01
383	吡氟氯禾灵	0.01	411	吡螨胺	0.01
384	调环酸（调环酸和调环酸盐）	0.01	412	联苯三唑醇	0.01
			413	六六六	0.01
385	噁草酸	0.1	414	三环唑	0.01
386	吡氟草胺	0.01	415	苯并烯氟菌唑	0.02
387	联苯肼酯	0.02	416	氟噻唑吡乙酮	0.01
388	丁酰肼	0.06	417	乐果	0.01
389	对甲抑菌灵	0.02	418	氧乐果	0.01
390	嘧菌环胺	0.02	419	氟丙菊酯	0.02
391	粉唑醇	0.01	420	甲霜灵	0.02

（续表）

序号	农药中文名称	MRL/ （mg/kg）	序号	农药中文名称	MRL/ （mg/kg）
421	噻菌灵	0.04	450	氟噻唑菌腈	0.01
422	2,4-滴丙酸	0.02	451	2-氯-5-氯苯甲酸甲酯	0.01
423	氯唑灵	0.05	452	氯氟吡啶酯	0.01
424	苄嘧磺隆	0.01	453	噁霜灵	0.01
425	mandestrobin	0.01	454	氟菌唑	0.02
426	氟啶胺	0.02	455	杀铃脲	0.01
427	2-苯基苯酚	0.01	456	异菌脲	0.01
428	二甲草胺	0.01	457	利谷隆	0.01
429	虱螨脲	0.01	458	醚菊酯	0.01
430	抑芽丹	60	459	多效唑	0.01
431	苯菌酮	0.01	460	糠菌唑	0.01
432	伏虫隆	0.05	461	萎锈灵	0.03
433	咪唑菌酮	0.02	462	苯丁锡	0.01
434	灭菌丹	0.06	463	噻嗪酮	0.01
435	吡唑草胺	0.02	464	除虫脲	0.01
436	三乙膦酸铝	40	465	碘苯腈	0.01
437	环酰菌胺	0.01	466	吡喃草酮	0.1
438	毒死蜱	0.01	467	唑螨酯	0.05
439	甲基毒死蜱	0.01	468	苯氧威	0.01
440	绿草定	0.01	469	氟咯草酮	0.01
441	高效氯氟氰菊酯	0.01	470	虫酰肼	0.01
442	fenpicoxamid	0.01	471	戊菌唑	0.01
443	环溴虫酰胺	0.01	472	克菌丹	0.03
444	溴敌隆	0.01	473	醚菌酯	0.01
445	双草醚	0.01	474	环苯草酮	0.01
446	苯酸苄铵酰铵	0.01	475	环氟菌胺	0.01
447	精喹禾灵	0.1	476	腈苯唑	0.01
448	喹禾糠酯	0.1	477	氟喹唑	0.01
449	氯氟醚菌唑	0.01	478	2,4-滴	0.2

（续表）

序号	农药中文名称	MRL/ （mg/kg）	序号	农药中文名称	MRL/ （mg/kg）
479	吡草醚	0.02	484	氟虫腈	0.005
480	哒螨灵	0.01	485	醚苯磺隆	0.01
481	氟吡菌酰胺	0.15	486	咪鲜胺	0.03
482	二甲吩草胺	0.01	487	氯酸盐	0.05
483	抑霉唑	0.01			

附录 3 欧盟撤销登记的农药清单

欧盟撤销登记的农药清单见附表 16。

附表 16 欧盟撤销登记的农药清单

序号	农药名称	相关法规	序号	农药名称	相关法规
1	(4z-9z)-7,9-十二烷二烯-1-醇	（EC）No 2004/129	9	(E,Z)-9-十二烯基乙酸酯；(E,Z)-9-十二烯-1-醇；(Z)-11-十四烯-1-基乙酸酯	（EC）No 2007/442
2	(E)-10-十二烯乙酸	（EC）No 2004/129			
3	(E)-2-甲基-6-亚甲基-2,7-辛二烯-1-醇（月桂烯）	（EC）No 2007/442	10	(IR)-1,3,3-三甲基-4,6-二氧杂三环[3,3,1,02,7]壬烷	（EC）No 2007/442
4	(E)-2-甲基-6-亚甲基-3,7-辛二烯-2-醇（异月桂烯）	（EC）No 2007/647	11	(Z)-13-十六烯-11-炔-1-基乙酸酯	（EU）No 2016/638 （EU）No 2008/127 （EU）No 2015/418 （EU）No 2011/540
5	(E)-9-十二烯乙酸	（EC）No 2007/442			
6	(E,E)-8,10-十二烷二烯-1-基乙酸酯	（EC）No 2007/442			
7	(E,Z)-4,7-十三烷二烯-1-基乙酸酯	（EC）No 2004/129	12	(Z)-3-甲基-6-异丙基-3,4-癸二烯-1-基乙酸酯	（EC）No 2004/129
8	(E,Z)-8,10-十四烷二烯基	（EC）No 2007/442	13	(Z)-3-甲基-6-异丙基-9-癸烯-1-基乙酸酯	（EC）No 2004/129

（续表）

序号	农药名称	相关法规	序号	农药名称	相关法规
14	(Z)-5-十二烯-1-基乙酸酯	（EC）No 2004/129	31	2,4,5-涕	（EC）No 2002/2076
15	(Z)-7-十四碳烯醇	（EC）No 2004/129	32	2,6,6-三甲基二环[3.1.1]庚-2-烯-4-醇	（EC）No 2007/442
16	(Z)-9-二十三碳烯	（EC）No 2004/129	33	2,6,6-三甲基二环[3.1.1]庚-2-烯（α-蒎烯）	（EC）No 2007/442
17	(Z,E)-3,7,11-三甲基-2,6,10-十二烷三烯-1-醇	（EC）No 2007/647	34	2-(二硫代氰甲基硫代)苯并噻唑	（EC）No 2002/2076
18	(Z,Z)-辛二烯基乙酸酯	（EC）No 2004/129	35	2-氨基丁烷	（EC）No 2002/2076
19	(Z,Z,Z,Z)-7,13,16,19-二十二烷四烯酸-1-醇基异丁酸酯	（EU）No 2016/636 （EU）No 2008/127 （EU）No 2015/308 （EU）No 2011/540	36	2-苄基-4-氯苯酚	（EC）No 2002/2076
			37	2-乙基-1,6-二氧杂螺(4,4)壬烷	（EC）No 2007/442
20	1,1-二氯-2,2-二(4-乙苯)乙烷	—	38	2-羟乙基丁基硫醚	（EC）No 2007/442
21	1,2-二溴乙丙	79/117/EEC	39	2-硫基苯并噻唑	（EC）No 2007/442
22	1,2-二氯乙烷	79/117/EEC	40	2-甲氧基-5-硝基苯酚钠	（EC）No 2007/442
23	1,2-二氯丙烷	（EC）No 2002/2076	41	2-甲氧基丙醇	（EC）No 2007/442
24	1,3,5-三(2-羟乙基)-己-氢化-s-三嗪	（EC）No 2007/442	42	2-甲氧基丙-2-醇	（EC）No 2007/442
25	1,3-二氯丙烯(顺式)	（EC）No 2002/2076	43	2-甲基-3-丁烯-2-醇	（EC）No 2007/442
26	1,3-二苯基脲	（EC）No 2002/2076	44	2-甲基-6-亚甲基-2,7-辛二烯-4-醇(齿小蠹二烯醇)	（EC）No 2007/442
27	1,7-二氧杂螺[5,5]十一烷	（EC）No 2007/647	45	2-甲基-6-亚甲基-7-辛烯-4-醇(小蠹烯醇)	（EC）No 2007/442
28	1-甲氧基-4-丙烯基苯（茴香苯）	（EC）No 2007/442	46	2-萘氧基乙酰胺	（EC）No 2007/442
29	1-甲基-4-异亚丙基环己-1-烯（异松油烯/萜品油烯）	（EC）No 2007/442	47	2-萘氧基乙酸	（EU）No 2011/1127 （EC）No 2009/65
			48	2-丙醇	（EC）No 2004/129
30	2,3,6-三氯苯甲酸, 草芽平	（EC）No 2002/2076	49	3(3-苄基琥珀酰亚胺碳酸酯-1-甲基)-2-苯并噻唑酮(苯并噻唑酮)	（EC）No 2007/442

序号	农药名称	相关法规	序号	农药名称	相关法规
50	3,7,11-三甲基-1,6,10-十二烷三烯-3-醇（橙花叔醇）	（EC）No 2007/647	72	棉铃威	02/311
			73	涕灭威	（EC）No 2003/199
51	3,7,7-三甲基二环[4.1.0]庚-3-烯	（EC）No 2007/442	74	4-十二烷基-2,6-二甲基吗啉	（EC）No 2002/2076
52	3,7-二甲基-2,6-辛二烯醛	（EC）No 2004/129	75	艾氏剂	（EC）No 2004/850
53	3-甲基-3-丁烯-1-醇	（EC）No 2007/442	76	烷基（烃基）汞化合物	79/117/EEC
54	4,6,6-三甲基-二环[3.1.1]庚-3-烯醇（顺式马鞭烯醇）	（EC）No 2007/442	77	烷基-二甲基-苄氯化铵	（EC）No 2004/129
			78	氯化烷基二甲基乙基苄基铵	（EC）No 2004/129
55	4-氯-3-甲基苯酚	（EC）No 2004/129	79	烷氧基和芳基汞化合物	79/117/EEC
56	4-氯苯氧乙酸	（EC）No 2002/2076	80	烷基三甲基氯化铵	（EC）No 2002/2076
57	4-叔戊基苯酚	（EC）No 2002/2076	81	烷基三甲基苄基氯化铵	（EC）No 2002/2076
58	5-氯-3-甲基-4-硝基吡唑	—	82	丙烯菊酯	（EC）No 2002/2076
59	7,8-环氧-2-甲基-十八烷	（EC）No 2004/129	83	禾草灭	（EC）No 2002/2076
60	7-甲基-3-亚甲基-7-辛烯-1-基丙酸酯	（EC）No 2004/129	84	烯丙醇	（EC）No 2002/2076
			85	莠灭净	（EC）No 2002/2076
61	8-甲基-2-癸醇丙酸酯	—	86	氨唑草酮	—
62	乙酰甲胺磷	（EC）No 2003/219	87	氨基酸:γ 氨基丁酸	（EC）No 2007/442
63	乙草胺	（EU）No 2011/1372 （EU）No 2008/934	88	氨基酸:*L*-谷氨酸	（EC）No 2007/647
			89	氨基酸:左旋色氨酸	（EC）No 2007/647
64	薯	（EU）2017/2057	90	混合氨基酸	（EC）No 2004/129
65	三氟羧草醚	（EC）No 2002/2076	91	双甲脒	（EC）No 2004/141
66	吖啶碱	（EC）No 2004/129	92	杀草强	（EU）No 2016/871 （EU）No 2010/77 （EU）No 2015/1885 （EU）No 2011/540
67	氯化钠电解生成的活性氯	—			
68	双丙环虫酯	—	93	乙酸铵	（EC）No 2008/127 （EU）No 2011/540
69	放射形土壤杆菌 K84 菌株	（EC）No 2007/442			
70	黄地老虎颗粒体病毒	（EC）No 2004/129	94	鱼石脂	（EC）No 2007/647
			95	碳酸铵	（EC）No 2007/442
71	甲草胺	06/966	96	氢氧化铵	（EC）No 2004/129

（续表）

序号	农药名称	相关法规	序号	农药名称	相关法规
97	氨基磺酸铵	（EC）No 2006/797	125	杆状病毒 GV	（EC）No 2007/442
98	硫酸铵	（EC）No 2004/129	126	燕麦灵	（EC）No 2002/2076
99	氨丙膦酸	（EC）No 2002/2076	127	氟硅酸钡	（EC）No 2002/2076
100	嘧啶醇	（EC）No 2002/2076	128	硝酸钡	（EC）No 2004/129
101	敌菌灵	（EC）No 2002/2076	129	多硫化钡	（EC）No 2002/2076
102	杀稗磷	—	130	球孢白僵菌菌株 BB1	—
103	蒽油	（EC）No 2002/2076	131	布氏白僵菌	（EC）No 2008/768
104	蒽醌	（EC）No 2008/986	132	草除灵	（EC）No 2002/2076
105	杀螨特	—	133	噁虫威	（EC）No 2002/2076
106	牛蒡	（EU）No 2015/2082	134	丙硫克百威	（EC）No 2007/615
107	中亚苦蒿	（EU）No 2015/2046	135	呋草黄	（EC）No 2002/2076
108	北艾	（EU）No 2015/1191	136	麦锈灵	（EC）No 2002/2076
109	粉虱座壳孢	（EC）No 2004/129	137	苯菌灵	（EC）No 2002/928
110	砷制剂	—	138	地散磷	（EC）No 2002/2076
111	黄曲霉菌株 MUCL 54911	—	139	杀虫磺	（EC）No 2002/2076
112	沥青	（EC）No 2007/442	140	1-（1,3-苯并噻唑-2-基）-3-异丙基脲	（EC）No 2002/2076
113	莠去津	（EC）No 2004/248	141	杀藻胺	（EC）No 2002/2076
114	四烯雌酮	—	142	苯并双环酮	—
115	阿扎康唑	（EC）No 2002/2076	143	苯螨特	（EC）No 2002/2076
116	唑啶草酮	02/949	144	新燕灵	（EC）No 2002/2076
117	甲基吡啶磷	（EC）No 2002/2076	145	噻草隆	（EC）No 2002/2076
118	乙基谷硫磷	95/276	146	高效氟氯氰菊酯	（EU）No 2020/892 （EU）No 2016/950 （EU）No 2017/1511 （EU）No 2018/1262 （EU）No 2019/1589 （EU）No 2011/540 （EU）No 2012/823
119	保棉磷	（EC）No 2005/1335			
120	叠氮津	（EC）No 2002/2076			
121	环己锡	（EC）No 2008/296			
122	球形芽孢杆菌	（EC）No 2007/442			
123	枯草芽孢杆菌 IBE 711	（EC）No 2007/442	147	高效氯氰菊酯	（EU）No 2017/1526 （EU）No 2011/266
124	苏云金芽胞杆菌拟步行甲亚种	（EC）No 2008/113 （EU）No 2011/540	148	氟吡草酮	—

（续表）

序号	农药名称	相关法规	序号	农药名称	相关法规
149	联苯菊酯	（EU）No 2009/887 （EU）No 2017/195 （EU）No 2018/291 （EU）No 2019/324 （EU）No 2012/582	172	抑草磷	—
			173	丁酮威	（EC）No 2002/2076
			174	丁酮砜威	（EC）No 2002/2076
			175	仲丁灵	（EC）No 2008/819
150	乐杀螨	79/117/EEC	176	丁草特	（EC）No 2002/2076
151	生物烯丙菊酯	（EC）No 2002/2076	177	硫线磷	（EC）No 2007/428
152	有机矿物肥料	（EC）No 2007/442	178	唑草胺	—
153	生物苄呋菊酯	（EC）No 2002/2076	179	钙化醇	（EC）No 2004/129
154	联苯	（EC）No 2004/129	180	碳酸钙	（EC）No 2002/2076
155	双(三丁基锡)氧化物	（EC）No 2002/2076	181	氯化钙	（EC）No 2007/442
156	联苯三唑醇	（EU）No 2013/767 （EU）No 2008/934 （EU）No 2011/1278	182	氧化钙	（EC）No 2002/2076
			183	磷酸钙	（EC）No 2004/129
			184	毒杀芬	79/117/EEC
			185	敌菌丹	79/117/EEC
157	沥青	（EC）No 2002/2076	186	甲萘威	（EC）No 2007/355
158	灭瘟素	—	187	多菌灵	（EU）No 2006/135 （EU）No 2010/70 （EU）No 2011/58 （EU）No 2011/540 （EU）No 2011/542
159	骨油	（EC）No 2008/943			
160	硼酸	（EC）No 2004/129			
161	羟基壬基-2,6-二硝基苯	（EC）No 2002/2076			
162	溴鼠灵	（EC）No 2007/442	188	克百威	（EC）No 2007/416
163	除草定	（EC）No 2002/2076	189	二硫化碳	（EC）No 2002/2076
164	溴鼠胺	（EC）No 2004/129	190	一氧化碳	（EC）No 2008/967
165	溴烯杀	（EC）No 2002/2076	191	三硫磷	（EC）No 2002/2076
166	溴酚肟	（EC）No 2002/2076	192	丁硫克百威	（EC）No 2007/415
167	溴硫磷	（EC）No 2002/2076	193	环丙酰菌胺	—
168	乙基溴硫磷	（EC）No 2002/2076	194	杀螟丹	（EC）No 2002/2076
169	溴螨酯	（EC）No 2002/2076	195	酪蛋白	（EC）No 2007/442
170	溴硝醇	（EC）No 2002/2076	196	西曲溴铵	（EC）No 2002/2076
171	丁草胺	（EC）No 2002/2076	197	盐酸盐	（EC）No 2008/317

（续表）

序号	农药名称	相关法规	序号	农药名称	相关法规
198	灭螨猛	（EC）No 2002/2076	227	叶绿酸	（EC）No 2004/129
199	灭瘟唑	—	228	丙酯杀螨醇	（EC）No 2002/2076
200	甲氧除草醚	（EC）No 2002/2076	229	百菌清	（EU）No 2019/677 （EU）No 2017/1511 （EU）No 2018/1262 （EU）No 2013/533 （EU）No 2011/540
201	双缩三氯乙醛	（EC）No 2002/2076			
202	半缩三氯乙醛	（EC）No 2002/2076			
203	氯醛糖	（EC）No 2007/442			
204	草灭平	（EC）No 2002/2076	230	枯草隆	（EC）No 2002/2076
205	氯酸盐（包括镁、钠钾氯酸盐）	（EC）No 2008/865	231	三丁氯苄膦	（EC）No 2002/2076
206	杀螨醚	—	232	氯苯胺灵	（EU）No 2019/989 （EU）No 2017/841 （EU）No 2018/917 （EU）No 2011/540
207	氯溴隆	（EC）No 2002/2076			
208	氯草灵	（EC）No 2002/2076	233	毒死蜱	（EU）No 2020/18 （EU）No 2018/1796 （EU）No 2018/84 （EU）No 2011/540 （EU）No 2013/762
209	氯丹	（EC）No 2004/850			
210	开蓬	（EC）No 2004/850			
211	玉雄杀	（EC）No 2002/2076			
212	氯氧磷	—	234	甲基毒死蜱	（EU）No 2020/17 （EU）No 2018/1796 （EU）No 2018/84 （EU）No 2011/540 （EU）No 2013/762
213	溴虫腈	（EC）No 2001/697			
214	燕麦酯	（EC）No 2002/2076			
215	杀螨酯	（EC）No 2002/2076			
216	毒虫畏	（EC）No 2002/2076	235	氯磺隆	（EU）No 2009/77 （EU）No 2011/540
217	氟啶脲	（EC）No 2002/2076			
218	整形醇	（EC）No 2004/129	236	氯酞酸二甲酯	（EC）No 2009/715
219	氯化水合聚亚胺双胍	（EC）No 2004/129	237	草克乐	（EC）No 2002/2076
220	氯草敏	（EU）No 2008/41 （EU）No 2011/540	238	虫螨磷	（EC）No 2002/2076
221	氯嘧磺隆	—	239	乙菌利	（EC）No 2000/626
222	二氧化氯	—	240	胆钙化醇	（EC）No 2004/129
223	氯甲硫磷	（EC）No 2002/2076	241	氯化胆碱	（EC）No 2004/129
224	乙酯杀螨醇	（EC）No 2002/2076	242	铁杉下色杆菌 PRAA4-1T	—
225	地茂散	—	243	环酰草酯	（EU）No 2011/1134 （EU）No 2011/540
226	氯敌鼠	（EC）No 2007/442			

（续表）

序号	农药名称	相关法规	序号	农药名称	相关法规
244	醚磺隆	（EC）No 2004/129	268	环溴虫酰胺	（EU）No 2017/357
245	玉米素	（EC）No 2007/442	269	环草敌	（EC）No 2002/2076
246	天然柑橘提取物	（EC）No 2007/647	270	环莠隆	（EC）No 2002/2076
247	天然柑橘提取物/葡萄提取物	（EC）No 2007/442	271	腈吡螨酯	——
248	天然柑橘提取物/葡萄籽提取物	（EC）No 2007/442	272	氟氯氰菊酯	（EU）No 2014/460 （EU）No 2011/540 （EU）No 2012/823
249	苯哒嗪酸	（EC）No 2004/129	273	氯氟氰菊酯	94/643
250	氯甲酰草胺	—	274	三环锡	（EC）No 2008/296
251	噻虫胺	（EU）No 2010/21 （EU）No 2013/1136 （EU）No 2018/784 （EU）No 2013/485 （EU）No 2011/540 （EU）No 2018/84	275	酯菌胺	（EC）No 2002/2076
			276	环丙氨嗪	（EU）No 2009/77 （EU）No 2011/540
			277	二甲氨基二硫代甲酸锌	（EC）No 2002/2076
252	松针粉	（EC）No 2007/442	278	茅草枯	（EC）No 2002/2076
253	铜络合物：8-羟基喹啉与水杨酸	（EC）No 2007/442	279	滴滴涕	（EC）No 2004/850
254	玉米浆	（EC）No 2004/129	280	苏云金杆菌杀虫剂	（EC）No 2002/2076
255	氯杀鼠灵	（EC）No 2004/129	281	甲基内吸磷	（EC）No 2002/2076
256	克鼠灵	（EC）No 2004/129	282	磺吸磷	（EC）No 2002/2076
257	蝇毒磷	—	283	甜菜安	（EU）No 2019/1100 （EU）No 2017/841 （EU）No 2018/917 （EU）No 2019/707 （EU）No 2011/540
258	杀鼠醚	（EC）No 2004/129			
259	甲苯基酸	（EC）No 2005/303			
260	鼠立死	（EC）No 2004/129			
261	冰晶石	—	284	敌草净	（EC）No 2002/2076
262	硫杂灵杀菌剂	（EC）No 2002/2076	285	燕麦敌	（EC）No 2002/2076
263	对枯基苯酚	（EC）No 2007/442	286	丁醚脲	（EC）No 2002/2076
264	氰胺	（EC）No 2008/745	287	氯亚胺硫磷	（EC）No 2002/2076
265	草净津	（EC）No 2002/2076	288	二嗪农	（EC）No 2007/393
266	氰化物（钙、氢、钠）	（EC）No 2004/129	289	敌草腈	（EU）No 2011/234
267	环丙酸酰胺	（EU）No 2011/1022 （EU）No 2011/540	290	除线磷	（EC）No 2002/2076

（续表）

序号	农药名称	相关法规	序号	农药名称	相关法规
291	抑菌灵	（EC）No 2002/2076	318	乐果	（EU）No 2019/1090 （EU）No 2018/917 （EU）No 2019/707 （EU）No 2011/540
292	二氯萘醌	（EC）No 2002/2076			
293	双氯酚	（EC）No 2005/303			
294	2,4-滴丙酸	（EC）No 2002/2076	319	甲基毒虫畏	—
295	敌敌畏	（EC）No 2007/387	320	草灭散	（EC）No 2002/2076
296	苄氯三唑醇	（EC）No 2002/2076	321	烯唑醇	（EC）No 2008/743
297	氯硝胺	（EU）No 2011/329	322	敌乐胺	（EC）No 2002/2076
298	三氯杀螨醇	（EC）No 2008/764	323	消螨通	（EC）No 2002/2076
299	三氯杀螨醇（含有滴滴涕）	79/117/EEC	324	敌螨普	—
300	百治磷	（EC）No 2002/2076	325	地乐酚	79/117/EEC
301	二环戊二烯	（EC）No 2002/2076	326	呋虫胺	—
			327	特乐酚	98/269
302	双十烷基二甲基氯化铵	（EU）No 2013/175 （EU）No 2009/70 （EU）No 2011/540	328	双辛烷基二甲基氯化铵	（EC）No 2004/129
			329	二氧威	（EC）No 2002/2076
303	狄氏剂	（EC）No 2004/850	330	敌杀磷	（EC）No 2002/2076
304	除螨灵	（EC）No 2002/2076	331	敌鼠	（EC）No 2004/129
305	乙酰甲草胺	（EC）No 2002/2076	332	草乃敌	（EC）No 2002/2076
306	鼠得克	（EU）No 2009/70 （EU）No 2011/540	333	二苯胺	（EU）No 2012/578 （EU）No 2009/859
307	枯莠隆	（EC）No 2002/2076	334	敌草快	（EU）No 2018/1532 （EU）No 2010/77 （EU）No 2015/1885 （EU）No 2016/549 （EU）No 2017/841 （EU）No 2018/917 （EU）No 2011/540
308	野燕枯	（EC）No 2002/2076			
309	噻鼠灵	（EC）No 2004/129			
310	氟吡草腙	—			
311	调呋酸	（EC）No 2002/2076			
312	甲氟磷	（EC）No 2002/2076	335	四水八硼酸二钠	（EC）No 2002/2076
313	噁唑隆	（EC）No 2002/2076	336	乙拌磷	（EC）No 2002/2076
314	哌草丹	（EC）No 2002/2076	337	灭菌磷	（EC）No 2002/2076
315	二甲吩草胺	（EC）No 2006/1009	338	氟硫草定	—
316	噻节因	（EC）No 2007/553	339	二硝甲酚	99/164
317	二甲嘧酚	（EC）No 2002/2076	340	敌菌酮	（EC）No 2002/2076

（续表）

序号	农药名称	相关法规	序号	农药名称	相关法规
341	克瘟散	—	366	乙氧磺隆	（EU）No 2014/186 （EU）No 2011/540 （EU）No 2012/823
342	乙二胺四乙酸	（EC）No 2007/442
343	硫丹	05/864	367	吲熟酯	—
344	茵多酸	（EC）No 2002/2076	368	2,4-癸二烯酸乙酯	（EC）No 2007/647
345	异艾氏剂	（EC）No 2004/850	369	甲酸乙酯	—
346	苯硫磷	—	370	环氧乙烷	79/117/EEC
347	氟环唑	（EU）No 2008/107 （EU）No 2019/168 （EU）No 2011/540	371	己酸乙酯	（EC）No 2004/129
			372	乙嘧硫磷	（EC）No 2002/2076
348	丙草丹	（EC）No 2002/2076	373	薄荷提取物	（EC）No 2007/442
349	戊草丹	—	374	植物红栎、仙人掌、香漆树、红树提取物	（EC）No 2007/442
350	乙烯硅	（EC）No 2002/2076
351	乙环唑	—	375	异丁酸	（EC）No 2007/442
352	噻唑菌胺	—	376	异戊酸	（EC）No 2007/442
353	乙丁烯氟灵	（EC）No 2008/934	377	戊酸	（EC）No 2007/442
354	ethandinitril	—	378	辛酸钾	（EC）No 2007/442
355	乙二醛	（EC）No 2007/442	379	妥尔油酸钾	（EC）No 2007/442
356	乙硫醇	（EC）No 2004/129	380	脂肪醇	（EC）No 2008/941
357	乙醇	—	381	咪唑菌酮	（EU）No 2018/1043 （EU）No 2016/950 （EU）No 2017/841 （EU）No 2018/917 （EU）No 2011/540 （EU）No 2012/823
358	磺噻隆	（EC）No 2002/2076
359	杀虫丹	（EC）No 2002/2076
360	乙硫磷	（EC）No 2002/2076
361	扑虱灵	—
362	乙嘧酚	（EC）No 2002/2076	382	地可松	（EC）No 2002/2076
363	益硫磷	（EC）No 2002/2076	383	氯苯嘧啶醇	（EC）No 2006/134
			384	抗螨唑	（EC）No 2002/2076
364	灭线磷	（EU）No 2019/344 （EU）No 2018/917 （EU）No 2013/1178 （EU）No 2011/540	385	苯丁锡	（EU）No 486/2014 （EU）No 2011/30 （EU）No 2008/934 （EU）No 2011/540
365	促长啉	（EU）No 2011/143 （EU）No 2008/941	386	皮蝇磷	—

序号	农药名称	相关法规	序号	农药名称	相关法规
387	甲呋酰胺	（EC）No 2002/2076	413	异丙吡草酯	（EC）No 2002/748
388	杀螟松	（EC）No 2007/379	414	氟螨噻	（EC）No 2002/2076
389	仲丁威	—	415	氟酮磺隆	—
390	涕丙酸	（EC）No 2002/2076	416	氟螨脲	（EC）No 2002/2076
391	苯硫威	（EC）No 2002/2076	417	氟氰戊菊酯	（EC）No 2002/2076
392	噁唑禾草灵	（EC）No 2002/2076	418	氟虫脲	（EU）No 2008/934 （EU）No 2011/942
393	拌种咯	（EC）No 2002/2076	419	杀螨净	（EC）No 2007/442
394	甲氰菊酯	（EC）No 2002/2076	420	氟甲喹	（EC）No 2002/2076
395	丁苯吗啉	（EC）No 2008/107 （EU）No 2011/540	421	唑嘧磺草胺	（EC）No 2007/442
396	哒嗪酮酸	（EC）No 2002/2076	422	氟烯草酸	—
397	除螨酯	（EC）No 2002/2076	423	氟乙酰胺	（EC）No 2004/129
398	丰索磷	（EC）No 2006/141	424	三氟硝草醚	（EC）No 2002/2076
399	倍硫磷	04/140	425	乙羧氟草醚	（EC）No 2002/2076
400	fenthiosulf	（EC）No 2002/2076	426	氟胺草唑	（EC）No 2002/2076
401	三苯基乙酸锡	（EC）No 2002/478	427	氟啶嘧磺隆	（EU）No 2017/1496 （EU）No 2010/77 （EU）No 2015/1885 （EU）No 2016/549 （EU）No 2017/841 （EU）No 2011/540
402	三苯基氢氧化锡	（EC）No 2002/479			
403	四唑酰草胺	—			
404	非草隆	（EC）No 2002/2076			
405	氰戊菊酯	98/270			
406	福美铁	95/276	428	抑草丁	（EC）No 2004/129
407	氟虫腈	（EU）No 2010/21 （EU）No 2016/2035 （EU）No 2011/540 （EU）No 2013/781	429	氟啶草酮	（EC）No 2002/2076
			430	呋嘧醇	（EC）No 2011/328/ EU
408	麦燕灵	（EC）No 2002/2076	431	呋草酮	（EU）No 2018/1917 （EU）No 2011/540 （EU）No 2016/950 （EU）No 2017/1511 （EU）No 2018/1262 （EU）No 2012/823
409	麦草伏-M	（EC）No 2004/129			
410	氟鼠灵	（EC）No 2004/129			
411	嘧螨酯	—			
412	吡氟禾草灵	（EC）No 2002/2076	432	氟硅唑	（EU）No 2011/540
			433	磺菌胺	—

（续表）

序号	农药名称	相关法规	序号	农药名称	相关法规
434	叶酸	（EC）No 2007/442	462	六六六	（EC）No 2004/850
435	氟磺胺草醚	（EC）No 2002/2076	463	六氯酚	（EC）No 2002/2076
436	地虫磷	（EC）No 2002/2076	464	己唑醇	（EC）No 2006/797
437	甲醛	（EC）No 2007/442	465	氟铃脲	（EC）No 2004/129
438	甲酸	（EC）No 2007/442	466	六次甲基四胺	（EC）No 2007/442
439	安果	（EC）No 2002/2076	467	环嗪酮	（EC）No 2002/2076
440	杀木膦	（EC）No 2002/2076	468	氟蚁腙	（EC）No 2002/2076
441	丁硫环磷	（EC）No 2002/2076	469	2甲4氯苯氧基乙酸	（EC）No 2002/2076
442	麦穗宁	（EU）No 2011/540 （EU）No 2008/108	470	羟基苯-水杨酰胺	（EC）No 2002/2076
443	呋霜灵	（EC）No 2002/2076	471	茚草酮	—
444	呋线威	（EC）No 2002/2076	472	咪草酸	（EC）No 2005/303
445	呋菌唑	（EC）No 2002/2076	473	甲基咪草烟	
446	糠醛	（EC）No 2002/2076	474	灭草烟	（EC）No 2002/2076
447	拌种胺	（EC）No 2002/2076	475	灭草烟	（EU）No 2011/540 （EU）No 2008/69 （EU）No 2011/1100
448	蒜泥	（EC）No 2007/442			
449	吉利丁	（EC）No 2007/442	476	甲基咪草酯	（EC）No 2002/2076
450	龙胆紫	（EC）No 2002/2076	477	普施特	（EC）No 2004/129
451	草铵膦	（EU）No 2015/404 （EU）No 2013/365 （EU）No 2011/540	478	唑吡嘧磺隆	（EU）No 2011/540 （EU）No 2012/1197
452	戊二醛	（EC）No 2007/442	479	亚胺唑	—
453	葡萄藤单宁	（EU）No 2020/29	480	氰咪唑硫磷	—
454	润滑脂	—	481	双胍辛胺	（EC）No 2002/2076
455	双胍盐	（EU）No 2008/934 （EU）No 2010/455	482	茚嗪氟草胺	—
			483	吲哚乙酸	（EC）No 2008/941
456	苄螨醚	（EC）No 2002/2076	484	碘硫磷	（EC）No 2002/2076
457	吡氟氯禾灵	（EC）No 2002/2076	485	碘苯腈	（EU）No 2011/540
458	高沸点焦油酸	（EC）No 2007/442	486	异稻瘟净	—
459	七氯	（EC）No 2004/850	487	异菌脲	（EU）No 2017/2091 （EU）No 2016/950 （EU）No 2017/1511 （EU）No 2011/540 （EU）No 2012/823
460	庚烯磷	（EC）No 2002/2076			
461	六氯苯	（EC）No 2004/850			

（续表）

序号	农药名称	相关法规	序号	农药名称	相关法规
488	焦磷酸铁	（EC）No 2007/442	515	雷皮菌素	—
489	氯唑磷	（EC）No 2002/2076	516	石灰磷酸盐	（EC）No 2004/129
490	草特灵	（EC）No 2002/2076	517	林丹	00/801
491	水胺硫磷	—	518	利谷隆	（EU）No 2017/244 （EU）No 2016/950 （EU）No 2011/540 （EU）No 2012/823
492	异柳磷	（EC）No 2002/2076
493	甲基异柳磷	—
494	移栽灵	（EC）No 2002/2076	519	虱螨脲	（EU）No 2009/77 （EU）No 2011/540
495	异丙威	—
496	异乐灵	（EC）No 2002/2076	520	甘蓝夜蛾核型多角体病毒	（EC）No 2004/129
497	稻瘟灵	（EC）No 2002/2076	521	代森锰铜	（EC）No 2002/2076
498	异丙隆	（EU）No 2016/872 （EU）No 2010/77 （EU）2015/1885 （EU）No 2011/540）	522	代森锰	（EU）No 2016/2035 （EU）No 2011/540 （EU）No 2013/762
499	异噻菌胺	—	523	万寿菊提取物	（EC）No 2007/647
500	异噁隆	—	524	苦参碱	—
501	溴异戊酰脲	（EC）No 2004/129	525	灭蚜磷	（EC）No 2002/2076
502	噁唑磷	（EC）No 2002/2076	526	2甲4氯丙酸	（EU）No 2011/540 （EU）No 2012/823
503	茉莉酸	（EC）No 2007/442
504	卡灵草	（EC）No 2002/2076	527	苯噻草胺	（EC）No 2002/2076
505	春雷霉素	（EC）No 2005/303	528	氟磺酰草胺	（EC）No 2004/401
506	氯戊环	—	529	二噻磷	（EC）No 2002/2076
507	烯虫炔酯	（EC）No 2002/2076	530	灭锈胺	（EC）No 2002/2076
508	乳酸	（EC）No 2004/129	531	氧化汞	79/117/EEC
509	乳氟禾草灵	（EC）No 2007/442	532	氯化亚汞	79/117/EEC
510	兰德斯松焦油	（EU）No 2018/1294	533	脱叶亚磷	（EC）No 2002/2076
511	羊毛脂	（EC）No 2007/442	534	噁唑酰草胺	—
512	新洁尔灭	（EC）No 2004/129	535	噻唑隆	（EC）No 2006/302
513	十二烷基二甲基苄基氯化铵	（EC）No 2004/129	536	虫螨畏	（EC）No 2002/2076
514	卵磷脂	（EC）No 2007/442	537	甲胺磷	（EC）No 2006/131
			538	灭草唑	（EC）No 2002/2076

（续表）

序号	农药名称	相关法规	序号	农药名称	相关法规
539	呋菌胺	（EC）No 2002/2076	561	细花含羞草叶提取物	（EC）No 2007/647
540	杀扑磷	（EC）No 2004/129	562	灭蚁乐	（EC）No 2004/850
541	灭虫威	（EU）No 2019/1606 （EU）No 2011/540 （EU）No 2018/917 （EU）No 2019/707 （EU）No 2014/187	563	草达灭	（EU）No 2015/408 （EU）No 2011/540
			564	庚酰草胺	（EC）No 2002/2076
			565	硫酸二氢单脲	（EC）No 2007/553
542	灭多威	（EU）No 2009/115 （EU）No 2011/540	566	久效磷	（EC）No 2002/2076
543	甲氧普烯	（EC）No 2002/2076	567	绿谷隆	（EC）No 2002/2076
544	盖草津	（EC）No 2002/2076	568	甲基胂酸	（EC）No 2002/2076
545	甲氧氯	（EC）No 2002/2076	569	芥茉粉	（EC）No 2007/442
546	溴甲烷	（EC）No 2011/120 （EC）No 2008/753	570	N-乙酰基噻唑-4-羧酸	—
547	异硫氰酸甲酯	（EC）No 2002/2076	571	N-苯基邻苯二甲酸单酰胺	（EC）No 2007/442
548	壬酸甲酯	（EU）No 2017/781 （EU）No 2008/127 （EU）No 2011/540 （EU）No 2012/608 （EU）No 2014/629	572	代森钠	（EC）No 2002/2076
			573	二溴磷	（EC）No 2005/788
			574	萘	（EC）No 2004/129
549	对羟基苯甲酸甲酯	（EC）No 2007/442	575	萘乙酸酰肼	（EC）No 2002/2076
550	反式-6-癸烯甲酯	（EC）No 2004/129	576	萘草胺	（EC）No 2002/2076
551	二硫氰基甲烷	（EC）No 2002/2076	577	山茶属天然种子提取物	—
552	甲基萘乙酰胺	（EC）No 2002/2076	578	草不隆	（EC）No 2002/2076
553	甲基萘乙酸	（EC）No 2002/2076	579	欧洲松锈锯角叶蜂核型多角体病毒	（EC）No 2007/442
554	异丙甲草胺	（EC）No 2002/2076			
555	速灭威	—	580	烟碱	（EC）No 2009/9
556	苯氧菌胺	—	581	烯啶虫胺	—
557	甲氧隆	（EC）No 2002/2076	582	磺乐灵	（EC）No 2002/2076
558	噻菌胺	（EC）No 2002/2076	583	除草醚	79/117/EEC
559	速灭磷	（EC）No 2002/2076	584	氮	（EC）No 2004/129
560	乳清蛋白	（EC）No 2007/442	585	壬基酚聚乙二醇醚	（EC）No 2002/2076

（续表）

序号	农药名称	相关法规	序号	农药名称	相关法规
586	壬基酚聚氧乙烯醚	（EC）No 2002/2076	607	噁咪唑	—
587	达草灭	（EC）No 2002/2076	608	氧化萎锈灵	（EC）No 2002/2076
588	草完隆	（EC）No 2002/2076	609	亚砜吸磷	（EC）No 2007/392
589	双苯氟脲	（EC）No 2012/187 （EC）No 2001/861 （EC）No 2009/579	610	土霉素	（EC）No 2002/2076
			611	对氯硝基苯	（EC）No 2002/2076
590	氟苯嘧啶醇	（EC）No 2004/129	612	乙酸对甲酚酯	（EC）No 2004/129
591	辛基异噻唑酮	（EC）No 2002/2076	613	对二氯苯	（EC）No 2004/129
592	辛基癸基二甲基氯化铵	（EC）No 2004/129	614	对羟基苯甲酸	（EC）No 2007/442
593	甲呋酰胺	（EC）No 2002/2076	615	木瓜蛋白酶	（EC）No 2004/129
594	三油酸甘油酯	（EC）No 2007/442	616	红辣椒提取物	（EU）No 2017/2067
595	氧乐果	（EC）No 2002/2076	617	真空泵油	（EC）No 2007/442
596	洋葱提取物	（EC）No 2004/129	618	蒸馏油	（EC）No 2007/442
597	坪草丹	（EC）No 2002/2076	619	矿物油	（EC）No 2007/442
598	牛至精油	（EU）No 2017/241	620	加氢石油重烷烃馏分	（EC）No 2009/617
599	嘧苯胺磺隆	（EU）2017/840	621	馏分油	（EC）No 2007/442
600	肟醚菌胺	—	622	溶剂脱蜡重石蜡馏分	（EC）No 2007/442
601	其他无机汞化合物	79/117/EEC	623	石蜡油	（EC）No 2007/442
602	丙炔噁草酮	（EU）No 2014/186 （EU）No 2011/540 （EU）No 2012/823	624	多聚甲醛	（EC）No 2002/2076
			625	百草枯	—
			626	对硫磷	（EC）No 01/520
603	噁草酮	（EU）No 2008/69 （EU）No 2010/39 （EU）No 2011/540	627	甲基对硫磷	03/166
			628	克草猛	（EC）No 2002/2076
			629	稻瘟酯	—
604	噁霜灵	（EC）No 2002/2076	630	五氯苯酚	（EC）No 2002/2076
605	环氧嘧磺隆	（EU）No 2018/1019 （EU）No 2016/950 （EU）No 2017/841 （EU）No 2018/917 （EU）No 2011/540 （EU）No 2012/823	631	甲氯酰草胺	（EC）No 2002/2076
			632	戊基噁唑酮	—
			633	辣椒粉提取残渣	（EU）No 2019/324 （EU）No 2011/540 （EU）No 2008/127 （EU）No 2017/195 （EU）No 2012/369
606	喹啉铜	（EC）No 2002/2076			

（续表）

序号	农药名称	相关法规	序号	农药名称	相关法规
634	过氧乙酸	（EC）No 2007/442	656	啶氧菌酯	（EU）No 2017/1455 （EU）No 2016/950 （EU）No 2011/540 （EU）No 2012/823
635	灭蚁灵	—			
636	黄草伏	（EC）No 2002/2076	657	粉病灵	—
637	苄氯菊酯	00/817	657	粉病灵	—
638	机油	（EC）No 2007/442	658	稗草畏	—
639	petroleum oils	（EC）No 2007/442	659	嘧啶硫磷	（EC）No 2002/2076
640	润滑油	（EC）No 2007/442	660	植物油/黑醋栗芽油	（EC）No 2007/647
641	石油醚	（EC）No 2009/616	661	植物油/香茅醇	（EC）No 2007/442
642	酚类化合物	（EC）No 2002/2076	662	植物油/椰子油	（EC）No 2004/129
643	苯醚菊酯	（EC）No 2002/2076	663	植物油/瑞香油	（EC）No 2007/442
644	稻丰散	（EC）No 2002/2076	664	植物油/桉树油	（EC）No 2007/647
645	Phi-EaH1 噬菌体抗淀粉样埃文氏菌	—	665	植物油/愈创木油	（EC）No 2007/442
646	Phi-EaH2 噬菌体抗淀粉样埃文氏菌	—	666	植物油/大蒜油	（EC）No 2007/442
			667	植物油/柠檬草油	（EC）No 2007/442
647	大伏革菌 FOC PG B20/5,B22/SP1190/3.2,B22/SP1287/3.1, BU 3, BU 4,SH 1,SP log 5,SP log 6,and 97/1062/116/1.1 株系	（Dir）No 2008/113 （EU）No 2019/168 （EU）No 2011/540	668	植物油/玉米油	（EC）No 2004/129
			669	植物油/马郁兰油	（EC）No 2007/647
			670	植物油/橄榄油	（EC）No 2007/442
			671	植物油/花生油	（EC）No 2004/129
648	大伏革菌 VRA 1985 and VRA 1986	（Dir）No 2008/113 （EU）No 2019/168 （EU）No 2011/540	672	植物油/松油	（EC）No 2007/442
			673	植物油/豆油	（EC）No 2007/442
			674	植物油/大豆油	（EC）No 2004/129
649	甲拌磷	（EC）No 2002/2076	675	植物油/衣兰油	（EC）No 2007/442
650	伏杀硫磷	（EC）No 2006/1010	676	聚丁烯	—
651	磷灭丁	（EC）No 2002/2076	677	苯乙烯与丙烯酰胺的聚合物	（EC）No 2007/442
652	磷胺	（EC）No 2002/2076			
653	磷酸	（EC）No 2004/129	678	多抗霉素	（EC）No 2005/303
			679	聚醋酸乙烯酯	（EC）No 2007/647
654	辛硫磷	（EC）No 2007/442	680	碘化钾	（EU）No 116/2014
655	四氯苯酞	—	681	油酸钾	—

（续表）

序号	农药名称	相关法规	序号	农药名称	相关法规
682	高锰酸钾	（EC）No 2008/768	705	丙酸	（EC）No 2004/129
683	硅酸钾	（EC）No 2002/2076	706	异丙草胺	（EU）No 2011/262
684	山梨酸钾	（EU）No 2004/129 （EU）No 2017/2068	707	蜂胶	（EU）No 2020/640 （EU）No 2007/442
685	硫氰酸钾	（EU）No 108/2014	708	残杀威	（EC）No 2002/2076
686	三碘化钾	—	709	丙基-苯氧乙酸叔丁酯	（EC）No 2002/2076
687	丙草胺	（EC）No 2004/129	710	丙嗪嘧磺隆	—
688	氟嘧磺隆	（EC）No 2004/129	711	胺丙威	（EC）No 2002/2076
689	烯丙苯噻唑	—	712	丙硫磷	（EC）No 2002/2076
690	腐霉利	（EC）No 2006/132	713	发硫磷	（EC）No 2002/2076
691	丙溴磷	（EC）No 2002/2076	714	腐胺	（EU）No 2008/127 （EU）No 2011/540 （EU）No 2012/571
692	茉莉酸诱导体	—			
693	猛杀威	（EC）No 2002/2076	715	吡蚜酮	（EU）No 2018/1501 （EU）No 2010/77 （EU）No 2015/1885 （EU）No 2016/549 （EU）No 2017/841 （EU）No 2018/917 （EU）No 2011/540
694	扑草净	（EC）No 2002/2076			
695	pronumone	（EC）No 2004/129			
696	毒草胺	（EC）No 2008/742			
697	敌稗	（EU）No 2019/148 （EU）No 2008/769 （EU）No 2011/1078			
			716	吡唑硫磷	（EC）No 2002/2076
698	丙虫磷	—	717	环香豆素	（EC）No 2004/129
699	炔螨特	（EU）No 2011/943 （EU）No 2008/934	718	磺酰草吡唑	—
700	扑灭津	（EC）No 2002/2076	719	定菌磷	00/233
701	胺丙畏	（EC）No 2002/2076	720	苄草唑	（EC）No 2002/2076
702	苯胺灵	96/586	721	6-氯-4-羟基-3-苯基-哒嗪	—
703	丙环唑	（EU）No 2018/1865 （EU）No 2016/2016 （EU）No 2011/540 （EU）No 2012/823 （EU）No 2018/84	722	哒嗪硫磷	（EC）No 2002/2076
			723	啶斑肟	（EC）No 2002/2076
704	丙森锌	（EU）No 2018/309 （EU）No 2016/2016 （EU）No 2011/540 （EU）No 2012/823 （EU）No 2018/84	724	氟虫吡喹	—
			725	环酯草醚	—
			726	嘧螨醚	—

（续表）

序号	农药名称	相关法规	序号	农药名称	相关法规
727	磺胺类除草剂	—	747	树脂聚合物	（EC）No 2007/647
728	嘧草硫醚	—	748	苄呋菊酯	（EC）No 2002/2076
729	咯喹酮	（EC）No 2002/2076	749	虎杖提取物	（EU）No 2018/296
730	派罗克杀草砜	—	750	水解药用大黄根提取物	（EU）No 2015/707
731	从苦木科植物提取的苦味药	（EC）No 2008/941	751	岩粉	（EC）No 2002/2076
732	季铵盐类化合物	（EC）No 2004/129	752	鱼藤酮	（EC）No 2008/317
733	喹硫磷	（EC）No 2002/2076	753	苯嘧磺草胺	—
734	二氯喹啉酸	（EC）No 2004/129	754	沙蓬根	（EU）No 2020/643
735	灭藻醌	（EC）No 2008/66 （EU）No 2011/540	755	冬季香薄荷精油	（EU）No 2017/240
736	喹氧灵	（EU）No 2018/1914 （EU）No 2016/2016 （EU）No 2011/540 （EU）No 2018/524	756	海葱糖苷	（EC）No 2004/129
			757	褐藻提取物	（EU）No 2008/127 （EU）No 2011/540
737	五氯硝基苯	00/816	758	癸二酸	（EC）No 2004/129
			759	密草通	（EC）No 2002/2076
738	五氯硝基苯（含>1 g/kg 或六氯苯 10g/kg 五氯苯）	79/117/EEC	760	速可眠	（EC）No 2002/2076
			761	羟基二甲基壬酮	（EC）No 2004/129
739	喹禾灵	（EC）No 2002/2076	762	稀禾定	（EC）No 2002/2076
740	精喹禾灵	（EU）No 2009/37 （EU）No 2011/540	763	环草隆	（EC）No 2002/2076
			764	氟硅菊酯	—
741	驱虫剂/食品级提取物/磷酸和鱼粉	（EC）No 2007/442	765	碘化银	—
			766	硝酸银	（EC）No 2002/2076
742	驱虫剂/高油原油	（EU）No 2017/1186 （EU）No 2008/127 （EU）No 2011/540 （EU）No 2012/637	767	西玛津	04/247
			768	硅氟唑	—
743	驱虫剂/浮油沥青	（EU）No 2017/1125 （EU）No 2008/127 （EU）No 2011/540 （EU）No 2012/637	769	硅铝酸钠	（EU）No 2008/127 （EU）No 2017/195 （EU）No 2019/324 （EU）No 2011/540
			770	亚砷酸钠	（EC）No 2002/2076
744	驱虫剂/精油	（EC）No 2007/442	771	碳酸钠	（EC）No 2004/129
745	驱虫剂/脂肪酸,鱼油	（EC）No 2007/442	772	双酮古洛糖酸钠	（EC）No 2002/2076
746	驱虫剂:粗妥尔油	（EC）No 2007/442	773	二氯苯酚钠	（EC）No 2002/2076

（续表）

序号	农药名称	相关法规	序号	农药名称	相关法规
774	二甲基砷酸钠	（EC）No 2002/2076	799	硫酸	（EC）No 2008/937
775	二甲基二硫代氨基甲酸钠	（EC）No 2002/2076	800	硫丙磷	（EC）No 2002/2076
776	磺基琥珀酸二辛酯钠	（EC）No 2002/2076	801	醚菊酯	—
777	氟硅酸钠	（EC）No 2002/2076	802	普通艾菊	（EU）No 2015/2083
778	氢氧化钠	（EC）No 2004/129	803	焦油酸	（EC）No 2002/2076
779	次氯酸钠	（EU）No 2008/127 （EU）No 2013/190 （EU）No 2011/540	804	煤焦油	（EC）No 2004/129
			805	三氯乙酸	（EC）No 2002/2076
780	十二烷基硫酸钠	（EC）No 2007/647	806	苯噻氰	（EC）No 2002/2076
781	焦亚硫酸钠	（EC）No 2007/647	807	牧草胺	（EC）No 2002/2076
782	氯乙酸钠	（EC）No 2002/2076	808	丁噻隆	（EC）No 2002/2076
783	邻-苯甲基-对-氯苯酚钠	（EC）No 2004/129	809	四氯硝基苯	00/725
784	对-叔戊基酚钠	（EC）No 2002/2076	810	伏虫隆	（EU）No 2009/37 （EU）No 2011/540
785	对-叔戊基苯酚钠	（EC）No 2004/129	811	双硫磷	（EC）No 2002/2076
786	五硼酸钠	（EC）No 2002/2076	812	吡喃草酮	（EU）No 2011/540 （EU）No 58/2015
787	丙酸钠	（EC）No 2004/129	813	特草定	（EC）No 2002/2076
788	四硼酸钠	（EC）No 2004/129	814	特丁硫磷	（EC）No 2002/2076
789	四硫代氨基甲酸钠	（EC）No 2002/2076	815	特丁通	（EC）No 2002/2076
790	硫代碳酸钠	（EC）No 2006/797	816	去草净	（EC）No 2002/2076
791	硫氰酸钠	（EC）No 2002/2076	817	杀虫威	（EC）No 2002/2076
792	大豆提取物	（EC）No 2004/129	818	四氯杀螨砜	（EC）No 2002/2076
793	螺螨酯	（EU）No 2010/25 （EU）No 2011/540	819	焦磷酸四乙酯	—
794	甜菜夜蛾核型多角体病毒	（EU）No 2011/540	820	胺菊酯	（EC）No 2002/2076
			821	杀螨好	（EC）No 2002/2076
795	链霉素	（EC）No 2004/129	822	硫酸铊	（EC）No 2004/129
796	士的宁	（EC）No 2004/129	823	噻虫啉	（EU）No 2020/23 （EU）No 2016/2016 （EU）No 2018/524 （EU）No 2019/168 （EU）No 2012/1197 （EU）No 2011/540
797	磺酰唑草酮	—			
798	治螟磷	（EC）No 2002/2076			

（续表）

序号	农药名称	相关法规	序号	农药名称	相关法规
824	噻虫嗪	（EU）No 2010/21 （EU）No 2018/524 （EU）No 2018/785 （EU）No 2013/485 （EU）No 2014/487 （EU）No 2011/540	847	反-6-壬烯-1-醇	（EC）No 2004/129
			848	三唑酮	（EC）No 2004/129
			849	三唑醇	（EU）No 2008/125 （EU）No 2011/540
			850	抑芽唑	（EC）No 2002/2076
825	噻氟隆	（EC）No 2002/2076	851	醚苯磺隆	（EU）No 2016/864 （EU）No 2010/77 （EU）No 2015/1885 （EU）No 2011/540
826	噻草啶	（EC）No 2002/2076			
827	噻苯隆	（EC）No 2008/296			
828	禾草丹	（EC）No 2008/934	852	唑蚜威	（EC）No 2005/487
829	杀虫环	（EC）No 2002/2076	853	丁基三唑	（EC）No 2002/2076
830	硫双威	（EC）No 2007/366	854	三唑磷	（EC）No 2002/2076
831	久效威	（EC）No 2002/2076	855	脱叶磷	（EC）No 2002/2076
832	甲基乙拌磷	（EC）No 2002/2076	856	磷酸三钙	（EC）No 2007/442
833	虫线磷	（EC）No 2002/2076	857	敌百虫	（EC）No 2007/356
834	硫菌灵	（EC）No 2002/2076	858	毒壤膦	（EC）No 2002/2076
835	杀虫双	—	859	多孢木霉菌株	（EU）No 2008/113 （EU）No 2011/540
836	硫脲	（EC）No 2004/129			
837	福美双	（EU）No 2018/1500 （EU）No 2016/2016 （EU）No 2011/540 （EU）No 2018/524	860	三环唑	（EU）No 2016/1826 （EU）No 2008/770
			861	十三吗啉	（EC）No 2004/129
			862	灭草环	（EC）No 2002/2076
838	噻酰菌胺	—	863	草达津	（EC）No 2002/2076
839	仲草丹	（EC）No 2002/2076	864	杀螺吗啉	（EC）No 2002/2076
840	唑虫酰胺	—	865	三氟啶磺隆	—
841	苯甲酰吡唑类除草剂	—			
842	对甲抑菌灵	（EU）No 2010/20	866	氟菌唑	（EU）No 2010/27 （EU）No 2011/540
843	3'-甲基苯酰氨酸	（EC）No 2002/2076	867	氟乐灵	（EU）No 2010/355
844	番茄花叶病毒	（EC）No 2004/129	868	嗪胺灵	（EC）No 2002/2076
845	肟草酮	（EU）No 2008/107 （EU）No 2011/540	869	地中海实蝇性诱剂	（EC）No 2004/129
846	四溴菊酯	（EC）No 2002/2076	870	三甲铵盐酸盐	（EU）No 2008/127 （EU）No 2011/540

（续表）

序号	农药名称	相关法规	序号	农药名称	相关法规
871	三聚甲醛	（EC）No 2002/2076	878	蜡	—
872	烯效唑	—	879	小麦面筋	（EC）No 2007/647
873	井冈霉素	（EC）No 2002/2076	880	一氯代二甲苯	—
874	蚜灭多	（EC）No 2002/2076	881	代森锌	01/245
875	灭草猛	（EC）No 2002/2076	882	西葫芦黄花叶病毒（ZYMV 弱毒株）	—
876	乙烯菌核利	（EC）No 2005/1335			
877	杀鼠灵	（EU）No 2014/186（EU）No 2011/540（EU）No 2012/823			

附录 4 美国大宗蔬菜农药残留限量标准

美国大宗蔬菜农药残留限量标准见附表 17~附表 24。

附表 17 美国大白菜农药残留限量标准

序号	农药中文名称	MRL/（mg/kg）	序号	农药中文名称	MRL/（mg/kg）
1	家蝇磷	0.75	14	灭克磷	0.02
2	苯菌灵	0.2	15	苯线磷	0.1
3	苯来特	10	16	氰戊菊酯	10
4	联苯菊酯	4	17	福美铁	7
5	甲萘威	21	18	用溴甲烷熏蒸产生的无机溴残留物	50
6	异噁草酮	0.1			
7	丁烯磷	2	19	代森锰	10
8	冰晶石	7	20	甲霜灵	1
9	氯氰菊酯	2	21	甲胺磷	1
10	灭蝇胺	10	22	灭多威	5
11	乐果	2	23	灭多威	5
12	硫丹	4	24	甲基对硫磷	1
13	S-氰戊菊酯	1			

（续表）

序号	农药中文名称	MRL/（mg/kg）	序号	农药中文名称	MRL/（mg/kg）
25	速灭磷	1	30	哒草特	0.03
26	二溴磷	1	31	磺酰唑草酮	0.2
27	乙氧氟草醚	0.05	32	噻菌灵	0.05
28	苄氯菊酯	6	33	硫双威	7
29	磷化氢	0.01	34	氟菌唑	20

附表 18　美国番茄农药残留限量标准

序号	农药中文名称	MRL/（mg/kg）	序号	农药中文名称	MRL/（mg/kg）
1	嘧菌酯	0.2	21	噻唑膦	0.02
2	苯噻菌胺	0.45	22	高效氯氟氰菊酯	0.1
3	联苯菊酯	0.15	23	马拉硫磷	8
4	百菌清	5	24	代森锰锌	4
5	冰晶石	7	25	代森锰	4
6	氟氯氰菊酯	0.2	26	嘧菌胺	0.5
7	嘧菌环胺	0.45	27	聚乙醛	0.24
8	环丙氨嗪	0.5	28	甲胺磷	1
9	氯酞酸	1	29	灭多威	1
10	溴氰菊酯	0.2	30	嗪草酮	0.1
11	二嗪农	0.75	31	速灭磷	0.2
12	氯硝胺	5	32	腈菌唑	0.3
13	乐果	2	33	二溴磷	0.5
14	硫丹	1	34	2-苯基苯酚	10
15	S-氰戊菊酯	0.5	35	杀线威	2
16	乙烯利	2	36	苄氯菊酯	2
17	乙螨唑	0.2	37	磷化氢	0.01
18	噁唑菌酮	1	38	哒螨灵	0.15
19	咯菌腈	0.5	39	嘧霉胺	0.5
20	三乙膦酸铝	3	40	玉嘧磺隆	0.05

（续表）

序号	农药中文名称	MRL/（mg/kg）	序号	农药中文名称	MRL/（mg/kg）
41	链霉素	0.25	48	久效磷	0.5
42	氯唑灵	0.15	49	氰戊菊酯	1
43	三氟啶磺隆	0.01	50	异丙甲草胺	0.1
44	福美锌	7	51	灭菌丹	25
45	苯酰菌胺	2	52	对甲抑菌灵	2
46	苯菌灵	5	53	丙森锌	1
47	家蝇磷	0.75	54	甲基对硫磷	1

附表 19　美国黄瓜农药残留限量标准

序号	农药中文名称	MRL/（mg/kg）	序号	农药中文名称	MRL/（mg/kg）
1	啶酰菌胺	0.5	16	代森锰	4
2	毒死蜱	0.05	17	速灭磷	0.2
3	异噁草酮	0.1	18	二溴磷	0.5
4	丁烯磷	1	19	萘草胺	0.1
5	冰晶石	7	20	2-苯基苯酚	10
6	氯硝胺	5	21	杀线威	2
7	S-氰戊菊酯	0.5	22	乙烯菌核利	1
8	乙烯利	0.1	23	苯菌灵	1
9	灭克磷	0.02	24	氰戊菊酯	0.5
10	乙螨唑	0.02	25	氯酞酸	1
11	苯丁锡	4	26	灭菌丹	2
12	环酰菌胺	2	27	克百威	0.4
13	唑螨酯	0.1	28	二嗪农	0.75
14	马拉硫磷	8	29	用溴甲烷熏蒸产生的无机溴残留物	30
15	代森锰锌	4			

附表 20　美国甘蓝农药残留限量标准

序号	农药中文名称	MRL/（mg/kg）	序号	农药中文名称	MRL/（mg/kg）
1	冰晶石	7	4	S-氰戊菊酯	2
2	代森锰	10	5	甲基对硫磷	1
3	苯菌灵	0.2	6	氟菌唑	20

附表 21　美国辣椒农药残留限量标准

序号	农药中文名称	MRL/（mg/kg）	序号	农药中文名称	MRL/（mg/kg）
1	乙酰甲胺磷	4	21	苯线磷	0.6
2	家蝇磷	0.1	22	腈苯唑	0.4
3	苯菌灵	0.2	23	环酰菌胺	0.02
4	灭草松	0.05	24	氰戊菊酯	1
5	联苯菊酯	0.5	25	氟禾草灵	1
6	噻嗪酮	4	26	草甘膦	0.2
7	毒死蜱	1	27	无机溴化物	30
8	异草酮	0.05	28	马拉硫磷	8
9	巴毒磷	0.75	29	代森锰	7
10	冰晶石	7	30	甲胺磷	1
11	氟氯氰菊酯和高效氟氯氰菊酯	0.5	31	灭多威	2
			32	异丙甲草胺	0.5
12	灭蝇胺	1	33	速灭磷	0.25
13	氯酞酸二甲酯	2	34	二溴磷	0.5
14	二嗪农	0.5	35	2-苯基苯酚	10
15	灭幼脲	1	36	杀线威	2
16	乐果	2	37	苄氯菊酯	0.5
17	硫丹	2	38	磷化氢	0.01
18	S-氰戊菊酯	0.5	39	喹氧灵	0.35
19	乙烯利	30	40	链霉素	0.25
20	咪唑菌酮	3.5	41	乙烯菌核利	3

附表 22 美国茄子药残留限量标准

序号	农药中文名称	MRL/(mg/kg)	序号	农药中文名称	MRL/(mg/kg)
1	联苯菊酯	0.05	10	杀线威	2
2	丁烯磷	1	11	苄氯菊酯	0.5
3	冰晶石	7	12	磷化氢	0.01
4	硫丹	1	13	苯菌灵	0.2
5	S-氰戊菊酯	0.5	14	苯线磷	0.05
6	苯丁锡	6	15	氰戊菊酯	1
7	马拉硫磷	8	16	氯酞酸	1
8	代森锰	7	17	双苯氟脲	1
9	二溴磷	0.5	18	用溴甲烷熏蒸产生的无机溴残留物	20

附表 23 美国花椰菜农药残留限量标准

序号	农药中文名称	MRL/(mg/kg)	序号	农药中文名称	MRL/(mg/kg)
1	家蝇磷	0.75	12	灭多威	3
2	丁烯磷	1	13	速灭磷	1
3	冰晶石	7	14	二溴磷	1
4	灭蝇胺	1	15	乙氧氟草醚	0.05
5	乐果	2	16	苄氯菊酯	2
6	硫丹	3	17	硫双威	7
7	S-氰戊菊酯	2	18	四溴菊酯	0.5
8	异菌脲	25	19	苯菌灵	0.2
9	代森锰	10	20	氰戊菊酯	2
10	甲霜灵	2	21	甲基对硫磷	1
11	甲胺磷	1			

附表 24 美国马铃薯农药残留限量标准

序号	农药中文名称	MRL/(mg/kg)	序号	农药中文名称	MRL/(mg/kg)
1	2,4-滴	0.4	3	双分子和三分子环酐硫化物和二硫化物的氨化物	0.5
2	涕灭威	1			

（续表）

序号	农药中文名称	MRL/（mg/kg）	序号	农药中文名称	MRL/（mg/kg）
4	阿维菌素 B1 和它的 8,9-异构体	0.005	31	甲霜灵	0.5
			32	甲胺磷	0.1
5	嘧菌酯	0.03	33	甲基对硫磷	0.1
6	百菌清	0.1	34	嗪草酮	0.6
7	氯苯胺灵	30	35	百草枯	0.5
8	烯草酮	0.5	36	二甲戊灵	0.1
9	氰霜唑	0.02	37	五氯硝基苯	0.1
10	霜脲氰	0.05	38	苄氯菊酯	0.05
11	灭蝇胺	0.8	39	甲拌磷	0.5
12	氯硝胺	0.25	40	霜霉威盐酸盐	0.06
13	乐果	0.2	41	炔螨特	0.1
14	烯酰吗啉	0.05	42	吡草醚	0.02
15	呋虫胺	0.05	43	玉嘧磺隆	0.1
16	敌草快	0.1	44	链霉素	0.25
17	硫丹	0.2	45	磺酰唑草酮	0.15
18	草藻灭	0.1	46	噻虫嗪	0.25
19	S-氰戊菊酯	0.02	47	甲基硫菌灵	0.1
20	乙丁烯氟灵	0.05	48	三苯基氢氧化锡	0.05
21	灭克磷	0.02	49	肟菌酯	0.04
22	噁唑菌酮	0.02	50	锌离子和代森锰	1
23	氟虫腈	0.03	51	磷化锌	0.05
24	氟啶胺	0.02	52	苯酰菌胺	0.06
25	氟酰胺	0.2	53	家蝇磷	0.5
26	草铵膦酸铵	0.8	54	冰晶石	2
27	异菌脲	0.5	55	久效磷	0.1
28	马拉硫磷	8	56	氰戊菊酯	0.02
29	抑芽丹	50	57	乙草胺	0.05
30	代森锰	0.1	58	氯酞酸	2

序号	农药中文名称	MRL/（mg/kg）	序号	农药中文名称	MRL/（mg/kg）
59	异丙甲草胺	0.2	62	二嗪农	0.1
60	克百威	2	63	利谷隆	0.2
61	噻螨酮	0.02	64	联苯肼酯	0.05

附录5 《澳新食品法典》大宗蔬菜农药残留限量标准

《澳新食品法典》大宗蔬菜农药残留限量标准见附表25~附表31。

附表25 《澳新食品法典》大白菜农药残留限量标准

序号	农药中文名称	MRL/（mg/kg）	序号	农药中文名称	MRL/（mg/kg）
1	乙酰甲胺磷	5	20	乙膦酸	0.1
2	唑嘧菌胺	9	21	吡虫啉	0.5
3	吲唑磺菌胺	2	22	茚虫威	2
4	嘧菌酯	0.7	23	甲胺磷	1
5	联苯菊酯	1	24	杀扑磷	0.1
6	啶酰菌胺	2	25	灭多威	2
7	氯虫苯甲酰胺	0.5	26	异丙甲草胺	0.02
8	毒死蜱	0.5	27	速灭磷	0.3
9	氟氯氰菊酯	0.5	28	氟噻唑吡乙酮	2
10	氯氟氰菊酯	0.1	29	亚砜吸磷	0.5
11	氯氰菊酯	1	30	乙氧氟草醚	0.05
12	烯酰吗啉	6	31	二甲戊乐灵	0.05
13	二硫代氨基甲酸盐	2	32	吡噻菌胺	7
14	甲氨基阿维菌素	0.02	33	苄氯菊酯	1
15	氰戊菊酯	1	34	毒草安	0.6
16	氟虫腈	0.05	35	霜霉威	0.1
17	精吡氟禾草灵	1	36	丙硫磷	0.2
18	氟啶胺	0.01	37	吡蚜酮	0.5
19	氟苯虫酰胺	5	38	吡丙醚	0.7

（续表）

序号	农药中文名称	MRL/ （mg/kg）	序号	农药中文名称	MRL/ （mg/kg）
39	稀禾定	0.5	44	噻虫嗪	3
40	乙基多杀菌素	0.2	45	硫双威	2
41	多杀霉素	0.5	46	三唑醇	1
42	螺虫乙酯	7	47	溴虫腈	3
43	氟啶虫胺腈	3	48	马拉硫磷	0.5

附表 26   《澳新食品法典》番茄农药残留限量标准

序号	农药中文名称	MRL/ （mg/kg）	序号	农药中文名称	MRL/ （mg/kg）
1	啶虫脒	0.1	22	环酰菌胺	2
2	乙酰甲胺磷	5	23	杀螟松	0.5
3	活化酯	1	24	氰戊菊酯	0.2
4	嘧菌酯	1	25	氟啶虫酰胺	0.5
5	噻嗪酮	1	26	精吡氟禾草灵	0.1
6	硫线磷	0.01	27	咯菌腈	1
7	多菌灵	0.5	28	氟吡菌酰胺	0.9
8	毒死蜱	0.5	29	氟胺氰菊酯	0.5
9	四螨嗪	1	30	草铵膦	0.05
10	氟氯氰菊酯	0.2	31	双胍盐	5
11	氯氟氰菊酯	0.02	32	茚虫威	0.5
12	氯氰菊酯	0.5	33	异菌脲	2
13	嘧菌环胺	1	34	醚菌酯	0.6
14	敌草腈	0.1	35	氰氟虫腙	0.6
15	抑菌灵	1	36	甲霜灵	0.5
16	三氯杀螨醇	1	37	甲胺磷	2
17	苯醚甲环唑	0.5	38	杀扑磷	0.1
18	乐果	0.02	39	异丙甲草胺	0.01
19	甲氨基阿维菌素	0.01	40	苯菌酮	0.4
20	灭线磷	0.01	41	嗪草酮	0.1
21	苯丁锡	2	42	敌草胺	0.1

（续表）

序号	农药中文名称	MRL/（mg/kg）	序号	农药中文名称	MRL/（mg/kg）
43	氧乐果	1	50	喹禾灵	0.02
44	杀线威	0.05	51	喹禾糠酯	0.02
45	多效唑	0.01	52	玉嘧磺隆	0.05
46	二甲戊灵	0.05	53	稀禾定	0.1
47	苄氯菊酯	0.4	54	硫丙磷	1
48	丙氧喹啉	0.3	55	硫双威	2
49	嘧霉胺	1	56	肟菌酯	0.7

附表 27　《澳新食品法典》黄瓜农药残留限量标准

序号	农药中文名称	MRL/（mg/kg）	序号	农药中文名称	MRL/（mg/kg）
1	阿维菌素	0.05	11	马拉硫磷	3
2	啶虫脒	0.2	12	甲氧虫酰肼	2
3	活化酯	0.5	13	除虫菊素	2
4	唑嘧菌胺	0.4	14	嘧霉胺	5
5	联苯菊酯	0.5	15	喹禾灵	0.02
6	氯氟氰菊酯	0.05	16	喹禾糠酯	0.02
7	嘧菌环胺	0.5	17	戊唑醇	0.4
8	三氯杀螨醇	2	18	吡螨胺	0.02
9	环酰菌胺	10	19	对甲抑菌灵	2
10	咯菌腈	0.5	20	肟菌酯	0.5

附表 28　《澳新食品法典》辣椒农药残留限量标准

序号	农药中文名称	MRL/（mg/kg）	序号	农药中文名称	MRL/（mg/kg）
1	克菌丹	7	5	氟虫腈	0.005
2	氯虫苯甲酰胺	1	6	苯菌酮	2
3	溴虫腈	0.01	7	噻虫啉	1
4	乐果	5	8	肟菌酯	0.5

附表 29　《澳新食品法典》茄子农药残留限量标准

序号	农药中文名称	MRL/ (mg/kg)	序号	农药中文名称	MRL/ (mg/kg)
1	甲氨基阿维菌素	0.1	5	醚菌酯	0.6
2	精吡氟禾草灵	0.7	6	稀禾定	0.1
3	茚虫威	0.5	7	敌百虫	0.5
4	异菌脲	1			

附表 30　《澳新食品法典》花椰菜农药残留限量标准

序号	农药中文名称	MRL/ (mg/kg)	序号	农药中文名称	MRL/ (mg/kg)
1	环酰菌胺	2	5	多效唑	0.01
2	咯菌腈	0.01	6	吡唑醚菌酯	1
3	氟唑菌酰胺	4	7	肟菌酯	2
4	异菌脲	0.05			

附表 31　《澳新食品法典》马铃薯农药残留限量标准

序号	农药中文名称	MRL/ (mg/kg)	序号	农药中文名称	MRL/ (mg/kg)
1	啶虫脒	0.05	15	氰霜唑	0.01
2	乙酰甲胺磷	0.5	16	氯氟氰菊酯	0.01
3	唑嘧菌胺	0.05	17	氯氰菊酯	0.01
4	杀草强	0.05	18	环丙唑醇	0.02
5	磺草灵	0.4	19	2,4-滴	0.1
6	莠去津	0.01	20	苯醚甲环唑	4
7	嘧菌酯	7	21	乐果	0.1
8	甲萘威	0.1	22	烯酰吗啉	0.05
9	唑草酮	0.05	23	敌草快	0.2
10	百菌清	0.1	24	二硫代氨基甲酸盐	1
11	毒死蜱	0.05	25	茚多酸	0.1
12	异噁草酮	0.05	26	灭线磷	0.02
13	草净津	0.02	27	三苯锡	0.1
14	氰虫酰胺	0.05	28	氟虫腈	0.01

（续表）

序号	农药中文名称	MRL/（mg/kg）	序号	农药中文名称	MRL/（mg/kg）
29	氟啶虫酰胺	0.2	49	氟噻唑吡乙酮	0.04
30	精吡氟禾草灵	0.05	50	多效唑	0.01
31	氟啶胺	0.01	51	百草枯	0.2
32	氟苯虫酰胺	0.02	52	戊菌隆	0.05
33	咯菌腈	5	53	吡噻菌胺	0.1
34	氟吡菌胺	0.05	54	苄氯菊酯	0.05
35	氟吡菌酰胺	0.03	55	腐霉利	0.1
36	氟吡呋喃酮	0.05	56	霜霉威	0.05
37	氟酰胺	0.05	57	丙森锌	10
38	噻螨酮	0.02	58	苄草丹	0.01
39	抑霉唑	5	59	吡蚜酮	0.02
40	吡虫啉	0.3	60	嘧霉胺	0.05
41	异菌脲	0.05	61	喹禾灵	0.01
42	醚菌酯	0.1	62	喹禾糠酯	0.01
43	抑芽丹	50	63	螺虫乙酯	5
44	氰氟虫腙	0.02	64	氟啶虫胺腈	0.01
45	叶菌唑	0.04	65	噻菌灵	5
46	甲胺磷	0.25	66	硫双威	0.1
47	异丙甲草胺	0.01	67	甲基立枯磷	0.1
48	嗪草酮	0.05			

附录 6 日本大宗蔬菜农药残留限量标准

日本大宗蔬菜农药残留限量标准见附表 32~附表 39。

附表 32 日本大白菜农药残留限量标准

序号	农药中文名称	MRL/（mg/kg）	序号	农药中文名称	MRL/（mg/kg）
1	1,3-二氯丙烯	0.01	3	4-氯苯氧乙酸	0.02
2	2,4-滴	0.08	4	乙酰甲胺磷	0.2

序号	农药中文名称	MRL/ （mg/kg）	序号	农药中文名称	MRL/ （mg/kg）
5	啶虫脒	0.5	33	多菌灵、硫菌灵、甲基硫菌灵、苯菌灵	3
6	活化酯	1	34	唑草酮	0.1
7	双丙环虫酯	0.5	35	杀螟丹、杀虫环、杀虫磺	3
8	甲草胺	0.01	36	氯虫苯甲酰胺	20
9	棉铃威	0.1	37	氯丹	0.02
10	艾氏剂和狄氏剂	0.05	38	溴虫腈	2
11	唑嘧菌胺	50	39	毒虫畏	0.1
12	吲唑磺菌胺	10	40	氟啶脲	0.3
13	莠去津	0.02	41	氯草敏	0.1
14	嘧菌酯	5	42	氯化苦	0.01
15	苯霜灵	0.05	43	百菌清	2
16	苯菌灵	3	44	甲基毒死蜱	0.1
17	杀虫磺	3	45	氯酞酸二甲酯	5
18	灭草松	0.05	46	环虫酰肼	0.7
19	苯噻菌胺	2	47	炔草酯	0.02
20	六六六	0.2	48	异噁草酮	0.02
21	联苯菊酯	0.5	49	氯吡多	0.2
22	双丙氨磷	0.02	50	二氯吡啶酸	2
23	生物苄呋菊酯	0.1	51	噻虫胺	2
24	联苯三唑醇	0.05	52	壬基苯酚磺酸铜	10
25	啶酰菌胺	40	53	杀螟腈	0.05
26	溴鼠灵	0.001	54	氰虫酰胺	3
27	溴虫氟苯双酰胺	1	55	氰霜唑	15
28	溴化物	50	56	环溴虫酰胺	1
29	溴螨酯	0.5	57	噻草酮	2
30	丁胺磷	0.01	58	氟氯氰菊酯	2
31	克菌丹	2	59	氯氟氰菊酯	1
32	甲萘威	0.05			

（续表）

序号	农药中文名称	MRL/（mg/kg）	序号	农药中文名称	MRL/（mg/kg）
60	霜脲氰	0.1	88	敌草隆	0.05
61	氯氰菊酯	5	89	多果定	0.2
62	嘧菌环胺	1	90	甲氨基阿维菌素苯甲酸盐	0.1
63	棉隆、威百亩和异硫氰酸甲酯	0.01	91	硫丹	0.5
			92	丙草丹	0.1
64	胺磺铜	0.5	93	噻唑菌胺	2
65	二氯异丙醚	0.3	94	乙烯利	0.05
66	滴滴涕	0.2	95	乙硫磷	0.3
67	溴氰菊酯和四溴菊酯	0.5	96	二溴乙烷	0.01
68	甲基内吸磷	0.4	97	1,2-二氯乙烷	0.01
69	烯酰吗啉	2	98	醚菊酯	5
70	敌敌畏和二溴磷	0.1	99	氯唑灵	0.1
71	丁醚脲	0.3	100	噁唑菌酮	0.7
72	二嗪农	0.05	101	咪唑菌酮	0.5
73	抑菌灵	5	102	苯线磷	0.04
74	哒菌酮	0.02	103	氯苯嘧啶醇	0.5
75	三氯杀螨醇	3	104	苯丁锡	0.05
76	狄氏剂	0.05	105	噁唑禾草灵	0.1
77	乙霉威	0.6	106	苯氧威	0.05
78	野燕枯	0.05	107	甲氰菊酯	3
79	除虫脲	1	108	丁苯吗啉	0.05
80	氟吡草腙	0.05	109	三苯锡	0.05
81	双氢链霉素和链霉素	0.05	110	氰戊菊酯	3
82	噻节因	0.04	111	氟虫腈	0.1
83	乐果	1	112	啶嘧磺隆	0.02
84	呋虫胺	6	113	flometoquin	2
85	二苯胺	0.05	114	氟啶虫酰胺	15
86	乙拌磷	0.5	115	氟啶胺	0.05
87	二硫代氨基甲酸盐	0.2	116	氟苯虫酰胺	5

（续表）

序号	农药中文名称	MRL/（mg/kg）	序号	农药中文名称	MRL/（mg/kg）
117	氟氰戊菊酯	0.5	146	吡唑萘菌胺	5
118	咯菌腈	2	147	噁唑磷	0.03
119	氟噻虫砜	2	148	春雷霉素	0.2
120	氟虫脲	0.5	149	醚菌酯	2
121	伏草隆	0.02	150	环草定	0.3
122	氟吡菌胺	30	151	雷皮菌素	0.05
123	氟吡菌酰胺	5	152	林丹	1
124	氟吡呋喃酮	6	153	利谷隆	0.2
125	氯氟吡氧乙酸	0.05	154	虱螨脲	1
126	磺菌胺	0.1	155	马拉硫磷	2
127	氟酰胺	0.07	156	抑芽丹	0.2
128	氟胺氰菊酯	0.5	157	mandestrobin	5
129	fluxametamide	0.7	158	双炔酰菌胺	25
130	氟唑菌酰胺	4	159	精甲霜灵	0.3
131	三乙膦酸铝	100	160	氰氟虫腙	10
132	草铵膦	0.2	161	甲霜灵和精甲霜灵	0.3
133	草甘膦	0.2	162	聚乙醛	0.5
134	六氯苯	0.01	163	威百亩	0.01
135	氰化氢	5	164	甲胺磷	0.2
136	磷化氢	0.01	165	杀扑磷	0.1
137	噁霉灵	0.5	166	灭虫威	0.05
138	抑霉唑	0.02	167	灭多威	2
139	灭草喹	0.05	168	甲氧氯	0.01
140	咪草烟铵	0.05	169	甲氧虫酰肼	7
141	imicyafos	0.1	170	异硫氰酸甲酯	0.01
142	吡虫啉	0.5	171	异丙甲草胺	0.1
143	茚虫威	1	172	久效磷	0.05
144	碘苯腈	0.1	173	二溴磷	0.1
145	异菌脲	5	174	敌草胺	0.1

（续表）

序号	农药中文名称	MRL/（mg/kg）	序号	农药中文名称	MRL/（mg/kg）
175	双苯氟脲	2	204	丙环唑	0.05
176	氧乐果	1	205	残杀威	2
177	噁霜灵	5	206	吡蚜酮	0.5
178	氟噻唑吡乙酮	10	207	吡唑硫磷	0.1
179	喹啉铜	0.7	208	吡唑醚菌酯	3
180	噁喹酸	2	209	吡草醚	0.02
181	砜吸磷	0.02	210	pyraziflumid	2
182	土霉素	0.05	211	吡唑特	0.02
183	百草枯	0.05	212	除虫菊素	1
184	对硫磷	0.3	213	吡菌苯威	10
185	甲基对硫磷	1	214	啶虫丙醚	1
186	戊菌唑	0.05	215	哒草特	0.03
187	二甲戊灵	0.2	216	嘧螨醚	0.1
188	吡噻菌胺	30	217	吡丙醚	0.7
189	苄氯菊酯	5	218	喹硫磷	0.05
190	稻丰散	0.02	219	五氯硝基苯	0.02
191	甲拌磷	0.3	220	喹禾灵和喹禾糠酯	0.3
192	亚胺硫磷	1	221	喹禾糠酯	0.3
193	辛硫磷	0.02	222	苄呋菊酯	0.1
194	picarbutrazox	2	223	稀禾定	1
195	啶氧菌酯	2	224	乙基多杀菌素	1
196	杀鼠酮	0.001	225	多杀霉素	10
197	增效醚	8	226	螺虫乙酯	7
198	抗蚜威	2	227	链霉素	0.05
199	甲基嘧啶磷	1	228	磺酰唑草酮	0.05
200	多氧霉素	0.1	229	氟啶虫胺腈	6
201	烯丙苯噻唑	0.05	230	虫酰肼	10
202	咪鲜胺	0.05	231	tebufloquin	0.1
203	霜霉威	10	232	四氯硝基苯	0.05

（续表）

序号	农药中文名称	MRL/（mg/kg）	序号	农药中文名称	MRL/（mg/kg）
233	伏虫隆	0.3	245	四溴菊酯	0.5
234	七氟菊酯	0.1	246	野麦畏	0.1
235	特丁硫磷	0.005	247	三唑酮	0.1
236	四唑虫酰胺	3	248	三唑醇	0.1
237	噻菌灵	2	249	敌百虫	0.5
238	噻虫嗪	3	250	绿草定	0.03
239	杀虫环	3	251	十三吗啉	0.05
240	硫双威和灭多威（总量）	2	252	肟菌酯	0.5
241	硫菌灵	3	253	杀铃脲	0.02
242	甲基硫菌灵	3	254	氟乐灵	0.05
243	甲基立枯磷	2	255	井冈霉素	0.05
244	唑虫酰胺	2	256	杀鼠灵	0.001

附表 33　日本番茄农药残留限量标准

序号	农药中文名称	MRL/（mg/kg）	序号	农药中文名称	MRL/（mg/kg）
1	1,3-二氯丙烯	0.01	15	三氧化二砷	1
2	2-苯基苯酚	8	16	莠去津	0.02
3	2,4-滴	0.2	17	嘧菌酯	3
4	4-氯苯氧乙酸	0.1	18	苯霜灵	0.5
5	阿维菌素	0.3	19	苯菌灵	3
6	乙酰甲胺磷	0.03	20	杀虫磺	3
7	啶虫脒	2	21	灭草松	0.05
8	活化酯	1	22	苯噻菌胺	2
9	氟丙菊酯	0.5	23	苯并烯氟菌唑	2
10	双丙环虫酯	0.2	24	六六六	0.2
11	棉铃威	0.1	25	联苯肼酯	1
12	唑嘧菌胺	5	26	联苯菊酯	0.5
13	吲唑磺菌胺	2	27	草铵膦	0.004
14	双甲脒	0.9	28	生物苄呋菊酯	0.1

（续表）

序号	农药中文名称	MRL/（mg/kg）	序号	农药中文名称	MRL/（mg/kg）
29	联苯三唑醇	3	57	异噁草酮	0.02
30	啶酰菌胺	5	58	氯吡多	0.2
31	溴鼠灵	0.001	59	噻虫胺	3
32	溴化物	75	60	壬基苯酚磺酸铜	10
33	溴螨酯	0.5	61	氰虫酰胺	2
34	噻嗪酮	1	62	氰霜唑	2
35	丁胺磷	0.02	63	环溴虫酰胺	0.2
36	硫线磷	0.01	64	噻草酮	0.05
37	克菌丹	5	65	环氟菌胺	0.5
38	多菌灵，硫菌灵，甲基硫菌灵，苯菌灵	3	66	丁氟螨酯	0.4
			67	氟氯氰菊酯	2
39	唑草酮	0.1	68	氯氟氰菊酯	0.5
40	杀螟丹，杀虫环，杀虫磺	3	69	霜脲氰	0.7
41	灭螨猛	2	70	氯氰菊酯	2
42	氯虫苯甲酰胺	0.7	71	环丙唑醇	0.05
43	氯丹	0.02	72	嘧菌环胺	0.5
44	溴虫腈	1	73	灭蝇胺	1
45	毒虫畏	0.1	74	棉隆、威百亩和异硫氰酸甲酯	0.5
46	氟啶脲	1			
47	氯草敏	0.1	75	胺磺铜	10
48	氯化苦	0.01	76	二氯异丙醚	0.02
49	百菌清	5	77	滴滴涕	0.2
50	毒死蜱	0.5	78	溴氰菊酯和四溴菊酯	0.3
51	甲基毒死蜱	0.5	79	甲基内吸磷	0.4
52	氯酞酸二甲酯	2	80	烯酰吗啉	3
53	环虫酰肼	0.5	81	敌敌畏和二溴磷	0.1
54	烯草酮	1	82	丁醚脲	0.05
55	炔草酯	0.02	83	二嗪农	0.5
56	四螨嗪	0.5	84	抑菌灵	15

（续表）

序号	农药中文名称	MRL/（mg/kg）	序号	农药中文名称	MRL/（mg/kg）
85	氯硝胺	10	114	噁唑菌酮	2
86	哒菌酮	0.02	115	咪唑菌酮	1
87	三氯杀螨醇	1	116	咪唑菌酮	2
88	乙霉威	5	117	咪唑菌酮	2.2
89	苯醚甲环唑	0.6	118	苯线磷	0.2
90	野燕枯	0.05	119	氯苯嘧啶醇	0.5
91	氟吡草腙	0.05	120	苯丁锡	1
92	双氢链霉素和链霉素	0.3	121	环酰菌胺	2
93	噻节因	0.04	122	杀螟松	0.7
94	乐果	1	123	噁唑禾草灵	0.1
95	敌螨普	0.3	124	苯氧威	0.05
96	呋虫胺	2	125	甲氰菊酯	2
97	二苯胺	0.05	126	丁苯吗啉	0.05
98	敌草快	0.05	127	胺苯吡菌酮	5
99	乙拌磷	0.5	128	唑螨酯	0.5
100	二硫代氨基甲酸盐	5	129	丰索磷	0.1
101	敌草隆	0.05	130	三苯锡	0.05
102	多果定	0.2	131	氰戊菊酯	1
103	甲氨基阿维菌素苯甲酸盐	0.1	132	啶嘧磺隆	0.02
104	硫丹	0.5	133	flometoquin	2
105	丙草丹	0.1	134	氟啶虫酰胺	1
106	噻唑菌胺	1	135	氟啶虫酰胺	7
107	乙烯利	2	136	吡氟禾草灵	0.5
108	乙硫磷	0.3	137	氟苯虫酰胺	2
109	灭线磷	0.01	138	氟氰戊菊酯	0.2
110	二溴乙烷	0.01	139	咯菌腈	5
111	1,2-二氯乙烷	0.01	140	氟噻虫砜	1
112	醚菊酯	2	141	氟噻草胺	0.05
113	氯唑灵	0.1	142	氟虫脲	0.5

（续表）

序号	农药中文名称	MRL/ （mg/kg）	序号	农药中文名称	MRL/ （mg/kg）
143	伏草隆	0.02	172	双胍辛胺	0.3
144	氟吡菌胺	2	173	茚虫威	0.5
145	氟吡菌酰胺	1	174	碘苯腈	0.1
146	氟吡呋喃酮	2	175	ipflufenoquin	1
147	氟啶草酮	0.1	176	异菌脲	5
148	氯氟吡氧乙酸	0.05	177	丙森锌	2
149	氟噻唑菌腈	0.3	178	异丙噻菌胺	6
150	氟酰胺	0.03	179	吡唑萘菌胺	3
151	粉唑醇	0.8	180	噁唑磷	0.01
152	fluxametamide	1	181	春雷霉素	0.2
153	氟唑菌酰胺	0.7	182	铅	1
154	灭菌丹	5	183	环草定	0.3
155	氯吡脲	0.1	184	雷皮菌素	0.3
156	三乙膦酸铝	100	185	林丹	2
157	噻唑膦	0.2	186	利谷隆	0.2
158	赤霉素	0.2	187	虱螨脲	0.5
159	草铵膦	0.2	188	马拉硫磷	0.5
160	草甘膦	0.2	189	抑芽丹	0.2
161	氯吡嘧磺隆	0.05	190	mandestrobin	10
162	六氯苯	0.01	191	双炔酰菌胺	2
163	噻螨酮	0.1	192	精甲霜灵	2
164	氰化氢	5	193	嘧菌胺	5
165	磷化氢	0.01	194	灭锈胺	0.02
166	噁霉灵	0.5	195	氰氟虫腙	5
167	抑霉唑	0.5	196	甲霜灵和精甲霜灵	2
168	灭草喹	0.05	197	威百亩	0.5
169	咪草烟铵	0.05	198	噻唑隆	0.05
170	imicyafos	0.3	199	甲胺磷	0.02
171	吡虫啉	2	200	杀扑磷	0.1

（续表）

序号	农药中文名称	MRL/（mg/kg）	序号	农药中文名称	MRL/（mg/kg）
201	灭虫威	0.05	230	二甲戊灵	0.05
202	灭多威	0.5	231	吡噻菌胺	3
203	甲氧氯	7	232	苄氯菊酯	1
204	甲氧虫酰肼	2	233	甲拌磷	0.3
205	碘甲烷	0.05	234	亚胺硫磷	1
206	异硫氰酸甲酯	0.5	235	辛硫磷	0.2
207	异丙甲草胺	0.1	236	picarbutrazox	2
208	苯菌酮	0.9	237	杀鼠酮	0.001
209	嗪草酮	0.5	238	增效醚	2
210	密灭汀	0.2	239	增效醚	0.3
211	久效磷	0.05	240	抗蚜威	1
212	腈菌唑	2	241	甲基嘧啶磷	2
213	二溴磷	0.1	242	多氧霉素	0.1
214	敌草胺	0.1	243	咪鲜胺	0.05
215	烟碱	2	244	腐霉利	3
216	烯啶虫胺	1	245	茉莉酸诱导体	0.3
217	双苯氟脲	2	246	霜霉威	2
218	氧乐果	0.7	247	炔螨特	2
219	噁霜灵	5	248	丙环唑	0.05
220	杀线威	2	249	残杀威	2
221	氟噻唑吡乙酮	0.5	250	氟唑菌酰羟胺	0.6
222	喹啉铜	3	251	吡蚜酮	1
223	砜吸磷	0.02	252	吡唑硫磷	0.1
224	土霉素	0.3	253	吡唑醚菌酯	0.5
225	多效唑	0.05	254	pyraziflumid	2
226	百草枯	0.05	255	吡唑特	0.02
227	对硫磷	0.3	256	除虫菊素	1
228	甲基对硫磷	0.2	257	吡菌苯威	3
229	戊菌唑	0.2	258	哒螨灵	5

（续表）

序号	农药中文名称	MRL/（mg/kg）	序号	农药中文名称	MRL/（mg/kg）
259	啶虫丙醚	5	288	四唑虫酰胺	2
260	氟虫吡喹	1	289	噻菌灵	2
261	嘧霉胺	2	290	噻虫啉	1
262	甲氧苯啶菌	1	291	噻虫嗪	2
263	吡丙醚	1	292	噻吩磺隆	0.07
264	喹硫磷	0.05	293	杀虫环	3
265	五氯硝基苯	0.02	294	硫双威和灭多威（总量）	0.5
266	喹禾灵和喹禾糠酯	0.05	295	硫菌灵	3
267	喹禾糠酯	0.05	296	甲基硫菌灵	3
268	苄呋菊酯	0.1	297	甲基立枯磷	2
269	玉嘧磺隆	0.05	298	唑虫酰胺	2
270	稀禾定	1	299	对甲抑菌灵	3
271	硅氟唑	0.2	300	四溴菊酯	0.3
272	乙基多杀菌素	0.7	301	野麦畏	0.1
273	多杀霉素	1	302	三唑酮	0.3
274	螺螨酯	0.5	303	三唑醇	0.5
275	螺甲螨酯	3	304	敌百虫	0.2
276	螺虫乙酯	3	305	绿草定	0.03
277	链霉素	0.3	306	十三吗啉	0.05
278	磺酰唑草酮	0.05	307	肟菌酯	0.7
279	氟啶虫胺腈	2	308	氟菌唑	2
280	戊唑醇	1	309	杀铃脲	0.02
281	虫酰肼	1	310	氟乐灵	0.1
282	吡螨胺	0.8	311	嗪胺灵	2
283	tebufloquin	1	312	井冈霉素	0.05
284	四氯硝基苯	0.05	313	乙烯菌核利	3
285	伏虫隆	2	314	杀鼠灵	0.001
286	特丁硫磷	0.005	315	苯酰菌胺	2
287	氟醚唑	0.7			

附表 34　日本黄瓜农药残留限量标准

序号	农药中文名称	MRL/（mg/kg）	序号	农药中文名称	MRL/（mg/kg）
1	1,3-二氯丙烯	0.01	30	生物苄呋菊酯	0.1
2	2-苯基苯酚	10	31	联苯三唑醇	0.5
3	2,4-滴	0.08	32	啶酰菌胺	5
4	4-氯苯氧乙酸	0.1	33	溴鼠灵	0.001
5	阿维菌素	0.2	34	溴化物	150
6	乙酰甲胺磷	0.1	35	溴螨酯	0.5
7	灭螨醌	0.5	36	乙嘧酚磺酸酯	1
8	啶虫脒	2	37	噻嗪酮	1
9	活化酯	0.8	38	丁胺磷	0.02
10	氟丙菊酯	0.3	39	硫线磷	0.05
11	双丙环虫酯	0.7	40	克菌丹	3
12	棉铃威	0.1	41	多菌灵、硫菌灵、甲基硫菌灵、苯菌灵	3
13	艾氏剂和狄氏剂	0.1			
14	唑嘧菌胺	3	42	唑草酮	0.1
15	吲唑磺菌胺	0.7	43	杀螟丹、杀虫环、杀虫磺	3
16	双甲脒	0.9	44	灭螨猛	0.5
17	三氧化二砷	1	45	氯虫苯甲酰胺	0.3
18	莠去津	0.02	46	氯丹	0.02
19	嘧菌酯	1	47	溴虫腈	0.5
20	苯霜灵	0.05	48	毒虫畏	0.2
21	苯菌灵	3	49	氯草敏	0.1
22	杀虫磺	3	50	氯化苦	0.01
23	灭草松	0.1	51	百菌清	5
24	苯噻菌胺	0.5	52	毒死蜱	0.05
25	苯并烯氟菌唑	0.3	53	甲基毒死蜱	0.03
26	六六六	0.2	54	氯酞酸二甲酯	2
27	联苯肼酯	0.5	55	环虫酰肼	0.3
28	联苯菊酯	0.5	56	烯草酮	0.5
29	双丙氨磷	0.004	57	炔草酯	0.02

（续表）

序号	农药中文名称	MRL/(mg/kg)	序号	农药中文名称	MRL/(mg/kg)
58	四螨嗪	0.5	86	丁醚脲	0.6
59	异噁草酮	0.08	87	二嗪农	0.1
60	氯吡多	0.2	88	抑菌灵	15
61	噻虫胺	2	89	氯硝胺	3
62	壬基苯酚磺酸铜	10	90	哒菌酮	0.02
63	杀螟腈	0.01	91	三氯杀螨醇	2
64	氰虫酰胺	0.3	92	狄氏剂	0.1
65	氰霜唑	0.7	93	乙霉威	5
66	环溴虫酰胺	0.2	94	苯醚甲环唑	0.7
67	噻草酮	0.05	95	野燕枯	0.05
68	腈吡螨酯	1	96	除虫脲	0.7
69	环氟菌胺	0.3	97	氟吡草腙	0.05
70	丁氟螨酯	1	98	噻节因	0.04
71	氟氯氰菊酯	2	99	乐果	1
72	氯氟氰菊酯	0.5	100	敌螨普	0.05
73	霜脲氰	0.3	101	呋虫胺	2
74	氯氰菊酯	0.5	102	二苯胺	0.05
75	环丙唑醇	0.05	103	敌草快	0.05
76	嘧菌环胺	0.7	104	乙拌磷	0.5
77	灭蝇胺	2	105	二硫代氨基甲酸盐	2
78	棉隆、威百亩和异硫氰酸甲酯	0.08	106	敌草隆	0.05
			107	多果定	0.2
79	胺磺铜	10	108	甲氨基阿维菌素苯甲酸盐	0.1
80	二氯异丙醚	0.02	109	硫丹	0.5
81	滴滴涕	0.2	110	丙草丹	0.1
82	溴氰菊酯和四溴菊酯	0.2	111	噻唑菌胺	0.5
83	甲基内吸磷	0.4	112	乙烯利	2
84	烯酰吗啉	0.7	113	乙硫磷	0.3
85	敌敌畏和二溴磷	0.2	114	灭线磷	0.01

（续表）

序号	农药中文名称	MRL/ （mg/kg）	序号	农药中文名称	MRL/ （mg/kg）
115	二溴乙烷	0.01	144	伏草隆	0.02
116	1,2-二氯乙烷	0.01	145	氟吡菌胺	0.7
117	醚菊酯	1	146	氟吡菌酰胺	0.6
118	乙螨唑	0.3	147	氟吡呋喃酮	0.4
119	氯唑灵	0.1	148	氟喹唑	0.1
120	噁唑菌酮	0.5	149	氟啶草酮	0.1
121	咪唑菌酮	0.3	150	氯氟吡氧乙酸	0.05
122	苯线磷	0.05	151	氟噻唑菌腈	0.2
123	氯苯嘧啶醇	0.5	152	氟酰胺	0.05
124	腈苯唑	0.2	153	粉唑醇	0.3
125	苯丁锡	2	154	氟胺氰菊酯	0.5
126	环酰菌胺	2	155	fluxametamide	0.5
127	杀螟松	0.3	156	氟唑菌酰胺	0.5
128	仲丁威	0.7	157	灭菌丹	5
129	噁唑禾草灵	0.1	158	氯吡脲	0.1
130	苯氧威	0.05	159	三乙膦酸铝	100
131	甲氰菊酯	2	160	噻唑膦	0.2
132	丁苯吗啉	0.05	161	草铵膦	0.2
133	胺苯吡菌酮	0.7	162	草甘膦	0.5
134	唑螨酯	0.5	163	氯吡嘧磺隆	0.5
135	三苯锡	0.05	164	六氯苯	0.01
136	氰戊菊酯	0.2	165	噻螨酮	0.3
137	啶嘧磺隆	0.02	166	氰化氢	5
138	氟啶虫酰胺	2	167	磷化氢	0.01
139	氟苯虫酰胺	0.7	168	噁霉灵	0.5
140	氟氰戊菊酯	1	169	抑霉唑	0.5
141	咯菌腈	2	170	灭草喹	0.05
142	氟噻虫砜	1	171	咪草烟铵	0.05
143	氟虫脲	0.5	172	imicyafos	0.5

（续表）

序号	农药中文名称	MRL/（mg/kg）	序号	农药中文名称	MRL/（mg/kg）
173	吡虫啉	1	202	灭多威	0.2
174	双胍辛胺	0.2	203	甲氧氯	7
175	茚虫威	0.2	204	甲氧虫酰肼	0.3
176	碘苯腈	0.1	205	异硫氰酸甲酯	0.08
177	ipflufenoquin	0.2	206	苯菌酮	0.5
178	异菌脲	5	207	嗪草酮	0.5
179	异丙噻菌胺	1	208	密灭汀	0.2
180	吡唑萘菌胺	1	209	久效磷	0.05
181	噁唑磷	0.01	210	腈菌唑	1
182	春雷霉素	0.2	211	二溴磷	0.2
183	醚菌酯	0.5	212	敌草胺	0.1
184	铅	1	213	烟碱	2
185	环草定	0.3	214	烯啶虫胺	2
186	雷皮菌素	0.1	215	双苯氟脲	0.2
187	林丹	2	216	氧乐果	1
188	利谷隆	0.2	217	噁霜灵	5
189	虱螨脲	0.3	218	杀线威	2
190	马拉硫磷	0.5	219	氟噻唑吡乙酮	0.2
191	抑芽丹	0.2	220	喹啉铜	3
192	mandestrobin	2	221	砜吸磷	0.5
193	双炔酰菌胺	0.3	222	土霉素	0.2
194	精甲霜灵	1	223	百草枯	0.05
195	嘧菌胺	1	224	对硫磷	0.3
196	灭锈胺	0.02	225	甲基对硫磷	0.2
197	甲霜灵和精甲霜灵	1	226	戊菌唑	0.1
198	威百亩	0.08	227	吡噻菌胺	0.5
199	甲胺磷	0.02	228	苄氯菊酯	0.5
200	杀扑磷	0.05	229	甲拌磷	0.3
201	灭虫威	0.05	230	伏杀硫磷	2

（续表）

序号	农药中文名称	MRL/ （mg/kg）	序号	农药中文名称	MRL/ （mg/kg）
231	亚胺硫磷	1	260	喹硫磷	0.05
232	辛硫磷	0.02	261	五氯硝基苯	0.02
233	picarbutrazox	0.4	262	喹禾灵和喹禾糠酯	0.02
234	杀鼠酮	0.001	263	喹禾糠酯	0.02
235	增效醚	1	264	苄呋菊酯	0.1
236	抗蚜威	2	265	硅氟唑	0.3
237	甲基嘧啶磷	2	266	乙基多杀菌素	0.3
238	多氧霉素	0.1	267	多杀霉素	0.5
239	烯丙苯噻唑	0.05	268	螺螨酯	0.1
240	咪鲜胺	0.05	269	螺甲螨酯	0.1
241	腐霉利	4	270	螺虫乙酯	2
242	霜霉威	5	271	磺酰唑草酮	0.05
243	残杀威	2	272	氟啶虫胺腈	0.7
244	丙硫菌唑	0.3	273	戊唑醇	0.2
245	氟唑菌酰羟胺	0.5	274	吡螨胺	0.5
246	pyflubumide	0.5	275	四氯硝基苯	0.05
247	吡蚜酮	1	276	伏虫隆	2
248	吡唑硫磷	0.1	277	特丁硫磷	0.005
249	吡唑醚菌酯	0.5	278	氟醚唑	0.5
250	pyraziflumid	0.7	279	三氯杀螨砜	0.5
251	吡唑特	0.02	280	四唑虫酰胺	0.5
252	除虫菊素	1	281	噻菌灵	2
253	吡菌苯威	1	282	噻虫啉	0.7
254	哒螨灵	0.7	283	噻虫嗪	0.5
255	啶虫丙醚	0.5	284	杀虫环	3
256	氟虫吡喹	0.2	285	硫双威和灭多威（总量）	0.2
257	嘧霉胺	2	286	硫菌灵	3
258	甲氧苯唳菌	1	287	甲基硫菌灵	3
259	吡丙醚	0.2	288	甲基立枯磷	2

（续表）

序号	农药中文名称	MRL/（mg/kg）	序号	农药中文名称	MRL/（mg/kg）
289	唑虫酰胺	1	298	肟菌酯	0.7
290	对甲抑菌灵	1	299	氟菌唑	0.7
291	四溴菊酯	0.2	300	杀铃脲	0.02
292	野麦畏	0.1	301	氟乐灵	0.05
293	三唑酮	0.1	302	嗪胺灵	1
294	三唑醇	0.5	303	井冈霉素	0.05
295	敌百虫	1	304	乙烯菌核利	1
296	绿草定	0.03	305	杀鼠灵	0.001
297	十三吗啉	0.08	306	苯酰菌胺	2

附表 35 日本甘蓝农药残留限量标准

序号	农药中文名称	MRL/（mg/kg）	序号	农药中文名称	MRL/（mg/kg）
1	1,3-二氯丙烯	0.01	18	唑草酮	0.1
2	4-氯苯氧乙酸	0.02	19	杀螟丹，杀虫环，杀虫磺	3
3	活化酯	1	20	氯丹	0.02
4	甲草胺	0.01	21	氯草敏	0.1
5	棉铃威	0.1	22	氯化苦	0.01
6	涕灭威和涕灭砜威	0.1	23	甲基毒死蜱	0.03
7	莠去津	0.02	24	炔草酯	0.02
8	苯霜灵	0.05	25	异噁草酮	0.02
9	杀虫磺	3	26	氯吡多	0.2
10	灭草松	0.05	27	壬基苯酚磺酸铜	10
11	六六六	0.2	28	噻草酮	2
12	双丙氨磷	0.004	29	灭蝇胺	10
13	生物苄呋菊酯	0.1	30	胺磺铜	0.5
14	联苯三唑醇	0.05	31	甲基内吸磷	0.4
15	溴鼠灵	0.001	32	敌敌畏和二溴磷	0.1
16	溴螨酯	0.5	33	哒菌酮	0.02
17	克菌丹	0.01	34	三氯杀螨醇	3

序号	农药中文名称	MRL/（mg/kg）	序号	农药中文名称	MRL/（mg/kg）
35	野燕枯	0.05	64	磷化氢	0.01
36	氟吡草腙	0.05	65	噁霉灵	0.5
37	双氢链霉素和链霉素	0.05	66	抑霉唑	0.02
38	噻节因	0.04	67	灭草喹	0.05
39	二苯胺	0.05	68	咪草烟铵	0.05
40	敌草快	0.05	69	茚虫威	12
41	乙拌磷	0.5	70	碘苯腈	0.1
42	敌草隆	0.05	71	异菌脲	5
43	多果定	0.2	72	环草定	0.3
44	丙草丹	0.1	73	利谷隆	0.2
45	乙烯利	0.05	74	杀扑磷	0.1
46	乙硫磷	0.3	75	嗪草酮	0.5
47	二溴乙烷	0.01	76	久效磷	0.05
48	1,2-二氯乙烷	0.01	77	二溴磷	0.1
49	氯唑灵	0.1	78	敌草胺	0.1
50	氯苯嘧啶醇	0.5	79	烟碱	2
51	苯丁锡	0.05	80	氧乐果	1
52	噁唑禾草灵	0.1	81	噁霜灵	5
53	苯氧威	0.05	82	百草枯	0.05
54	三苯锡	0.05	83	戊菌唑	0.05
55	啶嘧磺隆	0.02	84	亚胺硫磷	1
56	氟啶胺	0.05	85	杀鼠酮	0.001
57	氟氰戊菊酯	0.5	86	甲基嘧啶磷	1
58	伏草隆	0.02	87	咪鲜胺	0.05
59	氯氟吡氧乙酸	0.05	88	残杀威	2
60	磺菌胺	0.1	89	吡唑特	0.02
61	氟酰胺	0.07	90	除虫菊素	1
62	六氯苯	0.01	91	喹硫磷	0.05
63	氰化氢	5	92	五氯硝基苯	0.02

（续表）

序号	农药中文名称	MRL/（mg/kg）	序号	农药中文名称	MRL/（mg/kg）
93	苄呋菊酯	0.1	101	野麦畏	0.1
94	链霉素	0.05	102	三唑酮	0.1
95	磺酰唑草酮	0.05	103	绿草定	0.03
96	四氯硝基苯	0.05	104	十三吗啉	0.05
97	特丁硫磷	0.005	105	肟菌酯	0.1
98	噻菌灵	2	106	杀铃脲	0.02
99	杀虫环	3	107	杀鼠灵	0.001
100	甲基立枯磷	2			

附表36　日本辣椒农药残留限量标准

序号	农药中文名称	MRL/（mg/kg）	序号	农药中文名称	MRL/（mg/kg）
1	阿维菌素	0.5	5	啶酰菌胺	10
2	乙酰甲胺磷	50	6	三环锡	5
3	三唑锡和三环锡	5	7	苯醚甲环唑	5
4	联苯菊酯	5	8	对甲抑菌灵	20

附表37　日本茄子农药残留限量标准

序号	农药中文名称	MRL/（mg/kg）	序号	农药中文名称	MRL/（mg/kg）
1	1,3-二氯丙烯	0.01	11	双丙环虫酯	0.2
2	2,4-滴	0.08	12	棉铃威	0.1
3	4-氯苯氧乙酸	0.1	13	唑嘧菌胺	2
4	阿维菌素	0.2	14	吲唑磺菌胺	1
5	乙酰甲胺磷	0.05	15	莠去津	0.02
6	灭螨醌	1	16	嘧菌酯	3
7	啶虫脒	2	17	苯霜灵	0.2
8	活化酯	1	18	苯菌灵	3
9	氟丙菊酯	0.5	19	杀虫磺	3
10	acynonapyr	0.5	20	灭草松	0.05

（续表）

序号	农药中文名称	MRL/ （mg/kg）	序号	农药中文名称	MRL/ （mg/kg）
21	苯噻菌胺	2	49	百菌清	2
22	苯并烯氟菌唑	2	50	毒死蜱	0.2
23	六六六	0.2	51	甲基毒死蜱	0.1
24	联苯肼酯	2	52	氯酞酸二甲酯	2
25	联苯菊酯	0.5	53	环虫酰肼	0.5
26	双丙氨磷	0.004	54	炔草酯	0.02
27	生物苄呋菊酯	0.1	55	异噁草酮	0.02
28	联苯三唑醇	0.5	56	氯吡多	0.2
29	啶酰菌胺	3	57	噻虫胺	1
30	溴鼠灵	0.001	58	壬基苯酚磺酸铜	10
31	溴化物	40	59	杀螟腈	0.05
32	溴螨酯	0.5	60	氰虫酰胺	2
33	噻嗪酮	1	61	氰霜唑	0.5
34	丁胺磷	0.02	62	环溴虫酰胺	0.2
35	硫线磷	0.02	63	噻草酮	0.05
36	克菌丹	5	64	腈吡螨酯	0.7
37	甲萘威	1	65	环氟菌胺	0.3
38	多菌灵、硫菌灵、甲基硫菌灵、苯菌灵	3	66	丁氟螨酯	2
			67	氟氯氰菊酯	2
39	唑草酮	0.1	68	氯氟氰菊酯	0.5
40	杀螟丹、杀虫环、杀虫磺	3	69	霜脲氰	0.5
41	灭螨猛	0.6	70	氯氰菊酯	0.5
42	氯虫苯甲酰胺	0.7	71	嘧菌环胺	0.5
43	氯丹	0.02	72	灭蝇胺	1
44	溴虫腈	1	73	棉隆、威百亩和异硫氰酸甲酯	0.05
45	毒虫畏	0.2			
46	氟啶脲	0.5	74	胺磺铜	10
47	氯草敏	0.1	75	二氯异丙醚	0.02
48	氯化苦	0.01	76	滴滴涕	0.2

（续表）

序号	农药中文名称	MRL/（mg/kg）	序号	农药中文名称	MRL/（mg/kg）
77	溴氰菊酯和四溴菊酯	0.3	106	1,2-二氯乙烷	0.01
78	甲基内吸磷	0.4	107	醚菊酯	2
79	烯酰吗啉	1	108	乙螨唑	0.5
80	敌敌畏和二溴磷	0.1	109	氯唑灵	0.1
81	丁醚脲	0.02	110	噁唑菌酮	4
82	二嗪农	0.05	111	咪唑菌酮	1
83	抑菌灵	15	112	苯线磷	0.1
84	哒菌酮	0.02	113	氯苯嘧啶醇	0.5
85	三氯杀螨醇	3	114	苯丁锡	6
86	乙霉威	5	115	环酰菌胺	2
87	苯醚甲环唑	0.6	116	杀螟松	0.5
88	野燕枯	0.05	117	仲丁威	0.5
89	氟吡草腙	0.05	118	噁唑禾草灵	0.1
90	噻节因	0.04	119	苯氧威	0.05
91	乐果	1	120	甲氰菊酯	2
92	敌螨普	0.5	121	丁苯吗啉	0.05
93	呋虫胺	2	122	胺苯吡菌酮	2
94	二苯胺	0.05	123	唑螨酯	0.5
95	敌草快	0.05	124	三苯锡	0.05
96	乙拌磷	0.5	125	氰戊菊酯	1
97	二硫代氨基甲酸盐	0.2	126	啶嘧磺隆	0.02
98	敌草隆	0.05	127	flometoquin	1
99	多果定	0.2	128	氟啶虫酰胺	0.7
100	甲氨基阿维菌素苯甲酸盐	0.1	129	吡氟禾草灵	0.5
101	硫丹	0.5	130	氟苯虫酰胺	1
102	丙草丹	0.1	131	氟氰戊菊酯	0.05
103	乙烯利	2	132	咯菌腈	1
104	乙硫磷	0.3	133	氟噻虫砜	0.7
105	二溴乙烷	0.01	134	氟虫脲	2

（续表）

序号	农药中文名称	MRL/ （mg/kg）	序号	农药中文名称	MRL/ （mg/kg）
135	伏草隆	0.02	164	ipflufenoquin	0.3
136	氟吡菌胺	2	165	异菌脲	5
137	氟吡菌酰胺	4	166	异丙噻菌胺	2
138	氟吡呋喃酮	2	167	吡唑萘菌胺	2
139	氯氟吡氧乙酸	0.05	168	噁唑磷	0.02
140	氟噻唑菌腈	0.2	169	春雷霉素	0.1
141	氟胺氰菊酯	0.5	170	醚菌酯	3
142	fluxametamide	0.3	171	环草定	0.3
143	氟唑菌酰胺	0.7	172	雷皮菌素	0.2
144	氯吡脲	0.1	173	林丹	2
145	三乙膦酸铝	100	174	利谷隆	0.2
146	噻唑膦	0.2	175	虱螨脲	0.5
147	赤霉素	0.1	176	马拉硫磷	0.5
148	草铵膦	0.2	177	抑芽丹	0.2
149	草甘膦	0.2	178	mandestrobin	2
150	氯吡嘧磺隆	0.05	179	双炔酰菌胺	2
151	六氯苯	0.01	180	精甲霜灵	1
152	噻螨酮	0.7	181	嘧菌胺	5
153	氰化氢	5	182	氰氟虫腙	3
154	磷化氢	0.01	183	甲霜灵和精甲霜灵	1
155	噁霉灵	0.5	184	威百亩	0.05
156	抑霉唑	0.5	185	甲胺磷	0.02
157	灭草喹	0.05	186	杀扑磷	0.1
158	咪草烟铵	0.05	187	灭虫威	0.05
159	imicyafos	0.3	188	灭多威	0.5
160	吡虫啉	2	189	甲氧氯	7
161	双胍辛胺	0.3	190	甲氧虫酰肼	2
162	茚虫威	0.5	191	异硫氰酸甲酯	0.05
163	碘苯腈	0.1	192	苯菌酮	0.9

（续表）

序号	农药中文名称	MRL/（mg/kg）	序号	农药中文名称	MRL/（mg/kg）
193	嗪草酮	0.5	222	多氧霉素	0.1
194	密灭汀	0.2	223	咪鲜胺	0.05
195	久效磷	0.2	224	腐霉利	3
196	腈菌唑	1	225	霜霉威	0.3
197	二溴磷	0.1	226	残杀威	2
198	敌草胺	0.1	227	氟唑菌酰羟胺	0.6
199	烟碱	2	228	pyflubumide	0.7
200	烯啶虫胺	2	229	吡蚜酮	1
201	双苯氟脲	0.7	230	吡唑硫磷	0.5
202	氧乐果	1	231	吡唑醚菌酯	0.5
203	噁霜灵	5	232	pyraziflumid	0.7
204	杀线威	2	233	吡唑特	0.02
205	氟噻唑吡乙酮	0.5	234	除虫菊素	1
206	砜吸磷	0.5	235	吡菌苯威	2
207	百草枯	0.05	236	哒螨灵	1
208	对硫磷	0.3	237	啶虫丙醚	1
209	甲基对硫磷	1	238	氟虫吡喹	0.3
210	戊菌唑	0.05	239	嘧霉胺	1
211	二甲戊灵	0.05	240	甲氧苯唉菌	1
212	吡噻菌胺	3	241	吡丙醚	1
213	苄氯菊酯	1	242	喹硫磷	0.05
214	甲拌磷	0.3	243	五氯硝基苯	0.02
215	亚胺硫磷	1	244	苄呋菊酯	0.1
216	辛硫磷	0.02	245	乙基多杀菌素	0.2
217	picarbutrazox	0.5	246	多杀霉素	2
218	杀鼠酮	0.001	247	螺螨酯	2
219	增效醚	8	248	螺甲螨酯	2
220	抗蚜威	2	249	螺虫乙酯	2
221	甲基嘧啶磷	3	250	磺酰唑草酮	0.05

（续表）

序号	农药中文名称	MRL/（mg/kg）	序号	农药中文名称	MRL/（mg/kg）
251	氟啶虫胺腈	2	268	甲基立枯磷	2
252	戊唑醇	0.5	269	唑虫酰胺	2
253	虫酰肼	1	270	四溴菊酯	0.3
254	吡螨胺	0.5	271	野麦畏	0.1
255	四氯硝基苯	0.05	272	三唑酮	0.05
256	伏虫隆	0.5	273	三唑醇	0.5
257	特丁硫磷	0.005	274	敌百虫	1
258	氟醚唑	0.3	275	绿草定	0.03
259	三氯杀螨砜	1	276	十三吗啉	0.05
260	四唑虫酰胺	0.7	277	肟菌酯	0.7
261	噻菌灵	2	278	氟菌唑	1
262	噻虫啉	1	279	杀铃脲	0.02
263	噻虫嗪	0.7	280	氟乐灵	0.05
264	杀虫环	3	281	嗪胺灵	1
265	硫双威和灭多威（总量）	0.5	282	井冈霉素	0.05
266	硫菌灵	3	283	杀鼠灵	0.001
267	甲基硫菌灵	3			

附表 38　日本花椰菜农药残留限量标准

序号	农药中文名称	MRL/（mg/kg）	序号	农药中文名称	MRL/（mg/kg）
1	1,3-二氯丙烯	0.01	10	唑嘧菌胺	9
2	2,4-滴	0.08	11	吲唑磺菌胺	2
3	4-氯苯氧乙酸	0.02	12	莠去津	0.02
4	乙酰甲胺磷	2	13	嘧菌酯	5
5	啶虫脒	1	14	苯霜灵	0.05
6	活化酯	1	15	苯菌灵	3
7	双丙环虫酯	0.5	16	杀虫磺	3
8	棉铃威	0.1	17	灭草松	0.05
9	艾氏剂和狄氏剂	0.01	18	六六六	0.2

（续表）

序号	农药中文名称	MRL/(mg/kg)	序号	农药中文名称	MRL/(mg/kg)
19	联苯菊酯	0.4	47	噻虫胺	0.3
20	双丙氨磷	0.004	48	壬基苯酚磺酸铜	10
21	生物苄呋菊酯	0.1	49	氰虫酰胺	3
22	联苯三唑醇	0.05	50	氰霜唑	2
23	啶酰菌胺	5	51	环溴虫酰胺	1
24	溴鼠灵	0.001	52	噻草酮	2
25	溴虫氟苯双酰胺	2	53	氟氯氰菊酯	2
26	溴化物	100	54	氯氟氰菊酯	0.5
27	溴螨酯	0.5	55	氯氰菊酯	1
28	克菌丹	0.01	56	嘧菌环胺	1
29	多菌灵、硫菌灵、甲基硫菌灵、苯菌灵	3	57	灭蝇胺	10
30	唑草酮	0.1	58	棉隆、威百亩和异硫氰酸甲酯	0.01
31	杀螟丹、杀虫环、杀虫磺	3	59	胺磺铜	0.5
32	氯虫苯甲酰胺	4	60	滴滴涕	0.2
33	氯丹	0.02	61	溴氰菊酯和四溴菊酯	0.1
34	溴虫腈	1	62	甲基内吸磷	0.4
35	毒虫畏	0.1	63	烯酰吗啉	6
36	氟啶脲	0.3	64	敌敌畏和二溴磷	0.1
37	氯草敏	0.1	65	丁醚脲	0.02
38	氯化苦	0.01	66	二嗪农	0.02
39	百菌清	1	67	抑菌灵	5
40	毒死蜱	0.05	68	哒菌酮	0.02
41	甲基毒死蜱	0.03	69	三氯杀螨醇	3
42	氯酞酸二甲酯	4	70	狄氏剂	0.01
43	炔草酯	0.02	71	苯醚甲环唑	2
44	异噁草酮	0.02	72	野燕枯	0.05
45	氯吡多	0.2	73	氟吡草腙	0.05
46	二氯吡啶酸	2	74	双氢链霉素和链霉素	0.05

（续表）

序号	农药中文名称	MRL/（mg/kg）	序号	农药中文名称	MRL/（mg/kg）
75	噻节因	0.04	104	氟虫腈	0.02
76	乐果	1	105	啶嘧磺隆	0.02
77	呋虫胺	2	106	flometoquin	6
78	二苯胺	0.05	107	氟啶虫酰胺	2
79	敌草快	0.05	108	氟啶胺	0.05
80	乙拌磷	0.5	109	氟苯虫酰胺	4
81	二硫代氨基甲酸盐	0.2	110	氟氰戊菊酯	0.2
82	敌草隆	0.05	111	咯菌腈	2
83	多果定	0.2	112	氟噻虫砜	2
84	甲氨基阿维菌素苯甲酸盐	0.5	113	伏草隆	0.02
85	硫丹	0.5	114	氟吡菌胺	5
86	苯硫磷	0.02	115	氟吡菌酰胺	0.09
87	丙草丹	0.1	116	氟吡呋喃酮	6
88	乙烯利	0.05	117	氯氟吡氧乙酸	0.05
89	乙硫磷	0.3	118	磺菌胺	0.1
90	二溴乙烷	0.01	119	氟酰胺	0.05
91	1,2-二氯乙烷	0.01	120	粉唑醇	2
92	氯唑灵	0.1	121	氟胺氰菊酯	0.05
93	噁唑菌酮	0.1	122	fluxametamide	2
94	咪唑菌酮	5	123	氟唑菌酰胺	4
95	苯线磷	0.04	124	三乙膦酸铝	60
96	氯苯嘧啶醇	0.5	125	噻唑膦	0.1
97	苯丁锡	0.05	126	草甘膦	0.2
98	噁唑禾草灵	0.1	127	六氯苯	0.01
99	苯氧威	0.05	128	氰化氢	5
100	甲氰菊酯	3	129	磷化氢	0.01
101	丁苯吗啉	0.05	130	噁霉灵	0.5
102	三苯锡	0.05	131	抑霉唑	0.02
103	氰戊菊酯	2	132	灭草喹	0.05

（续表）

序号	农药中文名称	MRL/（mg/kg）	序号	农药中文名称	MRL/（mg/kg）
133	咪草烟铵	0.05	162	烟碱	2
134	吡虫啉	0.4	163	烯啶虫胺	2
135	茚虫威	0.2	164	双苯氟脲	0.7
136	碘苯腈	0.1	165	氧乐果	1
137	异菌脲	5	166	噁霜灵	5
138	异柳磷	0.1	167	氟噻唑吡乙酮	2
139	环草定	0.3	168	噁喹酸	2
140	雷皮菌素	0.2	169	砜吸磷	0.5
141	林丹	2	170	乙氧氟草醚	0.05
142	利谷隆	0.2	171	百草枯	0.05
143	马拉硫磷	2	172	对硫磷	0.3
144	抑芽丹	0.2	173	甲基对硫磷	0.2
145	双炔酰菌胺	3	174	戊菌唑	0.05
146	精甲霜灵	0.5	175	二甲戊灵	0.05
147	甲霜灵和精甲霜灵	0.5	176	吡噻菌胺	5
148	威百亩	0.01	177	苄氯菊酯	0.5
149	甲胺磷	0.5	178	稻丰散	0.02
150	杀扑磷	0.1	179	甲拌磷	0.3
151	灭虫威	0.1	180	亚胺硫磷	1
152	灭多威	2	181	辛硫磷	0.05
153	甲氧氯	7	182	杀鼠酮	0.001
154	甲氧虫酰肼	7	183	增效醚	8
155	异硫氰酸甲酯	0.01	184	抗蚜威	1
156	异丙甲草胺	0.02	185	甲基嘧啶磷	5
157	速灭磷	0.05	186	烯丙苯噻唑	0.05
158	久效磷	0.05	187	咪鲜胺	0.05
159	腈菌唑	0.05	188	毒草安	0.6
160	二溴磷	0.1	189	霜霉威	0.2
161	敌草胺	0.1	190	残杀威	2

（续表）

序号	农药中文名称	MRL/ （mg/kg）	序号	农药中文名称	MRL/ （mg/kg）
191	吡蚜酮	0.02	215	四氯硝基苯	0.05
192	吡唑硫磷	0.05	216	伏虫隆	0.01
193	吡唑醚菌酯	5	217	七氟菊酯	0.5
194	吡唑特	0.02	218	特丁硫磷	0.005
195	除虫菊素	1	219	噻菌灵	2
196	啶虫丙醚	0.3	220	噻虫嗪	5
197	哒草特	10	221	杀虫环	3
198	氟虫吡喹	0.1	222	硫双威和灭多威（总量）	2
199	吡丙醚	0.7	223	硫菌灵	3
200	喹硫磷	0.05	224	甲基硫菌灵	3
201	五氯硝基苯	0.02	225	甲基立枯磷	2
202	喹禾灵和喹禾糠酯	0.05	226	四溴菊酯	0.1
203	喹禾糠酯	0.05	227	野麦畏	0.1
204	苄呋菊酯	0.1	228	三唑酮	0.1
205	稀禾定	2	229	三唑醇	1
206	乙基多杀菌素	2	230	敌百虫	0.5
207	多杀霉素	2	231	绿草定	0.03
208	螺甲螨酯	2	232	十三吗啉	0.05
209	螺虫乙酯	7	233	肟菌酯	0.5
210	链霉素	0.05	234	杀铃脲	0.02
211	磺酰唑草酮	0.05	235	氟乐灵	3
212	氟啶虫胺腈	0.08	236	井冈霉素	0.05
213	戊唑醇	0.05	237	乙烯菌核利	1
214	虫酰肼	0.5	238	杀鼠灵	0.001

附表 39　日本马铃薯农药残留限量标准

序号	农药中文名称	MRL/ （mg/kg）	序号	农药中文名称	MRL/ （mg/kg）
1	1,3-二氯丙烯	0.01	3	2,6-二异丙基萘	0.5
2	2,4-滴	0.2	4	4-氯苯氧乙酸	0.02

（续表）

序号	农药中文名称	MRL/（mg/kg）	序号	农药中文名称	MRL/（mg/kg）
5	阿维菌素	0.01	34	溴鼠灵	0.001
6	乙酰甲胺磷	0.5	35	溴化物	60
7	啶虫脒	0.3	36	溴螨酯	0.05
8	双丙环虫酯	0.01	37	丁胺磷	0.2
9	甲草胺	0.01	38	硫线磷	0.03
10	棉铃威	0.5	39	克菌丹	0.05
11	艾氏剂和狄氏剂	0.1	40	甲萘威	0.02
12	唑嘧菌胺	0.05	41	多菌灵，硫菌灵，甲基硫菌灵，苯菌灵	0.6
13	吲唑磺菌胺	0.05			
14	三氧化二砷	1	42	唑草酮	0.1
15	莠去津	0.06	43	杀螟丹，杀虫环，杀虫磺	0.1
16	嘧菌酯	7	44	氯虫苯甲酰胺	0.02
17	苯霜灵	0.02	45	氯丹	0.02
18	噁虫威	0.05	46	毒虫畏	0.1
19	苯菌灵	0.6	47	氯化苦	0.01
20	解草酮	0.01	48	百菌清	0.2
21	杀虫磺	0.1	49	氯苯胺灵	30
22	灭草松	0.1	50	毒死蜱	0.05
23	苯噻菌胺	0.01	51	甲基毒死蜱	0.05
24	苯并烯氟菌唑	0.02	52	氯酞酸二甲酯	3
25	六六六	0.2	53	烯草酮	1
26	联苯肼酯	0.05	54	炔草酯	0.02
27	甲羧除草醚	0.05	55	异噁草酮	0.05
28	联苯菊酯	0.05	56	氯吡多	0.2
29	双丙氨磷	0.004	57	噻虫胺	0.3
30	生物苄呋菊酯	0.1	58	壬基苯酚磺酸铜	5
31	联苯三唑醇	0.05	59	草净津	0.02
32	联苯吡菌胺	0.01	60	氰虫酰胺	0.2
33	啶酰菌胺	2	61	氰霜唑	0.05

（续表）

序号	农药中文名称	MRL/（mg/kg）	序号	农药中文名称	MRL/（mg/kg）
62	噻草酮	2	90	乐果	1
63	氟氯氰菊酯	0.1	91	呋虫胺	0.2
64	氯氟氰菊酯	0.04	92	二苯胺	0.05
65	霜脲氰	0.2	93	敌草快	0.1
66	氯氰菊酯	0.05	94	乙拌磷	0.5
67	环丙唑醇	0.01	95	二硫代氨基甲酸盐	0.2
68	灭蝇胺	0.8	96	敌草隆	0.05
69	棉隆、威百亩和异硫氰酸甲酯	0.2	97	甲氨基阿维菌素苯甲酸盐	0.1
			98	硫丹	0.3
70	胺磺铜	0.5	99	丙草丹	0.3
71	滴滴涕	0.2	100	噻唑菌胺	0.05
72	溴氰菊酯和四溴菊酯	0.02	101	乙烯利	0.05
73	甲基内吸磷	0.4	102	灭线磷	0.05
74	烯酰吗啉	0.1	103	二溴乙烷	0.01
75	敌敌畏和二溴磷	0.1	104	1,2-二氯乙烷	0.01
76	丁醚脲	0.02	105	醚菊酯	0.05
77	二嗪农	0.02	106	氯唑灵	0.5
78	麦草畏	0.05	107	噁唑菌酮	0.05
79	抑菌灵	0.1	108	咪唑菌酮	0.02
80	氯硝胺	0.3	109	苯线磷	0.1
81	哒菌酮	0.02	110	氯苯嘧啶醇	0.02
82	三氯杀螨醇	3	111	苯丁锡	0.05
83	狄氏剂	0.1	112	杀螟松	0.05
84	苯醚甲环唑	4	113	噁唑禾草灵	0.1
85	野燕枯	0.05	114	苯氧威	0.05
86	氟吡草腙	0.05	115	甲氰菊酯	1
87	双氢链霉素和链霉素	0.05	116	丁苯吗啉	0.05
88	二甲吩草胺	0.01	117	唑螨酯	0.05
89	噻节因	0.05	118	丰索磷	0.1

（续表）

序号	农药中文名称	MRL/ （mg/kg）	序号	农药中文名称	MRL/ （mg/kg）
119	倍硫磷	0.05	148	草铵膦	0.2
120	三苯锡	0.1	149	草甘膦	0.2
121	氰戊菊酯	0.05	150	六氯苯	0.01
122	氟虫腈	0.02	151	氰化氢	1
123	啶嘧磺隆	0.02	152	磷化氢	0.02
124	氟啶虫酰胺	0.03	153	噁霉灵	0.5
125	吡氟禾草灵	0.7	154	抑霉唑	5
126	氟啶胺	0.1	155	灭草喹	0.05
127	氟苯虫酰胺	0.05	156	咪草烟铵	0.05
128	氟氰戊菊酯	0.05	157	imicyafos	0.1
129	咯菌腈	6	158	吡虫啉	0.4
130	氟噻虫砜	0.8	159	双胍辛胺	0.02
131	氟噻草胺	0.1	160	茚虫威	0.2
132	丙炔氟草胺	0.02	161	inpyrfluxam	0.01
133	伏草隆	0.02	162	碘苯腈	0.1
134	氟吡菌胺	0.05	163	异菌脲	0.5
135	氟吡菌酰胺	0.1	164	异柳磷	0.1
136	氟嘧菌酯	0.01	165	春雷霉素	0.2
137	氟吡呋喃酮	0.05	166	铅	1
138	氯氟吡氧乙酸	0.05	167	环草定	0.3
139	磺菌胺	0.05	168	林丹	1
140	氟酰胺	0.2	169	利谷隆	0.1
141	氟胺氰菊酯	0.01	170	虱螨脲	0.02
142	氟唑菌酰胺	0.03	171	马拉硫磷	0.5
143	灭菌丹	0.1	172	抑芽丹	50
144	三乙膦酸铝	35	173	双炔酰菌胺	0.09
145	噻唑膦	0.03	174	精甲霜灵	0.3
146	呋吡菌胺	0.01	175	氯氟醚菌唑	0.04
147	赤霉素	0.05	176	灭锈胺	0.02

序号	农药中文名称	MRL/（mg/kg）	序号	农药中文名称	MRL/（mg/kg）
177	氰氟虫腙	0.02	206	二甲戊灵	0.2
178	甲霜灵和精甲霜灵	0.3	207	氟唑菌苯胺	0.05
179	威百亩	0.2	208	吡噻菌胺	0.06
180	叶菌唑	0.04	209	苄氯菊酯	0.05
181	噻唑隆	0.1	210	稻丰散	0.02
182	甲胺磷	0.1	211	甲拌磷	0.2
183	杀扑磷	0.02	212	伏杀硫磷	0.05
184	灭虫威	0.05	213	亚胺硫磷	0.05
185	灭多威	0.3	214	辛硫磷	0.05
186	甲氧氯	0.01	215	杀鼠酮	0.001
187	异硫氰酸甲酯	0.2	216	增效醚	0.5
188	异丙甲草胺	0.2	217	抗蚜威	0.05
189	嗪草酮	0.6	218	甲基嘧啶磷	0.05
190	腈菌唑	0.06	219	咪鲜胺	0.05
191	二溴磷	0.1	220	腐霉利	0.2
192	烯啶虫胺	0.2	221	丙溴磷	0.02
193	双苯氟脲	0.05	222	霜霉威	0.3
194	氧乐果	2	223	炔螨特	0.03
195	噁霜灵	1	224	残杀威	0.5
196	杀线威	0.1	225	苄草丹	0.05
197	氟噻唑吡乙酮	0.05	226	丙硫菌唑	0.02
198	喹啉铜	0.1	227	丙硫磷	0.02
199	噁喹酸	0.3	228	氟唑菌酰羟胺	0.02
200	砜吸磷	0.02	229	吡蚜酮	0.1
201	土霉素	0.2	230	吡唑硫磷	0.05
202	百草枯	0.2	231	吡唑醚菌酯	0.02
203	甲基对硫磷	0.1	232	吡草醚	0.05
204	戊菌唑	0.05	233	吡唑特	0.02
205	戊菌隆	0.05	234	除虫菊素	1

（续表）

序号	农药中文名称	MRL/ （mg/kg）	序号	农药中文名称	MRL/ （mg/kg）
235	啶虫丙醚	0.05	259	噻虫啉	0.02
236	氟虫吡喹	0.2	260	噻虫嗪	0.3
237	嘧霉胺	0.05	261	氟吡菌酰胺	0.01
238	砜吡草唑	0.01	262	禾草丹	0.02
239	喹硫磷	0.05	263	杀虫环	0.1
240	五氯硝基苯	0.1	264	硫双威和灭多威（总量）	0.3
241	喹禾灵和喹禾糠酯	0.1	265	硫菌灵	0.6
242	喹禾糠酯	0.1	266	甲基硫菌灵	0.6
243	苄呋菊酯	0.1	267	甲基立枯磷	1
244	玉嘧磺隆	0.1	268	唑虫酰胺	0.05
245	氟唑环菌胺	0.02	269	四溴菊酯	0.02
246	稀禾定	4	270	三唑酮	0.1
247	乙基多杀菌素	0.1	271	三唑醇	0.1
248	多杀霉素	0.02	272	敌百虫	0.5
249	螺甲螨酯	0.02	273	绿草定	0.03
250	螺虫乙酯	1	274	十三吗啉	0.05
251	链霉素	0.05	275	肟菌酯	0.04
252	磺酰唑草酮	0.2	276	杀铃脲	0.02
253	氟啶虫胺腈	0.05	277	氟乐灵	0.2
254	戊唑醇	0.1	278	井冈霉素	0.05
255	四氯硝基苯	0.05	279	乙烯菌核利	0.1
256	七氟菊酯	0.1	280	杀鼠灵	0.001
257	特丁硫磷	0.005	281	苯酰菌胺	0.02
258	噻菌灵	10			

附录 7　韩国大宗蔬菜农药残留限量标准

韩国大宗蔬菜农药残留限量标准见附表 40~附表 47。

附表 40　韩国大白菜农药残留限量标准

序号	农药中文名称	MRL/（mg/kg）	序号	农药中文名称	MRL/（mg/kg）
1	阿维菌素	0.1	30	氰虫酰胺	0.7
2	乙酰甲胺磷	2	31	氰霜唑	0.7
3	啶虫脒	1	32	环溴虫酰胺	0.2
4	甲草胺	0.05	33	氟氯氰菊酯	2
5	唑嘧菌胺	2	34	氯氟氰菊酯	0.2
6	吲唑磺菌胺	0.7	35	霜脲氰	0.2
7	保棉磷	0.2	36	氯氰菊酯	2
8	嘧菌酯	2	37	棉隆	0.1
9	苯霜灵	0.1	38	溴氰菊酯	0.3
10	灭草松	0.2	39	二嗪农	0.05
11	苯噻菌胺	2	40	抑菌灵	15.0
12	联苯菊酯	0.7	41	敌敌畏	0.2
13	双三氟虫脲	1	42	三氯杀螨醇	1.0
14	啶酰菌胺	0.05	43	烯酰吗啉	2
15	硫线磷	0.05	44	甲基毒虫畏	0.05
16	克菌丹	3	45	烯唑醇	0.3
17	甲萘威	0.5	46	呋虫胺	1
18	多菌灵	0.7	47	二噻农	0.05
19	克百威	0.05	48	代森锰锌	2.0
20	杀螟丹	2	49	硫丹	0.2
21	氯虫苯甲酰胺	1	50	噻唑菌胺	0.7
22	溴虫腈	1	51	乙硫苯威	5.0
23	氟啶脲	0.3	52	灭线磷	0.02
24	百菌清	2	53	醚菊酯	0.7
25	氯苯胺灵	0.05	54	氯唑灵	0.07
26	毒死蜱	0.2	55	噁唑菌酮	0.3
27	甲基毒死蜱	0.07	56	苯线磷	0.05
28	环虫酰肼	2	57	苯丁锡	2.0
29	噻虫胺	0.2	58	杀螟松	0.05

（续表）

序号	农药中文名称	MRL/ （mg/kg）	序号	农药中文名称	MRL/ （mg/kg）
59	氰戊菊酯	0.3	88	灭多虫	1
60	氟虫腈	0.05	89	甲氧虫酰肼	2
61	氟啶虫酰胺	0.7	90	嗪草酮	0.5
62	氟禾草灵	0.7	91	敌草胺	0.05
63	氟啶胺	1	92	双苯氟脲	0.7
64	氟苯虫酰胺	1	93	噁霜灵	0.1
65	氟虫脲	1	94	杀线威	1.0
66	氟吡菌胺	0.3	95	氟噻唑吡乙酮	0.7
67	氟吡呋喃酮	5	96	噁喹酸	2
68	磺菌胺	0.05	97	多效唑	0.7
69	fluxametamide	2	98	对硫磷	0.3
70	氟唑菌酰胺	1	99	甲基对硫磷	0.2
71	三乙膦酸铝	7	100	二甲戊灵	0.07
72	草铵膦	0.05	101	苄氯菊酯	5.0
73	氟铃脲	0.3	102	稻丰散	0.03
74	氰化氢	5	103	甲拌磷	0.05
75	吡虫啉	0.3	104	伏杀硫磷	2.0
76	茚虫威	0.7	105	辛硫磷	0.05
77	异柳磷	0.05	106	picarbutrazox	2
78	醚菌酯	0.03	107	抗蚜威	2.0
79	雷皮菌素	0.05	108	甲基嘧啶磷	0.7
80	虱螨脲	0.3	109	烯丙苯噻唑	0.07
81	马拉硫磷	0.2	110	丙溴磷	0.7
82	抑芽丹	25.0	111	调环酸	2
83	双炔酰菌胺	1	112	霜霉威	1
84	氰氟虫腙	0.7	113	丙硫磷	0.05
85	甲霜灵	0.2	114	吡蚜酮	0.2
86	聚乙醛	1	115	吡唑硫磷	0.05
87	甲胺磷	0.7	116	吡唑醚菌酯	2

（续表）

序号	农药中文名称	MRL/（mg/kg）	序号	农药中文名称	MRL/（mg/kg）
117	定菌磷	0.1	130	丁基嘧啶磷	0.01
118	除虫菊素	1.0	131	伏虫隆	1
119	吡菌苯威	1	132	七氟菊酯	0.1
120	啶虫丙醚	0.7	133	特丁硫磷	0.05
121	氟虫吡喹	0.3	134	氟氰虫酰胺	2
122	嘧霉胺	0.1	135	噻虫啉	0.2
123	稀禾定	3	136	噻虫嗪	0.5
124	乙基多杀菌素	0.3	137	噻氟酰胺	0.2
125	多杀霉素	0.5	138	禾草丹	0.05
126	螺虫乙酯	2	139	肟菌酯	0.2
127	氟啶虫胺腈	0.2	140	氟乐灵	0.05
128	戊唑醇	2	141	苯酰菌胺	1
129	虫酰肼	0.3			

附表 41　韩国番茄农药残留限量标准

序号	农药中文名称	MRL/（mg/kg）	序号	农药中文名称	MRL/（mg/kg）
1	阿维菌素	0.05	14	苯菌灵	2
2	乙酰甲胺磷	2	15	杀虫磺	1
3	啶虫脒	2	16	灭草松	0.2
4	氟丙菊酯	0.5	17	苯噻菌胺	1
5	双丙环虫酯	0.15	18	联苯肼酯	0.3
6	唑嘧菌胺	2	19	联苯菊酯	0.5
7	吲唑磺菌胺	1	20	啶酰菌胺	2
8	双甲脒	1	21	溴虫氟苯双酰胺	1
9	保棉磷	0.3	22	噻嗪酮	3
10	三唑锡	2.0	23	硫线磷	0.05
11	嘧菌酯	2	24	克菌丹	5
12	苯霜灵	2	25	多菌灵	2
13	丙硫克百威	0.05	26	克百威	0.05

（续表）

序号	农药中文名称	MRL/（mg/kg）	序号	农药中文名称	MRL/（mg/kg）
27	丁硫克百威	0.05	56	噻唑菌胺	1
28	杀螟丹	1	57	乙烯利	3
29	氯虫苯甲酰胺	1	58	乙硫苯威	5.0
30	溴虫腈	0.5	59	灭线磷	0.02
31	百菌清	5	60	醚菊酯	2
32	氯苯胺灵	0.1	61	氯唑灵	0.5
33	噻虫胺	1	62	噁唑菌酮	2
34	氰虫酰胺	0.5	63	咪唑菌酮	1
35	氰霜唑	2	64	苯线磷	0.2
36	环溴虫酰胺	0.7	65	腈苯唑	0.5
37	氟氯氰菊酯	0.5	66	苯丁锡	1.0
38	氯氟氰菊酯	0.5	67	环酰菌胺	2
39	三环锡	2.0	68	甲氰菊酯	2
40	霜脲氰	0.5	69	胺苯吡菌酮	3
41	氯氰菊酯	0.5	70	丰索磷	0.1
42	棉隆	0.1	71	倍硫磷	0.1
43	抑菌灵	2.0	72	氰戊菊酯	1.0
44	氯硝胺	0.5	73	福美铁	3
45	三氯杀螨醇	1.0	74	flometoquin	0.7
46	乙霉威	3	75	氟啶虫酰胺	1
47	苯醚甲环唑	1	76	吡氟禾草灵	0.4
48	乐果	1.0	77	氟苯虫酰胺	0.7
49	烯酰吗啉	5	78	咯菌腈	1
50	二甲基二硫代氨基甲酸	3	79	氟噻虫砜	0.05
51	甲基毒虫畏	0.1	80	氟虫脲	0.05
52	呋虫胺	1	81	氟吡菌胺	1.5
53	二噻农	2.0	82	氟吡菌酰胺	2
54	二硫代氨基甲酸盐类	3	83	氟吡呋喃酮	2
55	甲氨基阿维菌素苯甲酸盐	0.05	84	氟喹唑	0.7

（续表）

序号	农药中文名称	MRL/（mg/kg）	序号	农药中文名称	MRL/（mg/kg）
85	氟硅唑	1	114	甲霜灵	0.5
86	fluxametamide	0.5	115	叶菌唑	0.5
87	氟唑菌酰胺	1	116	甲胺磷	0.2
88	灭菌丹	2.0	117	灭多威	0.2
89	三乙膦酸铝	3.0	118	甲氧氯	14.0
90	噻唑膦	0.05	119	甲氧虫酰肼	2
91	呋线威	0.05	120	代森联	3
92	草铵膦	0.05	121	苯菌酮	2
93	氰化氢	5	122	嗪草酮	0.05
94	抑霉唑	0.5	123	速灭磷	0.2
95	imicyafos	0.05	124	密灭汀	0.1
96	吡虫啉	1	125	久效磷	1.0
97	双胍辛胺	0.7	126	腈菌唑	1
98	茚虫威	0.3	127	代森钠	3
99	异菌脲	2	128	敌草胺	0.05
100	异丙菌胺	2	129	双苯氟脲	0.5
101	异丙噻菌胺	5	130	呋酰胺	2
102	吡唑萘菌胺	1	131	氧乐果	0.01
103	春雷霉素	0.5	132	2-苯基苯酚	10.0
104	醚菌酯	3	133	噁霜灵	2
105	雷皮菌素	0.2	134	杀线威	2.0
106	马拉硫磷	0.5	135	氟噻唑吡乙酮	0.7
107	抑芽丹	25.0	136	噁喹酸	1.5
108	代森锰锌	3	137	土霉素	0.7
109	双炔酰菌胺	0.3	138	对硫磷	0.3
110	代森锰	3	139	甲基对硫磷	0.2
111	氯氟醚菌唑	0.7	140	二甲戊灵	0.2
112	嘧菌胺	5	141	吡噻菌胺	2
113	氰氟虫腙	0.7	142	苄氯菊酯	1.0

（续表）

序号	农药中文名称	MRL/（mg/kg）	序号	农药中文名称	MRL/（mg/kg）
143	甲拌磷	0.1	172	链霉素	5
144	磷胺	0.1	173	氟啶虫胺腈	0.5
145	辛硫磷	0.2	174	戊唑醇	1
146	picarbutrazox	2	175	虫酰肼	1
147	抗蚜威	1.0	176	伏虫隆	0.2
148	甲基嘧啶磷	1.0	177	特丁硫磷	0.01
149	烯丙苯噻唑	0.05	178	氟醚唑	2
150	咪鲜胺	2	179	三氯杀螨砜	1.0
151	腐霉利	10	180	四唑虫酰胺	0.5
152	丙溴磷	2.0	181	噻虫啉	1
153	霜霉威	5	182	噻虫嗪	0.2
154	丙森锌	3	183	禾草丹	0.2
155	氟唑菌酰羟胺	2	184	杀虫环	1
156	吡蚜酮	1	185	硫双威	0.2
157	吡唑醚菌酯	1	186	甲基硫菌灵	2
158	pyraziflumid	3	187	福美双	3
159	除虫菊素	1.0	188	对甲抑菌灵	2.0
160	吡菌苯威	2	189	三唑酮	0.5
161	哒螨灵	1	190	肟菌酯	2
162	啶虫丙醚	3	191	氟菌唑	1
163	氟虫吡喹	0.5	192	氟乐灵	0.05
164	嘧霉胺	1	193	嗪胺灵	0.5
165	甲氧苯啶菌	3	194	井冈霉素 A	0.05
166	吡丙醚	2	195	缬菌胺	1
167	稀禾定	10.0	196	乙烯菌核利	3.0
168	乙基多杀菌素	0.5	197	代森锌	3
169	多杀霉素	1	198	福美锌	3
170	螺甲螨酯	1	199	苯酰菌胺	2
171	螺虫乙酯	1			

附表 42　韩国黄瓜农药残留限量标准

序号	农药中文名称	MRL/ (mg/kg)	序号	农药中文名称	MRL/ (mg/kg)
1	阿维菌素	0.05	30	克百威	0.05
2	乙酰甲胺磷	2	31	丁硫克百威	0.05
3	啶虫脒	0.7	32	杀螟丹	0.07
4	氟丙菊酯	0.5	33	氯虫苯甲酰胺	0.5
5	双丙环虫酯	0.7	34	溴虫腈	0.5
6	棉铃威	0.1	35	百菌清	5
7	唑嘧菌胺	0.5	36	氯苯胺灵	0.05
8	吲唑磺菌胺	0.7	37	毒死蜱	0.5
9	双甲脒	0.5	38	噻虫胺	0.5
10	保棉磷	0.3	39	氰虫酰胺	0.5
11	三唑锡	0.5	40	氰霜唑	0.5
12	嘧菌酯	0.5	41	环溴虫酰胺	0.2
13	苯霜灵	0.3	42	丁氟螨酯	0.05
14	丙硫克百威	0.05	43	氟氯氰菊酯	2.0
15	苯菌灵	1	44	氯氟氰菊酯	0.5
16	杀虫磺	0.07	45	三环锡	0.5
17	灭草松	0.2	46	霜脲氰	0.3
18	苯噻菌胺	0.3	47	氯氰菊酯	0.2
19	联苯肼酯	0.5	48	胺磺铜	3
20	联苯菊酯	0.5	49	溴氰菊酯	0.5
21	双三氟虫脲	0.5	50	丁醚脲	2
22	联苯三唑醇	0.5	51	抑菌灵	5.0
23	啶酰菌胺	0.3	52	敌敌畏	0.1
24	溴虫氟苯双酰胺	0.1	53	三氯杀螨醇	1.0
25	噻嗪酮	1	54	乙霉威	0.5
26	硫线磷	0.05	55	苯醚甲环唑	1
27	克菌丹	5.0	56	除虫脲	1
28	甲萘威	0.5	57	乐果	2.0
29	多菌灵	1	58	烯酰吗啉	0.7

序号	农药中文名称	MRL/（mg/kg）	序号	农药中文名称	MRL/（mg/kg）
59	二甲基二硫代氨基甲酸	1	88	氟吡菌胺	0.5
60	呋虫胺	1	89	氟吡菌酰胺	1
61	二嗪农	0.3	90	氟喹唑	0.5
62	二硫代氨基甲酸盐类	1	91	氟硅唑	0.2
63	甲氨基阿维菌素苯甲酸盐	0.05	92	氟噻唑菌腈	0.05
64	噻唑菌胺	2	93	fluxametamide	0.3
65	乙烯利	0.1	94	氟唑菌酰胺	0.2
66	乙硫苯威	1.0	95	灭菌丹	0.5
67	灭线磷	0.02	96	三乙膦酸铝	30
68	醚菊酯	5	97	噻唑膦	0.5
69	氯唑灵	0.2	98	呋线威	0.05
70	噁唑菌酮	0.5	99	草铵膦	0.05
71	咪唑菌酮	0.1	100	己唑醇	0.05
72	氯苯嘧啶醇	0.5	101	氰化氢	5
73	腈苯唑	0.3	102	噁霉灵	0.05
74	苯丁锡	2.0	103	抑霉唑	0.5
75	环酰菌胺	0.5	104	imicyafos	0.2
76	甲氰菊酯	0.2	105	吡虫啉	0.5
77	胺苯吡菌酮	0.5	106	双胍辛胺	0.5
78	氰戊菊酯	0.2	107	茚虫威	0.5
79	福美铁	1	108	异菌脲	5
80	氟虫腈	0.1	109	异丙菌胺	1
81	flometoquin	0.5	110	异丙噻菌胺	2
82	氟啶虫酰胺	2	111	吡唑萘菌胺	2
83	氟啶胺	0.2	112	春雷霉素	0.2
84	氟苯虫酰胺	1	113	醚菌酯	0.5
85	咯菌腈	0.7	114	雷皮菌素	0.2
86	氟噻虫砜	0.05	115	虱螨脲	0.2
87	氟虫脲	0.5	116	马拉硫磷	0.05

（续表）

序号	农药中文名称	MRL/（mg/kg）	序号	农药中文名称	MRL/（mg/kg）
117	抑芽丹	25.0	146	甲基对硫磷	0.2
118	代森锰锌	1	147	戊菌唑	0.1
119	双炔酰菌胺	0.5	148	二甲戊灵	0.2
120	代森锰	1	149	吡噻菌胺	0.5
121	氯氟醚菌唑	0.2	150	苄氯菊酯	0.5
122	嘧菌胺	1	151	稻丰散	0.2
123	消螨多	0.7	152	磷胺	0.1
124	氰氟虫腙	0.5	153	picarbutrazox	0.3
125	甲霜灵	1	154	啶氧菌酯	1
126	甲胺磷	0.2	155	抗蚜威	1.0
127	灭虫威	0.3	156	甲基嘧啶磷	0.5
128	灭多威	0.2	157	咪鲜胺	1
129	甲氧氯	14.0	158	腐霉利	2
130	甲氧虫酰肼	0.3	159	丙溴磷	2.0
131	代森联	1	160	霜霉威	2
132	苯菌酮	0.7	161	丙森锌	1
133	嗪草酮	0.5	162	pyflubumide	0.3
134	速灭磷	0.2	163	吡蚜酮	0.2
135	密灭汀	0.05	164	吡唑醚菌酯	0.5
136	腈菌唑	1	165	pyraziflumid	0.3
137	代森钠	1	166	定菌磷	0.1
138	双苯氟脲	0.5	167	除虫菊素	1.0
139	氧乐果	0.01	168	吡菌苯威	0.5
140	2-苯基苯酚	10.0	169	哒螨灵	1
141	噁霜灵	0.3	170	哒嗪硫磷	0.2
142	杀线威	2.0	171	啶虫丙醚	0.5
143	噁喹酸	0.7	172	氟虫吡喹	0.3
144	土霉素	0.2	173	嘧霉胺	2
145	对硫磷	0.3	174	甲氧苯唉菌	0.7

（续表）

序号	农药中文名称	MRL/（mg/kg）	序号	农药中文名称	MRL/（mg/kg）
175	吡丙醚	0.2	194	杀虫环	0.07
176	烯禾啶	10.0	195	硫双威	0.2
177	硅氟唑	0.5	196	甲基硫菌灵	1
178	乙基多杀菌素	0.05	197	福美双	1
179	多杀霉素	0.3	198	对甲抑菌灵	2.0
180	螺螨酯	0.5	199	四溴菊酯	0.5
181	螺甲螨酯	0.5	200	三唑酮	0.2
182	螺虫乙酯	0.3	201	三唑醇	0.5
183	链霉素	0.5	202	敌百虫	0.1
184	氟啶虫胺腈	0.5	203	肟菌酯	0.5
185	戊唑醇	0.2	204	氟菌唑	1
186	虫酰肼	0.7	205	氟乐灵	0.05
187	伏虫隆	0.2	206	嗪胺灵	1
188	氟醚唑	1	207	井冈霉素 A	0.3
189	三氯杀螨砜	1.0	208	缬菌胺	0.3
190	四唑虫酰胺	0.3	209	乙烯菌核利	1.0
191	噻虫啉	0.3	210	代森锌	1
192	噻虫嗪	0.5	211	福美锌	1
193	禾草丹	0.2	212	苯酰菌胺	0.5

附表 43　韩国甘蓝农药残留限量标准

序号	农药中文名称	MRL/（mg/kg）	序号	农药中文名称	MRL/（mg/kg）
1	阿维菌素	0.6	8	苯菌灵	50
2	乙酰甲胺磷	5.0	9	灭草松	0.2
3	啶虫脒	10	10	苯噻菌胺	8
4	吲唑磺菌胺	15	11	联苯菊酯	8
5	保棉磷	0.3	12	啶酰菌胺	2.0
6	嘧菌酯	25	13	硫线磷	0.05
7	呋草黄	0.1	14	克菌丹	2.0

（续表）

序号	农药中文名称	MRL/ （mg/kg）	序号	农药中文名称	MRL/ （mg/kg）
15	多菌灵	50	44	氟苯虫酰胺	0.7
16	氯虫苯甲酰胺	10	45	氟虫脲	6
17	溴虫腈	5	46	氟吡菌胺	2.0
18	百菌清	5.0	47	氟吡呋喃酮	15
19	氯苯胺灵	0.05	48	磺菌胺	0.05
20	毒死蜱	0.15	49	氟酰胺	2
21	环虫酰肼	15	50	己唑醇	1.5
22	氰虫酰胺	10	51	噻螨酮	2.0
23	氟氯氰菊酯	0.05	52	异稻瘟净	0.2
24	氯氟氰菊酯	0.5	53	异柳磷	0.05
25	霜脲氰	2.0	54	虱螨脲	2
26	氯氰菊酯	6	55	马拉硫磷	2.0
27	溴氰菊酯	2	56	抑芽丹	25.0
28	抑菌灵	15.0	57	氰氟虫腙	9
29	三氯杀螨醇	1.0	58	叶菌唑	20
30	乙霉威	40	59	灭多威	5.0
31	乐果	0.5	60	甲氧氯	14.0
32	呋虫胺	2	61	甲氧虫酰肼	15
33	甲氨基阿维菌素苯甲酸盐	0.1	62	嗪草酮	0.5
34	氟环唑	0.05	63	速灭磷	1.0
35	乙硫苯威	2.0	64	双苯氟脲	15
36	灭线磷	0.05	65	氧乐果	0.01
37	醚菊酯	15	66	噁霜灵	0.1
38	苯丁锡	2.0	67	杀线威	1.0
39	环酰菌胺	10	68	对硫磷	0.3
40	杀螟松	0.05	69	苄氯菊酯	5.0
41	胺苯吡菌酮	15	70	稻丰散	2.0
42	氰戊菊酯	10.0	71	甲拌磷	3
43	氟啶虫酰胺	7	72	辛硫磷	0.05

（续表）

序号	农药中文名称	MRL/（mg/kg）	序号	农药中文名称	MRL/（mg/kg）
73	picarbutrazox	9	85	伏虫隆	7
74	抗蚜威	2.0	86	七氟菊酯	0.05
75	吡蚜酮	3	87	特丁硫磷	0.5
76	除虫菊素	1.0	88	噻菌灵	0.05
77	吡菌苯威	15	89	噻虫啉	2.0
78	啶虫丙醚	15	90	禾草丹	0.2
79	氟虫吡喹	2	91	硫双威	5.0
80	烯禾啶	10.0	92	甲基硫菌灵	50
81	乙基多杀菌素	3	93	四溴菊酯	2
82	螺虫乙酯	5	94	三环唑	0.2
83	氟啶虫胺腈	10	95	缬菌胺	10
84	丁基嘧啶磷	0.07			

附表 44　韩国辣椒农药残留限量标准

序号	农药中文名称	MRL/（mg/kg）	序号	农药中文名称	MRL/（mg/kg）
1	草铵膦	0.05	15	抑菌灵	2.0
2	草甘膦	0.2	16	二噻农	2
3	敌草胺	0.1	17	二硫代氨基甲酸盐类	7
4	双苯氟脲	0.7	18	苯醚甲环唑	1
5	二嗪农	0.05	19	灭幼脲	2
6	棉隆	0.1	20	雷皮菌素	0.5
7	溴氰菊酯	0.2	21	虱螨脲	1
8	呋虫胺	2	22	腈菌唑	1
9	二甲酚草胺	0.05	23	甲氧基丙烯酸酯类杀菌剂	5
10	烯酰吗啉	5	24	双炔酰菌胺	5
11	乐果	1.0	25	马拉硫磷	0.1
12	乙霉威	1	26	甲胺磷	1
13	三氯杀螨醇	1.0	27	氰氟虫腙	1
14	敌敌畏	0.05	28	甲霜灵	1

（续表）

序号	农药中文名称	MRL/（mg/kg）	序号	农药中文名称	MRL/（mg/kg）
29	灭多威	5	58	苯嘧磺草胺	0.02
30	甲氧氯	14.0	59	氟啶虫胺腈	0.5
31	甲氧虫酰肼	1	60	稀禾定	0.05
32	异丙甲草胺	0.05	61	乙基多杀菌素	0.5
33	苯菌酮	2	62	多杀霉素	0.5
34	叶菌唑	1	63	螺螨酯	5
35	嘧菌胺	0.5	64	螺甲螨酯	3
36	密灭汀	0.1	65	螺虫乙酯	2
37	缬菌胺	2	66	硅氟唑	2
38	苯霜灵	1	67	唑嘧菌胺	2
39	苯噻菌胺	2	68	吲唑磺菌胺	1
40	啶酰菌胺	3	69	双甲脒	1
41	噻嗪酮	3	70	阿维菌素	0.2
42	双三氟虫脲	2	71	灭螨醌	2
43	联苯三唑醇	0.7	72	啶虫脒	2
44	联苯肼酯	3	73	乙酰甲胺磷	3
45	联苯菊酯	1	74	活化酯	1
46	乙烯菌核利	3.0	75	异噻菌胺	2
47	霜脲氰	0.5	76	异丙噻菌胺	7
48	氰霜唑	2	77	吡唑萘菌胺	2
49	氰虫酰胺	1	78	嘧菌酯	2
50	腈吡螨酯	3	79	保棉磷	0.3
51	环溴虫酰胺	1	80	氟丙菊酯	1
52	氯氰菊酯	0.5	81	甲草胺	0.2
53	嘧菌环胺	2.0	82	甲氨基阿维菌素	0.2
54	丁氟螨酯	1	83	噻唑菌胺	1
55	氟氯氰菊酯	1	84	乙丁烯氟灵	0.05
56	环氟菌胺	0.3	85	醚菊酯	2
57	氯氟氰菊酯	0.5	86	灭线磷	0.02

（续表）

序号	农药中文名称	MRL/（mg/kg）	序号	农药中文名称	MRL/（mg/kg）
87	乙螨唑	0.3	116	毒死蜱	1
88	氯唑灵	0.05	117	异噁草酮	0.05
89	硫丹	0.1	118	噻虫胺	2
90	氧乐果	0.01	119	特丁硫磷	0.05
91	防腐杀菌剂	10.0	120	戊唑醇	3
92	噁草酮	0.1	121	虫酰肼	1
93	噁霜灵	2	122	吡螨胺	0.5
94	杀线威	5.0	123	丁基嘧啶磷	0.05
95	氟噻唑吡乙酮	0.7	124	氟氰虫酰胺	2
96	噁喹酸	3	125	四氯杀螨砜	1.0
97	双胍辛胺	2	126	氟醚唑	1
98	吡虫啉	1	127	伏虫隆	0.2
99	imicyafos	0.1	128	七氟菊酯	0.05
100	2,4-滴	0.1	129	对甲抑菌灵	2.0
101	异菌脲	5	130	三环唑	3.0
102	丙森锌	1	131	唑蚜威	0.05
103	茚虫威	1	132	三唑磷	0.05
104	苯酰菌胺	0.3	133	嗪胺灵	2
105	硫线磷	0.05	134	肟菌酯	2
106	多菌灵	5	135	氟乐灵	0.05
107	克百威	0.05	136	氟菌唑	1
108	克菌丹	5	137	噻虫嗪	1
109	醚菌酯	2	138	噻虫啉	1
110	环虫酰肼	2	139	脲嘧啶类除草剂	0.05
111	氯虫苯甲酰胺	1	140	禾草丹	0.05
112	百菌清	5	141	噻氟酰胺	0.05
113	溴虫腈	0.7	142	对硫磷	0.3
114	氯苯胺灵	0.05	143	甲基对硫磷	1.0
115	氟啶脲	0.5	144	噁唑菌酮	5

（续表）

序号	农药中文名称	MRL/（mg/kg）	序号	农药中文名称	MRL/（mg/kg）
145	百草枯	0.1	173	氟啶虫酰胺	2
146	苄氯菊酯	1.0	174	咯菌腈	3
147	氯苯嘧啶醇	1.0	175	氟苯虫酰胺	1
148	咪唑菌酮	1	176	氟硅唑	1
149	苯线磷	0.2	177	氟啶胺	3
150	喹螨醚	2	178	氟禾草灵	1.0
151	噁唑禾草灵	0.05	179	嘧螨酯	3.0
152	杀螟松	0.5	180	氟噻虫砜	0.2
153	二甲戊灵	0.05	181	氟吡菌酰胺	3
154	氰戊菊酯	2	182	氟吡菌胺	1
155	腈苯唑	0.5	183	氟喹唑	2
156	戊菌隆	0.05	184	氟酰胺	1
157	戊菌唑	0.3	185	噻唑烷类杀菌剂	0.5
158	吡噻菌胺	3	186	氟虫脲	1
159	甲氰菊酯	0.5	187	氟吡呋喃酮	1.5
160	胺苯吡菌酮	3	188	异噁唑啉杀虫剂	1
161	环酰菌胺	5	189	氟唑菌酰胺	1
162	伏杀硫磷	1.0	190	吡唑醚菌酯	1
163	噻唑膦	0.05	191	吡唑硫磷	1.0
164	辛硫磷	0.05	192	吡草醚	0.05
165	灭菌丹	5	193	哒螨灵	5
166	烯丙苯噻唑	0.07	194	啶虫丙醚	2
167	腐霉利	5	195	嘧霉胺	1
168	咪鲜胺	3	196	抗蚜威	2.0
169	霜霉威	5	197	甲基嘧啶磷	0.5
170	喔草酯	0.05	198	吡菌苯威	2
171	丙溴磷	2	199	甲氧苯啶菌	2
172	丙环唑	1	200	吡丙醚	0.7

（续表）

序号	农药中文名称	MRL/（mg/kg）	序号	农药中文名称	MRL/（mg/kg）
201	氟虫吡喹	0.5	204	啶氧菌酯	1
202	吡蚜酮	1	205	氟虫腈	0.05
203	(6-{[(Z)-(甲基-1H-5-四唑基)(苯基)亚甲基]氨基氧基甲基}-2-吡啶基)氨基甲酸特丁酯	2	206	甲酰苯胺类杀螨剂	1
			207	噁霉灵	0.05
			208	己唑醇	0.3
			209	噻螨酮	2

附表 45　韩国茄子农药残留限量标准

序号	农药中文名称	MRL/（mg/kg）	序号	农药中文名称	MRL/（mg/kg）
1	阿维菌素	0.02	21	克菌丹	5.0
2	乙酰甲胺磷	5.0	22	多菌灵	2
3	灭螨醌	1	23	克百威	0.1
4	啶虫脒	0.5	24	丁硫克百威	0.1
5	双丙环虫酯	0.05	25	杀螟丹	0.05
6	甲草胺	0.05	26	氯虫苯甲酰胺	0.2
7	吲唑磺菌胺	1.0	27	溴虫腈	0.5
8	双甲脒	0.5	28	氟啶脲	0.2
9	保棉磷	0.3	29	百菌清	3
10	三唑锡	0.5	30	氯苯胺灵	0.05
11	嘧菌酯	0.7	31	毒死蜱	0.05
12	丙硫克百威	0.1	32	环虫酰肼	0.3
13	苯菌灵	2	33	噻虫胺	0.3
14	灭草松	0.2	34	氰虫酰胺	0.5
15	联苯肼酯	0.5	35	氰霜唑	0.5
16	联苯菊酯	0.3	36	环溴虫酰胺	0.2
17	联苯三唑醇	0.5	37	腈吡螨酯	2
18	啶酰菌胺	0.7	38	环氟菌胺	0.3
19	噻嗪酮	0.3	39	丁氟螨酯	1
20	硫线磷	0.05	40	氟氯氰菊酯	2.0

（续表）

序号	农药中文名称	MRL/ （mg/kg）	序号	农药中文名称	MRL/ （mg/kg）
41	氯氟氰菊酯	0.5	70	氟吡菌酰胺	2
42	三环锡	0.5	71	氟吡呋喃酮	1
43	氯氰菊酯	0.2	72	fluxametamide	0.5
44	棉隆	0.1	73	氟唑菌酰胺	0.5
45	溴氰菊酯	0.07	74	噻唑膦	0.05
46	抑菌灵	1.0	75	呋线威	0.1
47	敌敌畏	0.05	76	己唑醇	0.05
48	三氯杀螨醇	1.0	77	氰化氢	5
49	乙霉威	1	78	抑霉唑	0.5
50	苯醚甲环唑	0.5	79	吡虫啉	1
51	烯酰吗啉	1	80	双胍辛胺	0.2
52	呋虫胺	0.5	81	吡唑萘菌胺	0.7
53	甲氨基阿维菌素苯甲酸盐	0.05	82	春雷霉素	0.3
54	乙硫苯威	2.0	83	虱螨脲	0.3
55	灭线磷	0.05	84	马拉硫磷	0.5
56	醚菊酯	0.5	85	抑芽丹	25.0
57	乙螨唑	0.1	86	双炔酰菌胺	0.3
58	苯线磷	0.1	87	嘧菌胺	3
59	氯苯嘧啶醇	0.3	88	氰氟虫腙	0.2
60	喹螨醚	0.2	89	甲胺磷	1.0
61	苯丁锡	2.0	90	灭多威	0.2
62	环酰菌胺	2	91	甲氧氯	14.0
63	杀螟松	0.5	92	甲氧虫酰肼	0.3
64	胺苯吡菌酮	1	93	异丙甲草胺	0.05
65	氰戊菊酯	1.0	94	苯菌酮	0.7
66	氟啶虫酰胺	0.3	95	嗪草酮	0.5
67	咯菌腈	0.3	96	密灭汀	0.1
68	氟虫脲	0.5	97	腈菌唑	1.0
69	氟吡菌胺	0.2	98	双苯氟脲	0.3

（续表）

序号	农药中文名称	MRL/（mg/kg）	序号	农药中文名称	MRL/（mg/kg）
99	噁霜灵	0.1	123	吡丙醚	1
100	杀线威	2.0	124	烯禾啶	10.0
101	对硫磷	0.3	125	乙基多杀菌素	0.5
102	甲基对硫磷	1.0	126	多杀霉素	0.5
103	二甲戊灵	0.2	127	螺螨酯	2
104	吡噻菌胺	2	128	螺虫乙酯	0.7
105	苄氯菊酯	1.0	129	氟啶虫胺腈	0.2
106	甲拌磷	0.05	130	吡螨胺	0.1
107	辛硫磷	0.05	131	丁基嘧啶磷	0.05
108	啶氧菌酯	0.5	132	伏虫隆	0.2
109	抗蚜威	1.0	133	七氟菊酯	0.05
110	咪鲜胺	2	134	特丁硫磷	0.05
111	腐霉利	2.0	135	氟醚唑	0.5
112	霜霉威	1.5	136	噻虫啉	0.5
113	pyflubumide	0.07	137	噻虫嗪	0.2
114	吡蚜酮	0.2	138	禾草丹	0.2
115	吡唑醚菌酯	0.5	139	硫双威	0.2
116	除虫菊素	1.0	140	甲基硫菌灵	2
117	吡菌苯威	0.5	141	四溴菊酯	0.07
118	哒螨灵	1	142	三唑酮	0.2
119	啶虫丙醚	2	143	肟菌酯	0.7
120	氟虫吡喹	0.1	144	氟菌唑	0.2
121	嘧霉胺	2	145	氟乐灵	0.05
122	甲氧苯啶菌	0.7	146	嗪胺灵	0.2

附表 46　韩国花椰菜农药残留限量标准

序号	农药中文名称	MRL/（mg/kg）	序号	农药中文名称	MRL/（mg/kg）
1	阿维菌素	0.05	3	甲草胺	0.05
2	啶虫脒	1	4	唑嘧菌胺	0.05

（续表）

序号	农药中文名称	MRL/（mg/kg）	序号	农药中文名称	MRL/（mg/kg）
5	吲唑磺菌胺	2	34	二甲基二硫代氨基甲酸	5
6	嘧菌酯	0.05	35	烯唑醇	0.07
7	苯霜灵	0.05	36	呋虫胺	2
8	苯菌灵	5	37	二硫代氨基甲酸盐类	5
9	杀虫磺	0.3	38	甲氨基阿维菌素苯甲酸盐	0.1
10	联苯菊酯	1	39	噻唑菌胺	0.5
11	啶酰菌胺	0.05	40	灭线磷	0.05
12	溴虫氟苯双酰胺	1.5	41	醚菊酯	0.7
13	丁草胺	0.05	42	氯唑灵	0.05
14	硫线磷	0.05	43	噁唑菌酮	3
15	多菌灵	5	44	杀螟松	0.05
16	杀螟丹	0.3	45	福美铁	5
17	氯虫苯甲酰胺	3	46	氟啶虫酰胺	0.05
18	溴虫腈	0.5	47	氟啶胺	0.05
19	氟啶脲	0.5	48	氟苯虫酰胺	3
20	百菌清	3	49	咯菌腈	0.7
21	毒死蜱	0.05	50	氟虫脲	1
22	环虫酰肼	0.07	51	氟吡菌胺	0.3
23	噻虫胺	0.2	52	氟吡菌酰胺	0.05
24	氰虫酰胺	0.7	53	氟吡呋喃酮	6.0
25	氰霜唑	0.7	54	磺菌胺	0.05
26	环溴虫酰胺	1.5	55	氟酰胺	0.1
27	氟氯氰菊酯	0.05	56	fluxametamide	0.7
28	氯氰菊酯	0.3	57	氟唑菌酰胺	2.0
29	溴氰菊酯	0.2	58	噻唑膦	0.05
30	敌敌畏	0.3	59	己唑醇	0.05
31	乙霉威	0.3	60	imicyafos	0.1
32	苯醚甲环唑	0.05	61	吡虫啉	5
33	烯酰吗啉	0.05	62	茚虫威	4.0

（续表）

序号	农药中文名称	MRL/（mg/kg）	序号	农药中文名称	MRL/（mg/kg）
63	异菌脲	25	88	敌稗	0.05
64	春雷霉素	0.2	89	丙森锌	5
65	虱螨脲	0.2	90	戊炔草胺	0.02
66	代森锰锌	5	91	吡蚜酮	1
67	双炔酰菌胺	0.05	92	吡唑醚菌酯	0.05
68	代森锰	5	93	啶虫丙醚	3
69	氰氟虫腙	0.3	94	氟虫吡喹	0.05
70	甲霜灵	0.05	95	乙基多杀菌素	0.5
71	叶菌唑	0.05	96	螺虫乙酯	2
72	甲氧虫酰肼	7	97	氟啶虫胺腈	0.2
73	代森联	5	98	丁基嘧啶磷	0.05
74	代森钠	5	99	伏虫隆	1
75	敌草胺	0.05	100	七氟菊酯	0.05
76	双苯氟脲	2	101	特丁硫磷	0.05
77	噁喹酸	0.3	102	噻虫嗪	1
78	土霉素	0.05	103	氟吡菌酰胺	0.05
79	戊菌隆	0.05	104	杀虫环	0.3
80	吡噻菌胺	5.0	105	甲基硫菌灵	5
81	稻丰散	0.2	106	福美双	5
82	甲拌磷	0.05	107	四溴菊酯	0.2
83	辛硫磷	0.05	108	三唑酮	0.1
84	picarbutrazox	0.7	109	氟菌唑	0.05
85	啶氧菌酯	0.05	110	井冈霉素 A	0.05
86	烯丙苯噻唑	0.05	111	代森锌	5
87	霜霉威	3.0T	112	福美锌	5

附表 47 韩国马铃薯农药残留限量标准

序号	农药中文名称	MRL/（mg/kg）	序号	农药中文名称	MRL/（mg/kg）
1	乙酰甲胺磷	0.05	2	啶虫脒	0.1

（续表）

序号	农药中文名称	MRL/（mg/kg）	序号	农药中文名称	MRL/（mg/kg）
3	乙草胺	0.04	32	氯虫苯甲酰胺	0.05
4	双丙环虫酯	0.01	33	溴虫腈	0.05
5	甲草胺	0.2	34	毒虫畏	0.05
6	磷化铝	0.1	35	矮壮素	10.0
7	唑嘧菌胺	0.05	36	乙酯杀螨醇	0.02
8	吲唑磺菌胺	0.05	37	百菌清	0.1
9	保棉磷	0.2	38	氯苯胺灵	30
10	嘧菌酯	7.0	39	毒死蜱	0.05
11	苯霜灵	0.05	40	烯草酮	0.05
12	丙硫克百威	0.05	41	噻虫胺	0.1
13	苯菌灵	0.03	42	氰虫酰胺	0.05
14	杀虫磺	0.1	43	氰霜唑	0.1
15	灭草松	0.1	44	氟氯氰菊酯	0.1
16	苯噻菌胺	0.05	45	氯氟氰菊酯	0.02
17	苯并烯氟菌唑	0.02	46	霜脲氰	0.1
18	六六六	0.01	47	氯氰菊酯	0.05
19	联苯肼酯	0.1	48	灭蝇胺	0.1
20	联苯菊酯	0.05	49	溴氰菊酯	0.01
21	啶酰菌胺	0.05	50	二嗪农	0.02
22	硫线磷	0.02	51	抑菌灵	0.1
23	敌菌丹	0.02	52	氯硝胺	0.25
24	克菌丹	0.05	53	苯醚甲环唑	4.0
25	甲萘威	0.05	54	二甲吩草胺	0.1
26	多菌灵	0.03	55	噻节因	0.05
27	克百威	0.05	56	乐果	0.05
28	三硫磷	0.02	57	烯酰吗啉	0.1
29	丁硫克百威	0.05	58	二甲基二硫代氨基甲酸	0.3
30	唑草酮	0.1	59	呋虫胺	0.1
31	杀螟丹	0.1	60	敌草快	0.08

（续表）

序号	农药中文名称	MRL/（mg/kg）	序号	农药中文名称	MRL/（mg/kg）
61	二噻农	0.1	90	丙炔氟草胺	0.02
62	二硫代氨基甲酸盐类	0.3	91	氟吡菌胺	0.1
63	敌草隆	1.0	92	氟吡菌酰胺	0.1
64	甲氨基阿维菌素苯甲酸盐	0.05	93	氟酰亚胺	0.1
65	硫丹	0.03	94	氟吡呋喃酮	0.05
66	噻唑菌胺	0.5	95	磺菌胺	0.05
67	乙丁烯氟灵	0.05	96	嗪草酸甲酯	0.05
68	乙硫苯威	0.5	97	氟酰胺	0.15
69	乙硫苯威	1.0	98	氟胺氰菊酯	0.01
70	灭线磷	0.02	99	氟唑菌酰胺	0.02
71	醚菊酯	0.01	100	灭菌丹	0.1
72	噁唑菌酮	0.05	101	氟磺胺草醚	0.025
73	咪唑菌酮	0.1	102	三乙膦酸铝	20.0
74	苯线磷	0.2	103	呋线威	0.05
75	杀螟松	0.05	104	草铵膦	0.05
76	唑螨酯	0.05	105	草甘膦	0.05
77	丰索磷	0.1	106	吡氟氯禾灵	0.05
78	倍硫磷	0.05	107	噻螨酮	0.02
79	三苯锡	0.1	108	抑霉唑	5.0
80	氰戊菊酯	0.05	109	唑吡嘧磺隆	0.1
81	福美铁	0.3	110	吡虫啉	0.3
82	氟虫腈	0.01	111	茚虫威	0.05
83	氟啶虫酰胺	0.3	112	异菌脲	0.5
84	吡氟禾草灵	0.05	113	异丙菌胺	0.5
85	氟啶胺	0.05	114	异柳磷	0.05
86	氟氰戊菊酯	0.05	115	春雷霉素	0.05
87	咯菌腈	5.0	116	利谷隆	0.05
88	氟噻草胺	0.05	117	马拉硫磷	0.5
89	氟虫脲	0.05	118	抑芽丹	50.0

（续表）

序号	农药中文名称	MRL/ （mg/kg）	序号	农药中文名称	MRL/ （mg/kg）
119	代森锰锌	0.3	148	百草枯	0.2
120	双炔酰菌胺	0.1	149	对硫磷	0.05
121	代森锰	0.3	150	甲基对硫磷	0.05
122	2甲4氯	0.05	151	二甲戊灵	0.05
123	灭锈胺	0.05	152	氟唑菌苯胺	0.01
124	氰氟虫腙	0.02	153	吡噻菌胺	0.05
125	甲霜灵	0.05	154	苄氯菊酯	0.05
126	吡唑草胺	0.05	155	甲拌磷	0.05
127	叶菌唑	0.02	156	伏杀硫磷	0.1
128	甲胺磷	0.05	157	亚胺硫磷	0.05
129	灭虫威	0.05	158	磷胺	0.05
130	灭多威	0.02	159	辛硫磷	0.05
131	甲氧氯	1.0	160	picarbutrazox	0.05
132	溴甲烷	30	161	增效醚	0.2
133	代森联	0.3	162	抗蚜威	0.05
134	溴谷隆	0.2	163	嘧啶磷	0.1
135	异丙甲草胺	0.05	164	甲基嘧啶磷	0.05
136	嗪草酮	0.05	165	腐霉利	0.1
137	速灭磷	0.1	166	丙溴磷	0.05
138	久效磷	0.05	167	调环酸钙	0.2
139	代森钠	0.3	168	霜霉威	0.3
140	敌草胺	0.1	169	噁草酸	0.05
141	氧乐果	0.01	170	炔螨特	0.1
142	噁草酮	0.05	171	丙森锌	0.3
143	噁霜灵	0.5	172	丙硫菌唑	0.02
144	杀线威	0.1	173	氟唑菌酰羟胺	0.015
145	氟噻唑吡乙酮	0.05	174	吡蚜酮	0.2
146	噁喹酸	0.05	175	吡唑醚菌酯	0.5
147	土霉素	0.05	176	吡草醚	0.05

（续表）

序号	农药中文名称	MRL/ （mg/kg）	序号	农药中文名称	MRL/ （mg/kg）
177	除虫菊素	1.0	196	噻虫嗪	0.3
178	嘧霉胺	0.05	197	禾草丹	0.05
179	氟唑环菌胺	0.02	198	杀虫环	0.1
180	烯禾啶	0.05	199	硫双威	0.02
181	乙基多杀菌素	0.05	200	甲基乙拌磷	0.05
182	多杀霉素	0.1	201	甲基硫菌灵	0.03
183	螺甲螨酯	0.01	202	福美双	0.3
184	螺虫乙酯	0.6	203	氟嘧硫草酯	0.05
185	链霉素	0.05	204	甲基立枯磷	0.05
186	磺酰唑草酮	0.2	205	四溴菊酯	0.01
187	氟啶虫胺腈	0.05	206	三唑磷	0.05
188	虫酰肼	0.05	207	肟菌酯	0.02
189	丁基嘧啶磷	0.01	208	氟乐灵	0.05
190	四氯硝基苯	1.0	209	井冈霉素	0.05
191	伏虫隆	0.05	210	缬菌胺	0.05
192	七氟菊酯	0.05	211	乙烯菌核利	0.1
193	特丁硫磷	0.01	212	代森锌	0.3
194	噻菌灵	15	213	福美锌	0.3
195	噻虫啉	0.1	214	苯酰菌胺	0.2

附录 8　中国香港特别行政区大宗蔬菜农药残留限量标准

中国香港特别行政区大宗蔬菜农药残留限量标准见附表 48～附表 55。

附表 48　中国香港特别行政区大白菜农药残留限量标准

序号	农药中文名称	MRL/ （mg/kg）	序号	农药中文名称	MRL/ （mg/kg）
1	2,4-滴	0.2	3	啶虫脒	1.2
2	乙酰甲胺磷	1	4	活化酯	1

（续表）

序号	农药中文名称	MRL/（mg/kg）	序号	农药中文名称	MRL/（mg/kg）
5	双甲脒	0.05	34	咪唑菌酮	55
6	保棉磷	0.5	35	杀螟松	0.5
7	联苯菊酯	3.5	36	甲氰菊酯	0.5
8	啶酰菌胺	40	37	倍硫磷	0.05
9	克菌丹	0.05	38	氰戊菊酯	1
10	甲萘威	2	39	氟啶虫酰胺	16
11	丁硫克百威	0.05	40	氟啶胺	0.01
12	唑草酮	0.1	41	氟苯虫酰胺	25
13	氯虫苯甲酰胺	20	42	咯菌腈	10
14	百菌清	5	43	氟吡菌胺	30
15	毒死蜱	1	44	三乙膦酸铝	60
16	噻虫胺	2	45	草甘膦	0.2
17	氟氯氰菊酯	7	46	磷化氢	0.01
18	氯氟氰菊酯	0.2	47	吡虫啉	3.5
19	氯氰菊酯	2	48	马拉硫磷	8
20	嘧菌环胺	10	49	双炔酰菌胺	25
21	灭蝇胺	10	50	甲霜灵	2
22	溴氰菊酯	2	51	聚乙醛	2.5
23	二嗪农	0.7	52	甲胺磷	0.05
24	敌敌畏	0.2	53	灭多威	5
25	苯醚甲环唑	35	54	甲氧虫酰肼	30
26	除虫脲	1	55	双苯氟脲	25
27	乐果	1	56	百草枯	0.07
28	烯酰吗啉	20	57	对硫磷	0.01
29	氯酞酸甲酯	5	58	二甲戊灵	0.1
30	敌草快	0.05	59	苄氯菊酯	5
31	二硫代氨基甲酸酯类	7	60	伏杀硫磷	1
32	硫丹	2	61	亚胺硫磷	0.5
33	S-氰戊菊酯	1	62	辛硫磷	0.05

（续表）

序号	农药中文名称	MRL/（mg/kg）	序号	农药中文名称	MRL/（mg/kg）
63	霜霉威	20	72	虫酰肼	10
64	炔螨特	2	73	噻虫嗪	3
65	吡蚜酮	0.25	74	敌百虫	0.1
66	除虫菊素	1	75	氟乐灵	0.05
67	吡丙醚	2	76	艾氏剂及狄氏剂	0.05
68	多杀霉素	10	77	氯丹	0.02
69	螺甲螨酯	12	78	滴滴涕	0.05
70	螺虫乙酯	7	79	七氯	0.05
71	戊唑醇	2.5	80	六六六	0.05

附表 49　中国香港特别行政区番茄农药残留限量标准

序号	农药中文名称	MRL/（mg/kg）	序号	农药中文名称	MRL/（mg/kg）
1	2,4-滴	0.1	18	克菌丹	5
2	2-苯基苯酚	10	19	甲萘威	5
3	阿维菌素	0.02	20	多菌灵	3
4	乙酰甲胺磷	1	21	克百威	0.1
5	灭螨醌	0.7	22	丁硫克百威	0.1
6	啶虫脒	0.2	23	唑草酮	0.1
7	活化酯	1	24	氯虫苯甲酰胺	0.6
8	双甲脒	0.5	25	溴虫腈	1
9	敌菌灵	10	26	百菌清	5
10	保棉磷	1	27	毒死蜱	0.5
11	嘧菌酯	3	28	甲基毒死蜱	1
12	苯霜灵	0.2	29	四螨嗪	0.5
13	联苯菊酯	0.5	30	噻虫胺	0.05
14	联苯三唑醇	3	31	冰晶石	7
15	啶酰菌胺	3	32	氟氯氰菊酯	0.2
16	溴离子	75	33	氯氟氰菊酯	0.3
17	噻嗪酮	1	34	霜脲氰	0.2

（续表）

序号	农药中文名称	MRL/（mg/kg）	序号	农药中文名称	MRL/（mg/kg）
35	氯氰菊酯	0.5	64	氟啶虫酰胺	0.4
36	嘧菌环胺	0.5	65	氟苯虫酰胺	2
37	灭蝇胺	1	66	氟氰戊菊酯	0.2
38	溴氰菊酯	0.3	67	咯菌腈	0.5
39	二嗪农	0.7	68	丙炔氟草胺	0.02
40	抑菌灵	2	69	氟吡菌胺	1
41	敌敌畏	0.2	70	灭菌丹	3
42	氯硝胺	5	71	氟磺胺草醚	0.025
43	三氯杀螨醇	2	72	三乙膦酸铝	3
44	苯醚甲环唑	0.6	73	草甘膦	0.1
45	乐果	0.5	74	氯吡嘧磺隆	0.05
46	烯酰吗啉	1	75	噻螨酮	0.1
47	氯酞酸甲酯	1	76	磷化氢	0.01
48	敌草快	0.05	77	唑吡嘧磺隆	0.02
49	二硫代氨基甲酸酯类	5	78	吡虫啉	0.5
50	甲氨基阿维菌素	0.02	79	茚虫威	0.5
51	硫丹	1	80	异菌脲	5
52	S-氰戊菊酯	0.2	81	春雷霉素	0.05
53	乙烯利	2	82	乳氟禾草灵	0.02
54	灭线磷	0.01	83	马拉硫磷	0.5
55	乙螨唑	0.2	84	双炔酰菌胺	0.3
56	噁唑菌酮	2	85	氰氟虫腙	0.6
57	苯丁锡	1	86	甲霜灵	0.5
58	环酰菌胺	2	87	聚乙醛	0.24
59	杀螟松	0.5	88	甲胺磷	0.05
60	甲氰菊酯	1	89	杀扑磷	0.1
61	唑螨酯	0.2	90	灭多威	1
62	倍硫磷	0.05	91	甲氧虫酰肼	2
63	氰戊菊酯	1	92	速灭磷	0.2

（续表）

序号	农药中文名称	MRL/（mg/kg）	序号	农药中文名称	MRL/（mg/kg）
93	腈菌唑	0.3	120	多杀霉素	0.3
94	二溴磷	0.5	121	螺螨酯	0.5
95	敌草胺	0.1	122	螺甲螨酯	0.45
96	双苯氟脲	0.7	123	螺虫乙酯	1
97	杀线威	2	124	链霉素	0.25
98	百草枯	0.05	125	戊唑醇	0.2
99	对硫磷	0.01	126	虫酰肼	1
100	戊菌唑	0.2	127	噻虫啉	0.5
101	苄氯菊酯	1	128	噻虫嗪	0.7
102	伏杀硫磷	1	129	对甲抑菌灵	3
103	辛硫磷	0.05	130	三唑酮	1
104	增效醚	2	131	三唑醇	1
105	抗蚜威	0.5	132	敌百虫	0.1
106	腐霉利	2	133	肟菌酯	0.7
107	丙溴磷	10	134	三氟啶磺隆	0.01
108	霜霉威	2	135	氟乐灵	0.05
109	炔螨特	2	136	嗪胺灵	0.5
110	吡蚜酮	0.2	137	烯效唑	0.01
111	吡唑醚菌酯	0.3	138	乙烯菌核利	3
112	除虫菊素	1	139	苯酰菌胺	2
113	哒螨灵	0.15	140	艾氏剂及狄氏剂	0.1
114	啶虫丙醚	1	141	氯丹	0.02
115	嘧霉胺	0.7	142	滴滴涕	0.05
116	吡丙醚	0.2	143	异狄氏剂	0.05
117	五氯硝基苯	0.1	144	七氯	0.05
118	玉嘧磺隆	0.05	145	六六六	0.05
119	乙基多杀菌素	0.06			

附表 50　中国香港特别行政区黄瓜农药残留限量标准

序号	农药中文名称	MRL/（mg/kg）	序号	农药中文名称	MRL/（mg/kg）
1	2-苯基苯酚	10	30	氯氰菊酯	0.2
2	阿维菌素	0.01	31	嘧菌环胺	0.7
3	乙酰甲胺磷	1	32	灭蝇胺	2
4	啶虫脒	0.5	33	溴氰菊酯	0.2
5	双甲脒	0.5	34	二嗪农	0.7
6	敌菌灵	10	35	抑菌灵	5
7	保棉磷	0.2	36	敌敌畏	0.2
8	嘧菌酯	1	37	氯硝胺	5
9	联苯菊酯	0.4	38	三氯杀螨醇	0.5
10	联苯三唑醇	0.5	39	苯醚甲环唑	0.7
11	啶酰菌胺	3	40	乐果	1
12	溴离子	100	41	烯酰吗啉	0.5
13	溴螨酯	0.5	42	敌草快	0.05
14	噻嗪酮	0.7	43	二硫代氨基甲酸酯类	5
15	克菌丹	3	44	硫丹	1
16	甲萘威	2	45	S-氰戊菊酯	0.2
17	多菌灵	0.5	46	乙丁烯氟灵	0.05
18	克百威	0.3	47	乙烯利	0.1
19	唑草酮	0.1	48	灭线磷	0.01
20	氯虫苯甲酰胺	0.3	49	乙螨唑	0.02
21	百菌清	5	50	噁唑菌酮	0.2
22	毒死蜱	0.05	51	咪唑菌酮	0.15
23	四螨嗪	0.5	52	腈苯唑	0.2
24	异噁草酮	0.1	53	苯丁锡	0.5
25	噻虫胺	0.02	54	环酰菌胺	1
26	冰晶石	7	55	杀螟松	0.5
27	氟氯氰菊酯	0.1	56	唑螨酯	0.03
28	氯氟氰菊酯	0.05	57	倍硫磷	0.05
29	霜脲氰	0.05	58	氰戊菊酯	0.2

（续表）

序号	农药中文名称	MRL/（mg/kg）	序号	农药中文名称	MRL/（mg/kg）
59	氟啶虫酰胺	0.4	88	杀线威	2
60	氟苯虫酰胺	0.2	89	喹啉铜	2
61	咯菌腈	0.45	90	百草枯	0.05
62	丙炔氟草胺	0.03	91	对硫磷	0.01
63	氟吡菌胺	0.5	92	戊菌唑	0.1
64	氟吡菌酰胺	0.5	93	苄氯菊酯	1
65	氟硅唑	1	94	辛硫磷	0.05
66	灭菌丹	1	95	增效醚	1
67	三乙膦酸铝	15	96	抗蚜威	1
68	噻唑膦	0.2	97	咪鲜胺	1
69	草甘膦	0.5	98	腐霉利	2
70	噻螨酮	0.05	99	霜霉威	5
71	抑霉唑	0.5	100	吡蚜酮	0.1
72	吡虫啉	1	101	吡唑醚菌酯	0.5
73	茚虫威	0.5	102	除虫菊素	0.05
74	异菌脲	2	103	吡丙醚	0.1
75	醚菌酯	0.05	104	多杀霉素	0.2
76	马拉硫磷	8	105	螺螨酯	0.07
77	双炔酰菌胺	0.2	106	螺甲螨酯	0.1
78	消螨多	0.07	107	螺虫乙酯	0.2
79	甲霜灵	0.5	108	戊唑醇	0.2
80	甲胺磷	0.05	109	噻虫啉	0.3
81	杀扑磷	0.05	110	噻虫嗪	0.5
82	灭多威	0.1	111	对甲抑菌灵	1
83	甲氧虫酰肼	0.3	112	三唑酮	0.2
84	速灭磷	0.2	113	三唑醇	0.2
85	二溴磷	0.5	114	敌百虫	0.1
86	萘草胺	0.1	115	肟菌酯	0.3
87	双苯氟脲	0.2	116	氟菌唑	0.5

（续表）

序号	农药中文名称	MRL/ （mg/kg）	序号	农药中文名称	MRL/ （mg/kg）
117	氟乐灵	0.05	122	氯丹	0.02
118	嗪胺灵	0.5	123	滴滴涕	0.05
119	乙烯菌核利	1	124	异狄氏剂	0.05
120	苯酰菌胺	2	125	七氯	0.05
121	艾氏剂及狄氏剂	0.1	126	六六六	0.05

附表 51　中国香港特别行政区甘蓝农药残留限量标准

序号	农药中文名称	MRL/ （mg/kg）	序号	农药中文名称	MRL/ （mg/kg）
1	乙酰甲胺磷	1	22	敌敌畏	0.2
2	啶虫脒	1.2	23	苯醚甲环唑	1.9
3	活化酯	1	24	除虫脲	1
4	保棉磷	0.5	25	乐果	1
5	嘧菌酯	5	26	烯酰吗啉	2
6	联苯菊酯	0.4	27	氯酞酸甲酯	5
7	啶酰菌胺	5	28	敌草快	0.05
8	噻嗪酮	12	29	咪唑菌酮	5
9	克菌丹	0.05	30	杀螟松	0.5
10	甲萘威	2	31	甲氰菊酯	3
11	唑草酮	0.1	32	倍硫磷	0.05
12	氯虫苯甲酰胺	2	33	氰戊菊酯	0.5
13	灭幼脲	3	34	氟啶虫酰胺	1.5
14	毒死蜱	1	35	氟啶胺	0.01
15	二氯吡啶酸	2	36	氟苯虫酰胺	4
16	噻虫胺	0.2	37	氟氰戊菊酯	0.5
17	氟氯氰菊酯	0.1	38	咯菌腈	2
18	氯氰菊酯	1	39	氟吡菌胺	5
19	嘧菌环胺	1	40	氟胺氰菊酯	0.5
20	灭蝇胺	10	41	三乙膦酸铝	60
21	二嗪农	0.7	42	草甘膦	0.2

（续表）

序号	农药中文名称	MRL/（mg/kg）	序号	农药中文名称	MRL/（mg/kg）
43	吡虫啉	3.5	59	吡蚜酮	0.5
44	茚虫威	12	60	除虫菊素	1
45	马拉硫磷	0.5	61	啶虫丙醚	3.5
46	双炔酰菌胺	3	62	哒草特	0.03
47	甲霜灵	2	63	吡丙醚	0.7
48	聚乙醛	2.5	64	多杀霉素	2
49	甲胺磷	0.05	65	螺甲螨酯	2
50	灭多威	6	66	虫酰肼	5
51	甲氧虫酰肼	7	67	噻虫嗪	5
52	双苯氟脲	0.7	68	敌百虫	0.1
53	百草枯	0.05	69	氟菌唑	8
54	对硫磷	0.01	70	氟乐灵	0.05
55	苄氯菊酯	1	71	氯丹	0.02
56	辛硫磷	0.05	72	滴滴涕	0.05
57	抗蚜威	0.5	73	七氯	0.05
58	丙溴磷	0.5	74	六六六	0.05

附表52　中国香港特别行政区辣椒农药残留限量标准

序号	农药中文名称	MRL/（mg/kg）	序号	农药中文名称	MRL/（mg/kg）
1	2,4-滴	0.1	11	啶酰菌胺	3
2	阿维菌素	0.02	12	噻嗪酮	10
3	乙酰甲胺磷	1	13	克菌丹	0.05
4	灭螨醌	0.7	14	甲萘威	2
5	啶虫脒	0.2	15	多菌灵	2
6	活化酯	1	16	丁硫克百威	0.1
7	双甲脒	0.5	17	唑草酮	0.1
8	保棉磷	0.5	18	氯虫苯甲酰胺	0.6
9	嘧菌酯	3	19	溴虫腈	1
10	联苯菊酯	0.5	20	百菌清	5

（续表）

序号	农药中文名称	MRL/ （mg/kg）	序号	农药中文名称	MRL/ （mg/kg）
21	毒死蜱	1	50	倍硫磷	0.05
22	甲基毒死蜱	1	51	氰戊菊酯	0.2
23	异噁草酮	0.05	52	氟啶虫酰胺	0.4
24	噻虫胺	0.05	53	氟苯虫酰胺	0.7
25	冰晶石	7	54	氟氰戊菊酯	0.2
26	氟氯氰菊酯	0.2	55	咯菌腈	0.01
27	氯氟氰菊酯	0.3	56	丙炔氟草胺	0.02
28	霜脲氰	0.2	57	氟吡菌胺	1
29	氯氰菊酯	2	58	氟磺胺草醚	0.025
30	灭蝇胺	1	59	草甘膦	0.1
31	溴氰菊酯	0.2	60	氯吡嘧磺隆（甲酯）	0.05
32	二嗪农	0.7	61	磷化氢	0.01
33	抑菌灵	2	62	唑吡嘧磺隆	0.02
34	敌敌畏	0.2	63	吡虫啉	1
35	三氯杀螨醇	1	64	茚虫威	0.3
36	苯醚甲环唑	0.6	65	乳氟禾草灵	0.02
37	乐果	0.5	66	马拉硫磷	0.5
38	烯酰吗啉	1	67	双炔酰菌胺	1
39	敌草快	0.05	68	氰氟虫腙	0.6
40	二硫代氨基甲酸酯类	1	69	甲霜灵	1
41	甲氨基阿维菌素	0.02	70	甲胺磷	0.05
42	硫丹	2	71	灭多威	0.7
43	S-氰戊菊酯	0.2	72	甲氧虫酰肼	2
44	乙烯利	5	73	速灭磷	0.25
45	噁唑菌酮	4	74	二溴磷	0.5
46	环酰菌胺	2	75	敌草胺	0.1
47	杀螟松	0.5	76	双苯氟脲	0.7
48	甲氰菊酯	1	77	百草枯	0.05
49	唑螨酯	0.2	78	对硫磷	0.01

（续表）

序号	农药中文名称	MRL/（mg/kg）	序号	农药中文名称	MRL/（mg/kg）
79	苄氯菊酯	1	97	螺虫乙酯	2
80	伏杀硫磷	1	98	链霉素	0.25
81	辛硫磷	0.05	99	戊唑醇	1.3
82	增效醚	2	100	虫酰肼	1
83	抗蚜威	0.5	101	噻虫嗪	0.7
84	腐霉利	5	102	三唑酮	1
85	丙溴磷	5	103	三唑醇	1
86	霜霉威	0.3	104	三唑磷	0.02
87	丙硫磷	3	105	敌百虫	0.1
88	吡蚜酮	0.2	106	氟乐灵	0.05
89	吡唑醚菌酯	0.5	107	烯效唑	0.01
90	除虫菊素	1	108	艾氏剂及狄氏剂	0.1
91	啶虫丙醚	1	109	氯丹	0.02
92	吡丙醚	0.2	110	滴滴涕	0.05
93	喹氧灵	1	111	异狄氏剂	0.05
94	五氯硝基苯	0.1	112	七氯	0.05
95	多杀霉素	0.3	113	六六六	0.05
96	螺甲螨酯	0.45			

附表 53　中国香港特别行政区茄子农药残留限量标准

序号	农药中文名称	MRL/（mg/kg）	序号	农药中文名称	MRL/（mg/kg）
1	2,4-滴	0.1	9	嘧菌酯	3
2	阿维菌素	0.02	10	联苯菊酯	0.3
3	乙酰甲胺磷	1	11	啶酰菌胺	3
4	灭螨醌	0.7	12	克菌丹	0.05
5	啶虫脒	0.2	13	甲萘威	2
6	活化酯	1	14	多菌灵	2
7	双甲脒	0.5	15	丁硫克百威	0.1
8	保棉磷	0.5	16	唑草酮	0.1

（续表）

序号	农药中文名称	MRL/（mg/kg）	序号	农药中文名称	MRL/（mg/kg）
17	氯虫苯甲酰胺	0.6	46	甲氰菊酯	0.2
18	溴虫腈	1	47	唑螨酯	0.2
19	百菌清	5	48	倍硫磷	0.05
20	毒死蜱	0.5	49	氰戊菊酯	0.2
21	甲基毒死蜱	1	50	氟啶虫酰胺	0.4
22	噻虫胺	0.05	51	氟苯虫酰胺	0.6
23	冰晶石	7	52	氟氰戊菊酯	0.2
24	氟氯氰菊酯	0.2	53	咯菌腈	0.3
25	氯氟氰菊酯	0.3	54	丙炔氟草胺	0.02
26	霜脲氰	0.2	55	氟吡菌胺	1
27	氯氰菊酯	0.5	56	草甘膦	0.1
28	嘧菌环胺	0.2	57	氯吡嘧磺隆（甲酯）	0.05
29	灭蝇胺	1	58	噻螨酮	0.1
30	溴氰菊酯	0.2	59	磷化氢	0.01
31	二嗪农	0.7	60	吡虫啉	0.2
32	敌敌畏	0.2	61	茚虫威	0.5
33	三氯杀螨醇	2	62	乳氟禾草灵	0.02
34	苯醚甲环唑	0.6	63	马拉硫磷	0.5
35	乐果	0.5	64	双炔酰菌胺	1
36	烯酰吗啉	1	65	氰氟虫腙	0.6
37	敌草快	0.05	66	甲胺磷	0.05
38	二硫代氨基甲酸酯类	1	67	灭多威	0.2
39	甲氨基阿维菌素	0.02	68	甲氧虫酰肼	2
40	硫丹	0.1	69	二溴磷	0.5
41	S-氰戊菊酯	0.2	70	敌草胺	0.1
42	噁唑菌酮	4	71	双苯氟脲	0.7
43	苯丁锡	6	72	百草枯	0.05
44	环酰菌胺	2	73	对硫磷	0.01
45	杀螟松	0.5	74	苄氯菊酯	1

（续表）

序号	农药中文名称	MRL/（mg/kg）	序号	农药中文名称	MRL/（mg/kg）
75	伏杀硫磷	0.5	90	虫酰肼	
76	辛硫磷	0.05	191	噻虫啉	0.7
77	抗蚜威	0.5	92	噻虫嗪	0.7
78	腐霉利	5	93	三唑酮	1
79	霜霉威	0.3	94	三唑醇	1
80	吡蚜酮	0.2	95	敌百虫	0.1
81	吡唑醚菌酯	0.3	96	氟乐灵	0.05
82	除虫菊素	1	97	烯效唑	0.01
83	啶虫丙醚	1	98	艾氏剂及狄氏剂	0.1
84	吡丙醚	0.2	99	氯丹	0.02
85	五氯硝基苯	0.1	100	滴滴涕	0.05
86	多杀霉素	0.4	101	异狄氏剂	0.05
87	螺甲螨酯	0.45	102	七氯	0.03
88	螺虫乙酯	1	103	六六六	0.05
89	戊唑醇	1.3			

附表 54　中国香港特别行政区花椰菜农药残留限量标准

序号	农药中文名称	MRL/（mg/kg）	序号	农药中文名称	MRL/（mg/kg）
1	乙酰甲胺磷	1	11	唑草酮	0.1
2	啶虫脒	1.2	12	氯虫苯甲酰胺	2
3	活化酯	1	13	灭幼脲	3
4	保棉磷	0.5	14	百菌清	5
5	嘧菌酯	5	15	毒死蜱	1
6	联苯菊酯	0.4	16	二氯吡啶酸	2
7	啶酰菌胺	5	17	噻虫胺	0.2
8	噻嗪酮	12	18	冰晶石	7
9	克菌丹	0.05	19	氟氯氰菊酯	2
10	甲萘威	2	20	氯氟氰菊酯	0.5

（续表）

序号	农药中文名称	MRL/（mg/kg）	序号	农药中文名称	MRL/（mg/kg）
21	氯氰菊酯	1	51	茚虫威	0.2
22	嘧菌环胺	1	52	马拉硫磷	0.5
23	灭蝇胺	10	53	双炔酰菌胺	3
24	溴氰菊酯	0.5	54	甲霜灵	2
25	二嗪农	0.7	55	聚乙醛	2.5
26	敌敌畏	0.2	56	甲胺磷	0.05
27	苯醚甲环唑	1.9	57	灭虫威	0.1
28	除虫脲	1	58	灭多威	2
29	乐果	1	59	甲氧虫酰肼	7
30	烯酰吗啉	2	60	速灭磷	1
31	氯酞酸甲酯	5	61	二溴磷	1
32	敌草快	0.05	62	双苯氟脲	0.7
33	硫丹	2	63	砜吸磷	0.01
34	S-氰戊菊酯	0.5	64	乙氧氟草醚	0.05
35	咪唑菌酮	5	65	百草枯	0.05
36	杀螟松	0.5	66	对硫磷	0.01
37	甲氰菊酯	3	67	苄氯菊酯	1
38	倍硫磷	0.05	68	辛硫磷	0.05
39	氰戊菊酯	2	69	抗蚜威	1
40	氟虫腈	0.02	70	丙溴磷	0.5
41	氟啶虫酰胺	1.5	71	霜霉威	0.2
42	氟啶胺	0.01	72	吡蚜酮	0.5
43	氟苯虫酰胺	4	73	吡唑醚菌酯	0.1
44	氟氰戊菊酯	0.5	74	除虫菊素	1
45	咯菌腈	2	75	啶虫丙醚	3.5
46	氟吡菌胺	2	76	哒草特	0.03
47	氟胺氰菊酯	0.5	77	吡丙醚	0.7
48	三乙膦酸铝	60	78	多杀霉素	2
49	草甘膦	0.2	79	螺甲螨酯	2
50	吡虫啉	0.5	80	螺虫乙酯	1

（续表）

序号	农药中文名称	MRL/（mg/kg）	序号	农药中文名称	MRL/（mg/kg）
81	虫酰肼	5	87	艾氏剂及狄氏剂	0.03
82	噻虫嗪	5	88	氯丹	0.02
83	敌百虫	0.1	89	滴滴涕	0.05
84	肟菌酯	0.5	90	七氯	0.05
85	氟菌唑	8	91	六六六	0.05
86	氟乐灵	0.05			

附表55　中国香港特别行政区马铃薯农药残留限量标准

序号	农药中文名称	MRL/（mg/kg）	序号	农药中文名称	MRL/（mg/kg）
1	2,4-滴	0.2	22	甲基毒死蜱	5
2	阿维菌素	0.01	23	氰化物	5
3	乙酰甲胺磷	1	24	氟氯氰菊酯	0.5
4	啶虫脒	0.01	25	氯氟氰菊酯	0.01
5	涕灭威	1	26	霜脲氰	0.05
6	双甲脒	0.05	27	氯氰菊酯	0.01
7	保棉磷	0.05	28	灭蝇胺	0.8
8	嘧菌酯	1	29	溴氰菊酯	0.01
9	苯霜灵	0.02	30	二嗪农	0.7
10	灭草松	0.1	31	抑菌灵	0.1
11	联苯菊酯	0.05	32	敌敌畏	0.2
12	啶酰菌胺	2	33	氯硝胺	0.25
13	克菌丹	0.05	34	苯醚甲环唑	0.02
14	甲萘威	2	35	二甲吩草胺-P	0.01
15	克百威	0.1	36	噻节因	0.05
16	丁硫克百威	0.05	37	乐果	0.5
17	唑草酮	0.1	38	烯酰吗啉	0.05
18	氯虫苯甲酰胺	0.02	39	敌草快	0.2
19	百菌清	0.3	40	二硫代氨基甲酸酯类	7
20	氯苯胺灵	30	41	硫丹	0.05
21	毒死蜱	2	42	S-氰戊菊酯	0.05

（续表）

序号	农药中文名称	MRL/（mg/kg）	序号	农药中文名称	MRL/（mg/kg）
43	乙丁烯氟灵	0.05	72	氰氟虫腙	0.02
44	灭线磷	0.05	73	甲霜灵	0.1
45	醚菊酯	0.01	74	甲胺磷	0.05
46	噁唑菌酮	0.02	75	杀扑磷	0.02
47	咪唑菌酮	0.02	76	灭虫威	0.05
48	杀螟松	5	77	灭多威	0.02
49	倍硫磷	0.05	78	溴甲烷	5
50	氰戊菊酯	0.05	79	双苯氟脲	0.01
51	氟虫腈	0.02	80	杀线威	0.1
52	氟啶虫酰胺	0.2	81	砜吸磷	0.01
53	氟啶胺	0.02	82	百草枯	0.5
54	氟氰戊菊酯	0.05	83	对硫磷	0.05
55	咯菌腈	0.02	84	甲基对硫磷	0.05
56	丙炔氟草胺	0.02	85	苄氯菊酯	2
57	氟啶草酮	0.1	86	甲拌磷	0.5
58	灭菌丹	0.1	87	亚胺硫磷	0.05
59	氟磺胺草醚	0.025	88	辛硫磷	0.05
60	草铵膦	0.5	89	增效醚	0.5
61	草甘膦	0.2	90	抗蚜威	0.05
62	氯吡嘧磺隆（甲酯）	0.05	91	腐霉利	0.1
63	磷化氢	0.05	92	霜霉威	0.3
64	抑霉唑	5	93	炔螨特	0.03
65	吡虫啉	0.5	94	丙硫磷	0.05
66	茚虫威	0.02	95	吡蚜酮	0.02
67	甲基异柳磷	0.02	96	吡唑醚菌酯	0.02
68	利谷隆	0.2	97	除虫菊素	0.05
69	马拉硫磷	8	98	嘧霉胺	0.05
70	抑芽丹	50	99	吡丙醚	0.15
71	双炔酰菌胺	0.01	100	五氯硝基苯	0.2

序号	农药中文名称	MRL/ (mg/kg)	序号	农药中文名称	MRL/ (mg/kg)
101	玉嘧磺隆	0.1	112	敌百虫	0.1
102	多杀霉素	0.02	113	肟菌酯	0.02
103	螺甲螨酯	0.02	114	氟乐灵	0.05
104	螺虫乙酯	5	115	三苯基氢氧化锡	0.05
105	链霉素	0.25	116	苯酰菌胺	0.02
106	四氯硝基苯	20	117	艾氏剂及狄氏剂	0.1
107	伏虫隆	0.05	118	氯丹	0.02
108	噻菌灵	15	119	滴滴涕	0.05
109	噻虫啉	0.02	120	七氯	0.02
110	噻虫嗪	0.3	121	六六六	0.05
111	甲基立枯磷	0.2			

附录 9　中国台湾地区大宗蔬菜农药残留限量标准

中国台湾地区大宗蔬菜农药残留限量标准见附表 56～附表 63。

附表 56　中国台湾地区大白菜农药残留限量标准

序号	农药中文名称	MRL/ (mg/kg)	序号	农药中文名称	MRL/ (mg/kg)
1	啶酰菌胺	1.5	11	噻草酮	9
2	阿维菌素	0.05	12	苯醚甲环唑	0.2
3	啶虫脒	2	13	乐果	0.02
4	吲唑磺菌胺	1	14	烯酰吗啉	2.5
5	嘧菌酯	2	15	呋虫胺	2
6	溴虫腈	1	16	氟苯虫酰胺	1
7	百菌清	5	17	氟噻虫砜	1
8	环虫酰肼	1	18	氟吡菌胺	3
9	噻虫胺	1	19	氟吡菌酰胺	2
10	氰霜唑	1	20	氟唑菌酰胺	2

（续表）

序号	农药中文名称	MRL/（mg/kg）	序号	农药中文名称	MRL/（mg/kg）
21	茚虫威	2	29	霜霉威盐酸盐	5
22	虱螨脲	1	30	吡唑醚菌酯	2
23	双炔酰菌胺	3	31	乙基多杀菌素	2
24	氰氟虫腙	2	32	戊唑醇	0.05
25	双苯氟脲	0.7	33	噻虫嗪	1
26	喹啉铜	2	34	唑虫酰胺	0.5
27	戊菌隆	2.5	35	肟菌酯	5
28	吡噻菌胺	5	36	苯酰菌胺	1

附表 57 中国台湾地区番茄农药残留限量标准

序号	农药中文名称	MRL/（mg/kg）	序号	农药中文名称	MRL/（mg/kg）
1	啶虫脒	1	19	氰霜唑	2
2	活化酯	0.6	20	噻草酮	1.5
3	唑嘧菌胺	2	21	丁氟螨酯	0.2
4	吲唑磺菌胺	1	22	嘧菌环胺	0.5
5	双甲脒	0.5	23	灭蝇胺	0.5
6	嘧菌酯	2	24	抑菌灵	2
7	苯并烯氟菌唑	0.8	25	苯醚甲环唑	0.5
8	联苯肼酯	0.5	26	烯酰吗啉	1.5
9	联苯三唑醇	3	27	呋虫胺	0.5
10	啶酰菌胺	1.2	28	甲氨基阿维菌素苯甲酸盐	0.02
11	噻嗪酮	1	29	乙螨唑	0.2
12	克菌丹	3	30	噁唑菌酮	1
13	氯虫苯甲酰胺	0.5	31	喹螨醚	0.1
14	溴虫腈	0.5	32	苯丁锡	1
15	环虫酰肼	1	33	环酰菌胺	2
16	烯草酮	1	34	唑螨酯	0.5
17	四螨嗪	0.5	35	氰戊菊酯	0.5
18	噻虫胺	0.2	36	氟啶虫酰胺	0.4

（续表）

序号	农药中文名称	MRL/（mg/kg）	序号	农药中文名称	MRL/（mg/kg）
37	氟苯虫酰胺	2	60	增效醚	2
38	咯菌腈	1	61	腐霉利	2
39	氟噻虫砜	0.5	62	炔螨特	2
40	氟吡菌胺	1	63	吡蚜酮	0.2
41	氟吡菌酰胺	0.4	64	吡唑醚菌酯	1.5
42	氟吡呋喃酮	1	65	除虫菊素	0.05
43	氟唑菌酰胺	0.7	66	嘧霉胺	1
44	噻唑膦	0.1	67	吡丙醚	1
45	草铵膦	0.05	68	乙基多杀菌素	0.2
46	噻螨酮	0.1	69	多杀霉素	0.3
47	茚虫威	0.5	70	螺螨酯	0.5
48	异菌脲	1	71	螺甲螨酯	2
49	醚菌酯	1	72	戊唑醇	0.7
50	双炔酰菌胺	2	73	虫酰肼	1
51	灭锈胺	0.02	74	氟醚唑	0.5
52	氰氟虫腙	0.6	75	噻虫啉	3
53	灭虫威	1	76	噻虫嗪	0.2
54	甲氧虫酰肼	2	77	对甲抑菌灵	3
55	腈菌唑	0.5	78	肟菌酯	0.5
56	双苯氟脲	1	79	特富灵	1
57	杀线威	0.05	80	嗪胺灵	0.5
58	戊菌唑	0.2	81	苯酰菌胺	2
59	二甲戊灵	0.05			

附表 58　中国台湾地区黄瓜农药残留限量标准

序号	农药中文名称	MRL/（mg/kg）	序号	农药中文名称	MRL/（mg/kg）
1	阿维菌素	0.01	7	双甲脒	0.5
2	灭螨醌	0.5	8	嘧菌酯	1
3	啶虫脒	0.5	9	苯并烯氟菌唑	0.2
4	活化酯	1	10	联苯三唑醇	0.5
5	唑嘧菌胺	2	11	联苯肼酯	0.3
6	吲唑磺菌胺	0.5	12	啶酰菌胺	0.5

（续表）

序号	农药中文名称	MRL/（mg/kg）	序号	农药中文名称	MRL/（mg/kg）
13	溴螨酯	0.5	42	甲氨基阿维菌素苯甲酸盐	0.007
14	乙嘧酚磺酸酯	2	43	乙螨唑	0.02
15	噻嗪酮	0.5	44	乙嘧酚	2
16	克菌丹	3	45	氯唑灵	0.5
17	甲萘威	0.3	46	噁唑菌酮	0.2
18	多菌灵和苯菌灵	0.5	47	氯苯嘧啶醇	0.1
19	灭螨猛	0.2	48	喹螨醚	0.1
20	溴虫腈	0.5	49	腈苯唑	0.2
21	百菌清	0.5	50	苯丁锡	0.5
22	氯虫苯甲酰胺	0.3	51	环酰菌胺	1
23	四螨嗪	0.5	52	杀螟松	0.2
24	噻虫胺	0.1	53	甲氰菊酯	0.5
25	氰霜唑	0.5	54	唑螨酯	0.1
26	环氟菌胺	0.3	55	氰戊菊酯	0.2
27	嘧菌环胺	0.2	56	氟啶虫酰胺	0.4
28	灭蝇胺	2	57	氟苯虫酰胺	0.2
29	氟氯氰菊酯和高效氟氯氰菊酯异构体	0.5	58	氟氰戊菊酯	1
			59	咯菌腈	0.3
30	高效氯氟氰菊酯	0.05	60	氟噻虫砜	0.5
31	霜脲氰	1	61	氟虫脲	0.2
32	Z-氯氰菊酯	0.07	62	氟吡菌胺	0.5
33	溴氰菊酯	0.2	63	氟吡呋喃酮	0.4
34	二嗪农	0.2	64	氟吡菌酰胺	0.5
35	抑菌灵	5	65	粉唑醇	0.3
36	苯醚甲环唑	0.2	66	氟胺氰菊酯	0.5
37	除虫脲	1	67	氟唑菌酰胺	0.5
38	烯酰吗啉	1	68	伐虫脒	0.3
39	呋虫胺	1	69	三乙膦酸铝	15
40	二嗪农	0.2	70	草铵膦	0.05
41	二硫代胺基甲酸盐类	2.5	71	己唑醇	0.5

（续表）

序号	农药中文名称	MRL/（mg/kg）	序号	农药中文名称	MRL/（mg/kg）
72	噻螨酮	0.05	104	腐霉利	2
73	噁霉灵	0.5	105	丙溴磷	1
74	抑霉唑	0.5	106	吡蚜酮	0.5
75	吡虫啉	0.5	107	吡唑硫磷	0.5
76	异菌脲	2	108	吡唑醚菌酯	0.5
77	吡唑萘菌胺	0.2	109	除虫菊素	0.05
78	噁唑磷	0.1	110	戊菌唑	0.1
79	醚菌酯	0.05	111	霜霉威	1
80	双炔酰菌胺	0.3	112	吡丙醚	0.2
81	马拉硫磷	1	113	喹氧灵	0.1
82	甲霜灵/精甲霜灵	1	114	鱼藤酮	0.2
83	甲胺磷	0.5	115	乙基多杀菌素	0.2
84	灭多威	0.5	116	多杀霉素	0.2
85	甲氧虫酰肼	0.3	117	螺螨酯	0.07
86	密灭汀	0.2	118	螺虫乙酯	0.2
87	腈菌唑	0.5	119	氟啶虫胺腈	0.5
88	二溴磷	0.5	120	戊唑醇	0.15
89	萘草胺	0.1	121	伏虫隆	1
90	双苯氟脲	0.2	122	噻虫啉	0.3
91	噁霜灵	1	123	噻虫嗪	0.2
92	杀线威	2	124	杀虫环	0.5
93	喹啉铜	2	125	硫双威	1
94	百草枯	0.02	126	对甲抑菌灵	1
95	二甲戊灵	0.1	127	四溴菊酯	0.5
96	吡噻菌胺	0.5	128	三唑醇	0.5
97	苄氯菊酯	1	129	三唑酮	0.5
98	甲拌磷	0.05	130	肟菌酯	0.3
99	伏杀硫磷	0.5	131	十三吗啉	1
100	亚胺硫磷	0.2	132	特富灵	0.5
101	增效醚	1	133	嗪胺灵	0.5
102	抗蚜威	0.5	134	苯酰菌胺	1
103	甲基嘧啶磷	0.5			

附表 59　中国台湾地区甘蓝农药残留限量标准

序号	农药中文名称	MRL/ (mg/kg)	序号	农药中文名称	MRL/ (mg/kg)
1	活化酯	0.6	11	灭虫威	0.1
2	啶酰菌胺	1.5	12	甲氧虫酰肼	7
3	氯虫苯甲酰胺	2	13	精异丙甲草胺	0.6
4	Z-氯氰菊酯	1	14	甲基对硫磷	0.05
5	苯醚甲环唑	0.2	15	苄氯菊酯	5
6	二甲吩草胺	0.1	16	吡蚜酮	0.5
7	苯线磷	0.05	17	螺虫乙酯	2
8	咯菌腈	2	18	戊唑醇	1
9	氟吡呋喃酮	3	19	硫双威	3
10	磺菌胺	0.05	20	肟菌酯	0.5

附表 60　中国台湾地区辣椒农药残留限量标准

序号	农药中文名称	MRL/ (mg/kg)	序号	农药中文名称	MRL/ (mg/kg)
1	啶虫脒	1	17	苯醚甲环唑	0.5
2	活化酯	0.6	18	烯酰吗啉	1
3	唑嘧菌胺	2	19	呋虫胺	0.5
4	吲唑磺菌胺	1	20	甲氨基阿维菌素苯甲酸盐	0.02
5	嘧菌酯	2	21	乙螨唑	0.2
6	苯并烯氟菌唑	0.8	22	噁唑菌酮	1
7	联苯肼酯	3	23	喹螨醚	0.1
8	啶酰菌胺	1.2	24	腈苯唑	0.6
9	氯虫苯甲酰胺	0.5	25	苯丁锡	1
10	溴虫腈	0.5	26	环酰菌胺	2
11	环虫酰肼	1	27	唑螨酯	0.5
12	氰霜唑	2	28	氰戊菊酯	0.5
13	噻草酮	9	29	氟苯虫酰胺	0.7
14	丁氟螨酯	1	30	咯菌腈	1
15	嘧菌环胺	0.5	31	氟噻虫砜	0.5
16	灭蝇胺	0.5	32	氟吡菌胺	1

（续表）

序号	农药中文名称	MRL/（mg/kg）	序号	农药中文名称	MRL/（mg/kg）
33	氟吡菌酰胺	0.4	49	丙环唑	0.3
34	氟吡呋喃酮	1	50	吡唑醚菌酯	0.5
35	草铵膦	0.05	51	除虫菊素	0.05
36	茚虫威	0.3	52	嘧霉胺	1
37	异菌脲	1	53	吡丙醚	1
38	醚菌酯	1	54	喹氧灵	1
39	双炔酰菌胺	2	55	乙基多杀菌素	0.2
40	灭锈胺	0.02	56	多杀霉素	0.3
41	氰氟虫腙	0.6	57	螺甲螨酯	2
42	甲霜灵/精甲霜灵	1	58	戊唑醇	1
43	灭虫威	1	59	虫酰肼	1
44	甲氧虫酰肼	2	60	氟醚唑	0.5
45	腈菌唑	0.5	61	噻虫啉	3
46	双苯氟脲	1	62	肟菌酯	0.5
47	二甲戊灵	0.05	63	特富灵	1
48	增效醚	2			

附表 61　中国台湾地区茄子农药残留限量标准

序号	农药中文名称	MRL/（mg/kg）	序号	农药中文名称	MRL/（mg/kg）
1	啶虫脒	1	11	灭蝇胺	0.5
2	唑嘧菌胺	2	12	苯醚甲环唑	0.5
3	吲唑磺菌胺	1	13	烯酰吗啉	1
4	嘧菌酯	2	14	呋虫胺	0.5
5	联苯肼酯	0.5	15	乙螨唑	0.2
6	啶酰菌胺	1.2	16	噁唑菌酮	1
7	溴虫腈	0.5	17	苯丁锡	1
8	环虫酰肼	1	18	环酰菌胺	2
9	丁氟螨酯	1	19	唑螨酯	0.5
10	嘧菌环胺	0.5	20	氰戊菊酯	0.5

（续表）

序号	农药中文名称	MRL/ （mg/kg）	序号	农药中文名称	MRL/ （mg/kg）
21	咯菌腈	1	35	双苯氟脲	1
22	氟噻虫砜	0.5	36	吡唑醚菌酯	0.5
23	氟吡菌胺	1	37	嘧霉胺	1
24	氟吡菌酰胺	0.4	38	吡丙醚	1
25	草铵膦	0.05	39	乙基多杀菌素	0.2
26	噻螨酮	0.1	40	多杀霉素	0.2
27	茚虫威	0.5	41	螺甲螨酯	2
28	异菌脲	1	42	戊唑醇	1
29	醚菌酯	1	43	氟醚唑	0.5
30	双炔酰菌胺	2	44	噻虫啉	3
31	灭锈胺	0.02	45	噻虫嗪	0.5
32	氰氟虫腙	0.6	46	肟菌酯	0.5
33	灭虫威	1	47	特富灵	1
34	腈菌唑	0.5			

附表 62　中国台湾地区花椰菜农药残留限量标准

序号	农药中文名称	MRL/ （mg/kg）	序号	农药中文名称	MRL/ （mg/kg）
1	啶酰菌胺	1.5	5	灭虫威	0.1
2	毒死蜱	0.5	6	氟啶虫胺腈	0.1
3	苯醚甲环唑	0.2	7	戊唑醇	0.05
4	氟比呋喃酮	3			

附表 63　中国台湾地区马铃薯农药残留限量标准

序号	农药中文名称	MRL/ （mg/kg）	序号	农药中文名称	MRL/ （mg/kg）
1	2,4-滴	0.2	6	苯霜灵	0.02
2	啶虫脒	0.5	7	灭草松	0.1
3	唑嘧菌胺	0.05	8	苯并烯氟菌唑	0.02
4	吲唑磺菌胺	0.05	9	啶酰菌胺	0.05
5	嘧菌酯	5	10	克菌丹	0.05

（续表）

序号	农药中文名称	MRL/（mg/kg）	序号	农药中文名称	MRL/（mg/kg）
11	唑草酮	0.1	41	三甲基锍阳离子	0.2
12	溴虫腈	0.05	42	抑霉唑	5
13	氯苯胺灵	30	43	吡虫啉	0.5
14	甲基毒死蜱	0.01	44	茚虫威	0.02
15	烯草酮	0.5	45	醚菌酯	0.3
16	噻虫胺	0.02	46	双炔酰菌胺	0.01
17	噻草酮	3	47	氰氟虫腙	0.02
18	高效氯氟氰菊酯	0.04	48	甲霜灵/精甲霜灵	0.3
19	霜脲氰	0.1	49	叶菌唑	0.04
20	Z-氯氰菊酯	0.05	50	灭虫威	0.05
21	嘧菌环胺	1	51	精异丙甲草胺	0.2
22	灭蝇胺	1	52	嗪草酮	0.6
23	抑菌灵	0.1	53	双苯氟脲	0.01
24	苯醚甲环唑	0.3	54	噁霜灵	0.1
25	二甲吩草胺	0.01	55	百草枯	0.05
26	噻节因	0.05	56	甲基对硫磷	0.05
27	烯酰吗啉	0.05	57	吡噻菌胺	0.05
28	呋虫胺	0.05	58	甲拌磷	0.05
29	甲氨基阿维菌素苯甲酸盐	0.02	59	亚胺硫磷	0.05
30	噁唑菌酮	0.1	60	霜霉威	0.3
31	唑螨酯	0.02	61	炔螨特	0.03
32	氟虫腈	0.02	62	丙硫菌唑	0.02
33	咯菌腈	6	63	吡蚜酮	0.1
34	丙炔氟草胺	0.02	64	吡唑醚菌酯	0.02
35	氟吡菌胺	0.02	65	嘧霉胺	0.05
36	氟吡菌酰胺	0.03	66	烯草酮	4
37	氟吡呋喃酮	0.05	67	乙基多杀菌素	0.02
38	氟唑菌酰胺	0.03	68	多杀霉素	0.1
39	伐虫脒	0.05	69	螺虫乙酯	0.8
40	草铵膦	0.1	70	戊唑醇	0.2

（续表）

序号	农药中文名称	MRL/ （mg/kg）	序号	农药中文名称	MRL/ （mg/kg）
71	噻菌灵	10	75	肟菌酯	0.02
72	噻虫啉	0.02	76	氟乐灵	0.05
73	噻虫嗪	0.25	77	苯酰菌胺	0.02
74	甲基立枯磷	0.2			

附录10　农药中文名称和英文名称对照表

本书中农药中文名称和英文名称对照见附表64。

附表64　农药中英文对照表

序号	中文名称	英文名称
1	1,1-二氯-2,2-二(4-乙苯)乙烷	1,1-dichloro-2,2-bis(4-ethylphenyl)ethane
2	1,2-二氯乙烷	1,2-dichloroethane(ethylene dichloride)
3	1,2-二溴乙烷	1,2-dibromoethane(ethylene dibromide)
4	1,3-二氯丙烯	1,3-dichloropropene
5	1-甲基环丙烯	1-methylcyclopropene
6	1-萘乙酸	1-naphthylacetic acid
7	1-萘乙酰胺	1-naphthylacetamide
8	2,4,5-三氯苯氧乙酸	2,4,5-T(sum of 2,4,5-T,its salts and esters,expressed as 2,4,5-T)
9	2,4-滴	2,4-D(sum of 2,4-D, its salts, its esters and its conjugates, expressed as 2,4-D)
10	2,4-滴丙酸	dichlorprop[sum of dichlorprop(including dichlorprop-P),its salts, esters and conjugates,expressed as dichlorprop]
11	2,4-滴丁酸	2,4-DB(sum of 2,4-DB,its salts,its esters and its conjugates,expressed as 2,4-DB)
12	2,6-二异丙基萘	2,6-diisopropylnaphthalene
13	2-氨基-4-甲氧基-6-甲基-1,3,5-三嗪	2-amino-4-methoxy-6-(trifluormethyl)-1,3,5-triazine(AMTT), resulting from the use of tritosulfuron
14	2-苯基苯酚	2-phenylphenol(sum of 2-phenylphenol and its conjugates,expressed as 2-phenylphenol)

（续表）

序号	中文名称	英文名称
15	2 甲 4 氯丙酸（含精 2 甲 4 氯丙酸和 2 甲 4 氯丙酸）	mecoprop（sum of mecoprop-P and mecoprop expressed as mecoprop）
16	2 甲 4 氯和 2 甲 4 氯丁酸	MCPA and MCPB（MCPA, MCPB including their salts, esters and conjugates expressed as MCPA）
17	2-氯-5-氯苯甲酸甲酯	2,5-dichlorobenzoic acid methyl ester
18	2-萘氧基乙酸	2-naphthyloxyacetic acid
19	3-癸烯-2-酮	3-decen-2-one
20	8-羟基喹啉	8-hydroxyquinoline（sum of 8-hydroxyquinoline and its salts, expressed as 8-hydroxyquinoline）
21	—	acynonapyr
22	—	fenpicoxamid
23	—	flometoquin
24	—	fluxametamide
25	—	imicyafos
26	—	inpyrfluxam
27	—	ipflufenoquin
28	—	mandestrobin
29	—	picarbutrazox
30	—	pyflubumide
31	—	pyraziflumid
32	S-氰戊菊酯	s-esfenvalerat
33	Z-氯氰菊酯	zeta-cypermethrin
34	阿维菌素	abamectin（sum of avermectin B1a, avermectin B1b and delta-8,9 isomer of avermectin B1a, expressed as avermectin B1a）
35	埃玛菌素	emamectin
36	矮壮素	chlormequat（sum of chlormequat and its salts, expressed as chlormequat-chloride）
37	艾氏剂	aldrin
38	安果	formothion
39	氨磺乐灵	oryzalin
40	胺苯吡菌酮	fenpyrazamine
41	胺苯磺隆	ethametsulfuron-methyl
42	胺磺铜	DBEDC

（续表）

序号	中文名称	英文名称
43	胺鲜酯	diethylaminoethylhexanoate
44	百草枯	paraquat
45	百菌清	chlorothalonil
46	保棉磷	azinphos-methyl
47	倍硫磷	fenthion（fenthion and its oxigen analogue，their sulfoxides and sulfone expressed as parent）
48	苯胺灵	propham
49	苯吡唑草酮	topramezone
50	苯并芘	benzopyrene
51	苯并烯氟菌唑	benzovindiflupyr
52	苯草醚	aclonifen
53	苯丁锡	fenbutatin oxide
54	苯磺隆	tribenuron-methyl
55	苯菌灵	benomyl
56	苯菌酮	metrafenone
57	苯硫磷	EPN
58	苯醚甲环唑	difenoconazole
59	苯醚菊酯	phenothrin［phenothrin including other mixtures of constituent isomers（sum of isomers）］
60	苯嘧磺草胺	saflufenacil（sum of saflufenacil，M800H11 and M800H35，expressedas saflufenacil）
61	苯嗪草酮	metamitron
62	苯噻菌胺	benthiavalicarb［benthiavalicarb-isopropyl（KIF-230 R-L）and its enantiomer（KIF-230 S-D）and its diastereomers（KIF-230 S-L and KIF-230 R-D），expressed as benthiavalicarb-isopropyl］
63	苯霜灵	benalaxyl including other mixtures of constituent isomers including benalaxyl-M（sum of isomers）
64	苯酸苄铵酰铵	denatonium benzoate
65	苯酰菌胺	zoxamide
66	苯线磷	fenamiphos（sum of fenamiphos and its sulphoxide and sulphone expressed as fenamiphos）
67	苯锈啶	fenpropidin（sum of fenpropidin and its salts，expressed as fenpropidin）
68	苯氧威	fenoxycarb

（续表）

序号	中文名称	英文名称
69	吡丙醚	pyriproxyfen
70	吡草醚	pyraflufen-ethyl
71	吡虫啉	imidacloprid
72	吡氟草胺	diflufenican
73	吡氟氯禾灵	haloxyfop［sum of haloxyfop, its esters, salts and conjugates, expressed as haloxyfop（sum of the R-and S-isomers at any ratio）］
74	吡菌苯威	pyribencarb
75	吡螨胺	tebufenpyrad
76	吡喃草酮	tepraloxydim［sum of tepraloxydim and its metabolites that can be-hydrolysed either to the moiety 3-（tetrahydro-pyran-4-yl）-glutaric acid or to the moiety 3-hydroxy-（tetrahydro-pyran-4-yl）-glutaric acid, expressed as tepraloxydim］
77	吡噻菌胺	penthiopyrad
78	吡蚜酮	pymetrozine
79	吡唑草胺	metazachlor（sum of metabolites 479M04, 479M08 and 479M16, expressed as metazachlor）
80	吡唑硫磷	pyraclofos
81	吡唑醚菌酯	pyraclostrobin
82	吡唑萘菌胺	isopyrazam
83	吡唑特	pyrazolynate
84	苄草丹	prosulfocarb
85	苄呋菊酯	resmethrin［resmethrin including other mixtures of consituent isomers（sum of isomers）］
86	苄基腺嘌呤	benzyladenine
87	苄氯菊酯	permethrin（sum of isomers）
88	苄嘧磺隆	bensulfuron-methyl
89	冰晶石	cryolite
90	丙苯磺隆	propoxycarbazone（propoxycarbazone, its salts and 2-hydroxypropoxy-carbazone expressed as propoxycarbazone）
91	丙草丹	EPTC（ethyl dipropylthiocarbamate）
92	丙环唑	propiconazole（sum of isomers）
93	丙硫菌唑	prothioconazole
94	丙硫克百威	benfuracarb

（续表）

序号	中文名称	英文名称
95	丙硫磷	prothiofos
96	丙炔噁草酮	oxadiargyl
97	丙炔氟草胺	flumioxazine
98	丙森锌	propineb（expressed as propilendiamine）
99	丙烯酸双环戊二烯酯	DCPA
100	丙溴磷	profenofos
101	丙氧喹啉	proquinazid
102	残杀威	propoxur
103	草铵膦	glufosinate-ammonium（sum of glufosinate, its salts, MPP and NAG expressed as glufosinate equivalents）
104	草达灭	molinate
105	草甘膦	glyphosate
106	草净津	cyanazine
107	草克乐	chlorthiamid
108	赤霉酸	gibberellic acid
109	虫螨畏	methacrifos
110	虫酰肼	tebufenozide
111	除草醚	nitrofen
112	除虫菊素	pyrethrins
113	除虫脲	diflubenzuron
114	春雷霉素	kasugamycin
115	哒草特	pyridate［sum of pyridate, its hydrolysis product CL 9673（6-chloro-4-hydroxy-3-phenylpyridazin）and hydrolysable conjugates of CL 9673 expressed as pyridate］
116	哒菌酮	diclomezine
117	哒螨灵	pyridaben
118	哒嗪硫磷	pyridaphenthion
119	代森铵	amobam
120	代森联	metiram
121	代森锰	maneb
122	代森锰锌	mancozeb
123	代森钠	nabam

（续表）

序号	中文名称	英文名称
124	代森锌	zineb
125	稻丰散	phenthoate
126	稻瘟灵	isoprothiolane
127	地乐酚	dinoseb（sum of dinoseb, its salts, dinoseb-acetate and binapacryl, expressed as dinoseb）
128	地散磷	bensulide
129	滴滴涕	DDT［sum of p, p′-DDT, o, p′-DDT, p-p′-DDE and p, p′-TDE（DDD）expressed as DDT］
130	狄氏剂	dieldrin
131	敌百虫	trichlorfon
132	敌稗	propanil
133	敌草胺	napropamide
134	敌草腈	dichlobenil
135	敌草快	diquat
136	敌草隆	diuron
137	敌敌畏	dichlorvos
138	敌磺钠	fenaminosulf
139	敌菌丹	captafol
140	敌菌灵	anilazine
141	敌螨普	dinocap（sum of dinocap isomers and their corresponding phenols expressed as dinocap）
142	敌杀磷	dioxathion（sum of isomers）
143	碘苯腈	ioxynil（sum of ioxynil and its salts, expressed as ioxynil）
144	碘甲烷	methyl iodide
145	调环酸钙	prohexadione-calcium
146	丁胺磷	butamifos
147	丁苯吗啉	fenpropimorph（sum of isomers）
148	丁草胺	butachlor
149	丁草特	butylate
150	丁氟螨酯	cyflumetofen
151	丁基嘧啶磷	tebupirimfos
152	丁硫克百威	carbosulfan

（续表）

序号	中文名称	英文名称
153	丁醚脲	diafenthiuron
154	丁噻隆	tebuthiuron
155	丁酰肼	daminozide[sum of daminozide and 1,1-ffdimethyl-hydrazine (UDHM), expressed as daminozide]
156	丁香菌酯	coumoxystrobin
157	定菌磷	pyrazophos
158	啶虫丙醚	pyridalyl
159	啶虫脒	acetamiprid
160	啶嘧磺隆	flazasulfuron
161	啶酰菌胺	boscalid
162	啶氧菌酯	picoxystrobin
163	毒草安	propachlor
164	毒虫畏	chlorfenvinphos
165	毒杀芬	camphechlor(toxaphene)
166	毒死蜱	chlorpyrifos
167	毒莠定	picloram
168	对甲抑菌灵	tolylfluanid(sum of tolylfluanid and dimethylaminosulfotoluidide expressed as tolylfluanid)
169	对硫磷	parathion
170	多果定	dodine
171	多菌灵和苯菌灵	carbendazim and benomyl(sum of benomyl and carbendazim expressed as carbendazim)
172	多抗霉素	polyoxins
173	多杀霉素	spinosad(spinosad, sum of spinosyn A and spinosyn D)
174	多效唑	paclobutrazol(sum of constituentisomers)
175	多氧霉素	polyoxins
176	噁草酸	propaquizafop
177	噁草酮	oxadiazon
178	噁虫威	bendiocarb
179	噁喹酸	oxolinic acid
180	噁霉灵	hymexazol
181	噁霜灵	oxadixyl

（续表）

序号	中文名称	英文名称
182	噁唑禾草灵	fenoxaprop-ethyl
183	噁唑菌酮	famoxadone
184	噁唑磷	isoxathion
185	蒽醌	anthraquinone
186	二苯胺	diphenylamine
187	二氟乙酸	difluoroacetic acid（DFA）
188	二癸基二甲基氯化铵	didecyldimethylammonium chloride（mixture of alkyl-quaternary ammonium salts with alkyl chain lengths of C_8, C_{10} and C_{12}）
189	二甲草胺	dimethachlor
190	二甲吩草胺	dimethenamid including othermixtures of constituent isomers including dimethenamid-P（sum of isomers）
191	二甲基二硫代氨基甲酸	dimethyl dithiocarbamates
192	二甲戊灵	pendimethalin
193	二硫代氨基甲酸盐类	dithiocarbamates（dithiocarbamates expressed as CS_2, including maneb, mancozeb, metiram, propineb, thiram and ziram）
194	二氯吡啶酸	clopyralid
195	二氯喹啉酸	quinclorac
196	二氯异丙醚	DCIP
197	二嗪农	diazinon
198	二噻农	dithianon
199	二溴磷	naled
200	伐虫脒	formetanate[sum of formetanate and its salts expressed as formetanate（hydrochloride）]
201	粉唑醇	flutriafol
202	丰索磷	fensulfothion
203	砜吡草唑	pyroxasulfone
204	砜吸磷	oxydemeton-methyl（sum of oxydemeton-methyl and demeton-S-methylsulfone expressed as oxydemeton-methyl）
205	呋吡菌胺	furametpyr
206	呋草黄	benfuresate
207	呋草酮	flurtamone
208	呋虫胺	dinotefuran

序号	中文名称	英文名称
209	呋酰胺	ofurace
210	呋线威	furathiocarb
211	伏草隆	fluometuron
212	伏虫隆	teflubenzuron
213	伏杀硫磷	phosalone
214	氟胺磺隆	triflusulfuron[6-(2，2，2-trifluoroethoxy)-1，3，5-triazine-2，4-diamine (IN-M7222)]
215	氟胺氰菊酯	tau-fluvalinate
216	氟苯虫酰胺	flubendiamide
217	氟吡草酮	bicyclopyrone
218	氟吡草腙	diflufenzopyr
219	氟吡呋喃酮	flupyradifurone
220	氟吡菌胺	fluopicolide
221	噻呋酰胺	fluopyram
222	氟吡酰草胺	picolinafen
223	氟丙菊酯	acrinathrin
224	氟草胺	benfluralin
225	氟虫吡喹	pyrifluquinazon
226	氟虫腈	fipronil[sum fipronil + sulfone metabolite(MB46136) expressed as fipronil]
227	氟虫脲	flufenoxuron
228	氟丁酰草胺	beflubutamid
229	氟啶胺	fluazinam
230	氟啶草酮	fluridone
231	氟啶虫胺腈	sulfoxaflor(sum of isomers)
232	氟啶虫酰胺	flonicamid(sum of flonicamid,TFNA and TFNG expressed as flonicamid)
233	氟啶嘧磺隆	flupyrsulfuron-methyl
234	氟啶脲	chlorfluazuron
235	氟咯草酮	flurochloridone(sum of cis-and trans-isomers)
236	氟硅唑	flusilazole
237	氟禾草灵	fluazifop-butyl

（续表）

序号	中文名称	英文名称
238	氟化物	fluorinecompounds
239	氟化物离子	fluoride ion
240	氟环唑	epoxiconazole
241	氟磺胺草醚	fomesafen
242	氟磺隆	prosulfuron
243	氟甲喹	flumequine
244	氟节胺	flumetralin
245	氟喹唑	fluquinconazole
246	氟乐灵	trifluralin
247	氟铃脲	hexaflumuron
248	氟氯吡啶酯	halauxifen-methyl［sum ofhalauxifen-methyl and X11393729（halauxifen）,expressed as halauxifen-methyl］
249	氟氯氰菊酯和高效氟氯氰菊酯异构体	cyfluthrin and the isomer beta-cyfluthrin
250	氟螨脲	flucycloxuron
251	氟醚唑	tetraconazole
252	氟嘧菌酯	fluoxastrobin（sum of fluoxastrobin and its Z-isomer）
253	氟嘧硫草酯	tiafenacil
254	氟氰戊菊酯	flucythrinate［flucythrinate including other mixtures of constituent isomers（sum of isomers）］
255	氟噻草胺	flufenacet（sum of all compounds containing the N fluorophenyl-N-isopropyl moiety expressed as flufenacet equivalent）
256	氟噻虫砜	fluensulfone
257	氟噻唑吡乙酮	oxathiapiprolin
258	氟噻唑菌腈	flutianil
259	氟酰胺	flutolanil
260	氟酰亚胺	fluoroimide
261	氟唑环菌胺	sedaxane
262	氟唑菌酰胺	fluxapyroxad
263	氟唑菌酰羟胺	pydiflumetofen
264	福美双	thiram（expressed as thiram）
265	福美铁	ferbam

（续表）

序号	中文名称	英文名称
266	福美锌	ziram
267	腐霉利	procymidone
268	复硝酚钠/邻硝基酚钠/对硝基酚钠	sodium 5-nitroguaiacolate, sodium o-nitrophenolate and sodium p-nitrophenolate (sum of sodium 5-nitroguaiacolate, sodium o-nitrophenolate and sodium p-nitrophenolate, expressed as sodium 5-nitroguaiacolate)
269	高效氯氟氰菊酯	lambda-cyhalothrin (includes gamma-cyhalothrin) (sum of R,S and S,R isomers)
270	高效氯氰菊酯	beta-cypermethrin
271	咯菌腈	fludioxonil
272	镉	cadmium
273	汞化合物	mercury compounds (sum of mercury compounds expressed as mercury)
274	骨油	bone oil
275	硅氟唑	simeconazole
276	硅噻菌胺	silthiofam
277	禾草丹	thiobencarb (4-chlorobenzyl methyl sulfone)
278	禾草灵	diclofop (sum diclofop-methyl and diclofop acid expressed as diclofop-methyl)
279	环苯草酮	profoxydim
280	环丙酸酰胺	cyclanilide
281	环丙唑醇	cyproconazole
282	环草定	lenacil
283	环虫酰肼	chromafenozide
284	环氟菌胺	cyflufenamid [sum of cyflufenamid (Z-isomer) and its E-isomer, expressed as cyflufenamid]
285	环磺酮	tembotrione
286	环酰菌胺	fenhexamid
287	环溴虫酰胺	cyclaniliprole
288	环氧嘧磺隆	oxasulfuron
289	环氧乙烷	ethylene oxide (sum of ethylene oxide and 2-chloro-ethanol expressed as ethylene oxide)
290	黄草灵	asulam
291	黄曲霉毒素	aflatoxin

序号	中文名称	英文名称
292	磺草酮	sulcotrione
293	磺草唑胺	metosulam
294	磺菌胺	flusulfamide
295	磺酰草吡唑	pyrasulfotole
296	磺酰磺隆	sulfosulfuron
297	磺酰唑草酮	sulfentrazone
298	活化酯	acibenzolar-S-methyl［sum of acibenzolar-S-methyl and acibenzolar acid（free and conjugated），expressed as acibenzolar-S-methyl］
299	己唑醇	hexaconazole
300	甲氨基阿维菌素苯甲酸盐	emamectin benzoate
301	甲胺磷	methamidophos
302	甲拌磷	phorate（sumof phorate, its oxygen analogue and their sulfones expressed as phorate）
303	甲草胺	alachlor
304	甲磺隆	metsulfuron-methyl
305	甲基碘磺隆	iodosulfuron-methyl（sum of iodosulfuron-methyl and its salts, expressed as iodosulfuron-methyl）
306	甲基毒虫畏	dimethylvinphos
307	甲基毒死蜱	chlorpyrifos-methyl
308	甲基对硫磷	parathion-methyl（sum of parathion-methyl and paraoxon-methyl expressed as parathion-methyl）
309	甲基二磺隆	mesosulfuron-methyl
310	甲基磺草酮	mesotrione
311	甲基立枯磷	tolclofos-methyl
312	甲基硫环磷	phosfolanGmethyl
313	甲基咪草烟	imazapic
314	甲基嘧啶磷	pirimiphos-methyl
315	甲基内吸磷	demeton-S-methyl
316	甲基托布津	thiophanate-methyl
317	甲基乙拌磷	thiometon
318	甲基异柳磷	isofenphos-methyl
319	甲萘威	carbaryl

（续表）

序号	中文名称	英文名称
320	甲氰菊酯	fenpropathrin
321	甲霜灵/精甲霜灵	metalaxyl and metalaxyl-M[metalaxyl including other mixtures of constituent isomers including metalaxyl-M(sum of isomers)]
322	甲羧除草醚	bifenox
323	甲酰胺磺隆	foramsulfuron
324	甲氧苯啶菌	pyriofenone
325	甲氧虫酰肼	methoxyfenozide
326	甲氧磺草胺	pyroxsulam
327	甲氧氯	methoxychlor
328	甲氧咪草烟	imazamox(sum of imazamox and its salts,expressed as imazamox)
329	甲氧普烯	methoprene
330	解草酮	benoxacor
331	腈苯唑	fenbuconazole(sum of constituent enantiomers)
332	腈吡螨酯	cyenopyrafen
333	腈菌唑	myclobutanil
334	精苯霜灵	benalaxyl-M
335	精吡氟禾草灵	fluazifop-P(sum of all the constituent isomers of fluazifop,its esters and its conjugates,expressed as fluazifop)
336	精噁唑禾草灵	fenoxaprop-P
337	精二甲吩草胺	dimethenamid-P
338	精高效氯氟氰菊酯	isomer gamma-cyhalothrin
339	精甲霜灵	mefenoxam(repeated/seemetalaxyl and mefenoxam)
340	精喹禾灵	quizalofop-P-ethyl
341	精异丙甲草胺	S-metolachlor
342	井冈霉素	validamycin
343	久效磷	monocrotophos
344	聚乙醛	metaldehyde
345	开蓬	chlordecone
346	糠菌唑	bromuconazole(sum of diasteroisomers)
347	糠醛	furfural
348	抗倒酯	trinexapac[sum of trinexapac(acid)and its salts,expressed as trinexapac]

（续表）

序号	中文名称	英文名称
349	抗蚜威	pirimicarb
350	克百威	carbofuran[sum of carbofuran (including any carbofuran generated from carbosulfan, benfuracarb or furathiocarb) and 3-OH carbofuran expressed as carbofuran]
351	克草猛	pebulate
352	克菌丹	captan(sum of captan and THPI, expressed as captan)
353	枯草隆	chloroxuron
354	矿物油	petroleum oils(CAS 92062-35-6)
355	喹草酸	quinmerac
356	喹禾糠酯	quizalofop-P-tefuryl
357	喹禾灵	quizalofop[sum of quizalofop, its salts, its esters (including propa-quizafop) and its conjugates, expressed as quizalofop (any ratio of constituent isomers)]
358	喹啉类杀菌剂	tebufloquin
359	喹啉铜	oxine-copper
360	喹硫磷	quinalphos
361	喹螨醚	fenazaquin
362	喹氧灵	quinoxyfen
363	乐果	dimethoate
364	乐杀螨	binapacryl
365	雷皮菌素	lepimectin
366	利谷隆	linuron
367	联苯	biphenyl
368	联苯吡菌胺	bixafen
369	联苯肼酯	bifenazate(sum of bifenazate plus bifenazate-diazene expressed as bifenazate)
370	联苯菊酯	bifenthrin(sum of isomers)
371	联苯三唑醇	bitertanol(sum of isomers)
372	链霉素	streptomycin
373	林丹	lindane[gamma-isomer of hexachlorocyclohexane(HCH)]
374	磷胺	phosphamidon
375	磷化氢	phosphane

（续表）

序号	中文名称	英文名称
376	磷酸盐/磷化盐	phosphane and phosphide salts［sum of phosphane and phosphane generators（relevant phosphide salts），determined and expressedas phosphane］
377	膦化物和磷化物	phosphines and phosphides（sum of aluminium phosphide，aluminium phosphine，magnesium phosphide，magnesium phosphine，zinc phosphide and zinc phosphine）
378	硫丹	endosulfan（sum of alpha-and beta-isomers and endosulfan-sulphate expresses as endosulfan）
379	硫环磷	phosfolan
380	硫磺	sulphur
381	硫双威	thiodicarb
382	硫酸链霉素	streptomycin sesquisulfate
383	硫酰氟	sulfuryl fluoride
384	硫线磷	cadusafos
385	六氯苯	hexachlorobenzene
386	六氯环己烷，α异构体	hexachlorocyclohexane（HCH），alpha-isomer
387	六氯环己烷，β异构体	hexachlorocyclohexane（HCH），beta-isomer
388	螺虫乙酯	spirotetramat and its 4 metabolites BYI08330-enol，BYI08330-keto-hydroxy，BYI08330-monohydroxy，and BYI08330 enol-glucoside，expressed as spirotetramat
389	螺环菌胺	spiroxamine（sum of isomers）
390	螺甲螨酯	spiromesifen
391	螺螨酯	spirodiclofen
392	绿草定	triclopyr
393	绿谷隆	monolinuron
394	绿麦隆	chlorotoluron
395	氯氨吡啶酸	aminopyralid
396	氯苯胺灵	chlorpropham
397	氯苯嘧啶醇	fenarimol
398	氯吡多	clopidol
399	氯吡嘧磺隆	halosulfuron methyl
400	氯吡脲	forchlorfenuron
401	氯草灵	chlorbufam

（续表）

序号	中文名称	英文名称
402	氯草敏	chloridazon(sum ofchloridazon and chloridazon-desphenyl, expressed as chloridazon)
403	氯虫苯甲酰胺	chlorantraniliprole(DPX E-2Y45)
404	氯丹	chlordane(sum of cis- and trans-chlordane)
405	氯氟吡啶酯	florpyrauxifen-benzyl
406	氯氟吡氧乙酸	fluroxypyr(sum of fluroxypyr, its salts, its esters, and its conjugates, expressed as fluroxypyr)
407	氯氟醚菌唑	mefentrifluconazole
408	氯氟氰菊酯	cyhalothrin
409	氯化苦	chloropicrin
410	氯磺隆	chlorsulfuron
411	氯氰菊酯和异构体顺式氯氰菊酯和Z-氯氰菊酯	cypermethrin and isomersalpha-cypermethrin and zeta-cypermethrin
412	氯杀螨	chlorbenside
413	氯酸盐	chlorate
414	氯酞酸二甲酯	chlorthal-dimethyl
415	氯硝胺	dicloran
416	氯溴异氰尿酸	chloroisobromine-cyanuric-acid
417	氯唑灵	etridiazole
418	马拉硫磷	malathion(sum of malathion and malaoxon expressedas malathion)
419	吗菌灵	dodemorph
420	麦草畏	dicamba
421	麦穗宁	fuberidazole
422	茅草枯	dalapon
423	咪草烟铵	imazethapyr ammonium
424	咪鲜胺	prochloraz(sum of prochloraz and its metabolites containing the 2,4,6-trichlorophenol moiety expressed as prochloraz)
425	咪唑菌酮	fenamidone
426	醚苯磺隆	triasulfuron
427	醚菊酯	etofenprox
428	醚菌胺	dimoxystrobin
429	醚菌酯	kresoxim-methyl

（续表）

序号	中文名称	英文名称
430	密灭汀	milbemectin（sum of milbemycin A4 and milbemycin A3,expressedas milbemectin）
431	嘧苯胺磺隆	orthosulfamuron
432	嘧啶磷	pirimiphos-ethyl
433	嘧菌胺	mepanipyrim
434	嘧菌环胺	cyprodinil
435	嘧菌酯	azoxystrobin
436	嘧螨醚	pyrimidifen
437	嘧霉胺	pyrimethanil
438	棉铃威	alanycarb
439	棉隆	dazomet（methyl isothiocyanate resulting from the use of dazomet and metam）
440	灭草喹	imazaquin
441	灭草隆	monuron
442	灭草松	bentazone[sum of bentazone,its salts and 6-hydroxy（free and conjugated）and 8-hydroxy bentazone（free and conjugated）,expressed as bentazone]
443	灭草烟	imazapyr
444	灭虫威	methiocarb（sum of methiocarb and methiocarb sulfoxide and sulfone, expressed as methiocarb）
445	灭多威	methomyl
446	灭菌丹	folpet（sum of folpet and phtalimide,expressed as folpet）
447	灭菌唑	triticonazole
448	灭螨醌	acequinocyl
449	灭螨猛	chinomethionat
450	灭线磷	ethoprophos
451	灭锈胺	mepronil
452	灭蚜磷	mecarbam
453	灭蚁灵	mirex
454	灭蝇胺	cyromazine
455	灭幼脲	chlorbenzuron
456	灭藻醌	quinoclamine

（续表）

序号	中文名称	英文名称
457	茉莉酸诱导体	prohydrojasmon
458	萘草胺	naptalam
459	内吸磷	demeton
460	烟碱	nicotine
461	皮蝇磷	fenchlorphos（sum of fenchlorphos and fenchlorphos oxon expressed as fenchlorphos）
462	扑灭津	propazine
463	七氟菊酯	tefluthrin
464	七氯	heptachlor（sum of heptachlor and heptachlor epoxide expressed as heptachlor）
465	铅	lead
466	嗪胺灵	triforine
467	嗪草酸甲酯	fluthiacet-methyl
468	嗪草酮	metribuzin
469	氰胺	cyanamide including salts expressed as cyanamide
470	氰虫酰胺	cyantraniliprole
471	氰氟草酯	cyhalofop-butyl
472	氰氟虫腙	metaflumizone（sum of E-and Z-isomers）
473	氰化氢	hydrogen cyanide
474	氰霜唑	cyazofamid
475	氰戊菊酯	fenvalerate［any ratio of constituent isomers（RR，SS，RS & SR）including esfenvalerate］
476	炔草酯	clodinafop and its S-isomers and their salts，expressed as clodinafop
477	炔螨特	propargite
478	壬基苯酚磺酸铜	copper nonylphenolsulfonate
479	乳氟禾草灵	lactofen
480	噻草酮	cycloxydim including degradation and reaction products which can be determined as 3-(3-thianyl)glutaric acid S-dioxide（BH 517-TGSO2）and/or 3-hydroxy-3-(3-thianyl)glutaric acid S-dioxide（BH 517-5-OH-TGSO2）or methyl esters thereof，calculated in total as cycloxydim
481	噻虫胺	clothianidin
482	噻虫啉	thiacloprid

（续表）

序号	中文名称	英文名称
483	噻虫嗪	thiamethoxam
484	噻吩磺隆	thifensulfuron-methyl
485	噻呋酰胺	thifluzamide
486	噻节因	dimethipin
487	噻菌灵	thiabendazole
488	噻菌铜	thiediazoleGcopper
489	噻螨酮	hexythiazox
490	噻嗪酮	buprofezin
491	噻唑菌胺	ethaboxam
492	噻唑膦	fosthiazate
493	噻唑隆	methabenzthiazuron
494	三苯基醋锡	fentinacetate
495	三苯基氢氧化锡	fentin hydroxide
496	三苯锡	fentin(fentin including its salts, expressed as triphenyltin cation)
497	三氟苯嘧啶	triflumezopyrim
498	三氟啶磺隆	trifloxysulfuron
499	三氟甲磺隆	tritosulfuron
500	三环锡	cyhexatin
501	三环唑	tricyclazole
502	三甲基锍阳离子	trimethyl-sulfonium cation, resulting from the use of glyphosate
503	三硫磷	carbophenothion
504	三氯杀螨醇	dicofol(sum of p,p′ and o,p′ isomers)
505	三氯杀螨砜	tetradifon
506	三氧化二砷	arsenic trioxide
507	三乙膦酸铝	fosetyl-aluminium(sum of fosetyl, phosphonic acidand their salts, expressed as fosetyl)
508	三唑醇	triadimenol(any ratio of constituent isomers)
509	三唑磷	triazophos
510	三唑酮	triadimefon
511	三唑锡和三环锡	azocyclotin and cyhexatin(sum of azocyclotin and cyhexatin expressed as cyhexatin)

（续表）

序号	中文名称	英文名称
512	杀草强	amitrole
513	杀虫环	thiocyclam
514	杀虫磺	bensultap
515	杀虫脒	chlordimeform
516	杀虫畏	tetrachlorvinphos
517	杀铃脲	triflumuron
518	杀螨净	flufenzin
519	杀螨特	aramite
520	杀螨酯	chlorfenson
521	杀螟丹	cartap
522	杀螟腈	cyanophos
523	杀螟松	fenitrothion
524	杀扑磷	methidathion
525	杀鼠灵	warfarin
526	杀鼠酮	pindone
527	杀线威	oxamyl
528	生物苄呋菊酯	bioresmethrin
529	虱螨脲	lufenuron(any ratio of constituent isomers)
530	十三吗啉	tridemorph
531	石蜡油	paraffin oil(CAS 64742-54-7)
532	双苯氟脲	novaluron
533	双丙环虫酯	afidopyropen
534	双草醚	bispyribac
535	双氟磺草胺	florasulam
536	双胍辛胺	guazatine(guazatine acetate, sum of components)
537	双甲脒	amitraz(amitraz including the metabolites containing the 2,4-dimethylaniline moiety expressed as amitraz)
538	双氢链霉素和链霉素	dihydrostreptomycin and streptomycin
539	双炔酰菌胺	mandipropamid(any ratio of constituent isomers)
540	双三氟虫脲	bistrifluron

（续表）

序号	中文名称	英文名称
541	霜霉威	propamocarb
542	霜霉威盐酸盐	propamocarb hydrochloride
543	霜脲氰	cymoxanil
544	水胺硫磷	isocarbophos
545	四聚乙醛	metaldehyde
546	四氯化碳	carbon tetrachloride
547	四氯硝基苯	tecnazene
548	四螨嗪	clofentezine
549	四溴菊酯	tralomethrin
550	四唑虫酰胺	tetraniliprole
551	四唑嘧磺隆	azimsulfuron
552	速灭磷	mevinphos（sum of E-and Z-isomers）
553	特丁津	terbuthylazine
554	特丁硫磷	terbufos
555	特富灵	triflumizole: triflumizole and metabolite FM-6-1[N-(4-chloro-2-trifluoromethylphenyl)-n-propoxyacetamidine], expressed as triflumizole
556	特乐酚	dinoterb（sum of dinoterb, its salts and esters, expressed as dinoterb）
557	特普	TEPP
558	涕灭威	aldicarb（sum of aldicarb, its sulfoxide and its sulfone, expressed as aldicarb）
559	甜菜安	desmedipham
560	甜菜宁	phenmedipham
561	铜化合物	copper compounds（copper）
562	土霉素	oxytetracycline
563	威百亩	metham-sodium
564	萎锈灵	carboxin[carboxin plus its metabolites carboxinsulfoxide and oxycarboxin（carboxin sulfone）, expressed as carboxin]
565	肟草酮	tralkoxydim（sum of the constituent isomers of tralkoxydim）
566	肟菌酯	trifloxystrobin
567	五氟磺草胺	penoxsulam
568	五氯硝基苯	quintozene（sum of quintozene and pentachloro-aniline expressed as quintozene）

（续表）

序号	中文名称	英文名称
569	戊菌隆	pencycuron
570	戊菌唑	penconazole（sum of constituent isomers）
571	戊炔草胺	propyzamide
572	戊唑醇	tebuconazole
573	西玛津	simazine
574	烯丙苯噻唑	probenazole
575	烯草胺	pethoxamid
576	烯草酮	clethodim（sum of sethoxydim and clethodim including degradation products calculated as sethoxydim）
577	烯啶虫胺	nitenpyram
578	烯菌灵	enilconazole
579	烯酰吗啉	dimethomorph（sum of isomers）
580	烯效唑	uniconazole
581	烯唑醇	diniconazole（sum ofisomers）
582	稀禾定	sethoxydim
583	酰嘧磺隆	amidosulfuron
584	消螨多	meptyldinocap（sum of 2,4 DNOPC and 2,4 DNOP expressed as meptyldinocap）
585	缬菌胺	valifenalate
586	辛硫磷	phoxim
587	溴苯腈	bromoxynil and its salts,expressed as bromoxynil
588	溴虫氟苯双酰胺	broflanilide
589	溴虫腈	chlorfenapyr
590	溴敌隆	bromadiolone
591	溴谷隆	metobromuron
592	溴化物	bromide
593	溴甲烷	methyl bromide
594	溴离子	bromide ion
595	溴螨酯	bromopropylate
596	溴氰菊酯	deltamethrin（cis-deltamethrin）
597	溴鼠灵	brodifacoum

（续表）

序号	中文名称	英文名称
598	亚胺硫磷	phosmet（phosmet and phosmet oxon expressed as phosmet）
599	亚磷酸	phosphorous acid
600	烟嘧磺隆	nicosulfuron
601	燕麦敌	diallate（sum of isomers）
602	燕麦灵	barban
603	氧乐果	omethoate
604	氧化萎锈灵	oxycarboxin
605	野麦畏	triallate
606	野燕枯	difenzoquat
607	叶菌唑	metconazole（sum of isomers）
608	一氧化碳	carbon monoxide
609	乙拌磷	disulfoton（sum of disulfoton, disulfoton sulfoxide and disulfoton sulfone expressed as disulfoton）
610	乙草胺	acetochlor
611	乙丁烯氟灵	ethalfluralin
612	乙基多杀菌素	spinetoram（XDE-175）
613	乙基谷硫磷	azinphos-ethyl
614	乙基溴硫磷	bromophos-ethyl
615	乙菌利	chlozolinate
616	乙膦酸	fosetyl
617	乙硫苯威	ethiofencarb
618	乙硫磷	ethion
619	乙螨唑	etoxazole
620	乙霉威	diethofencarb
621	乙嘧酚	ethirimol
622	乙嘧酚磺酸酯	bupirimate
623	乙羧氟草醚	fluoroglycofene
624	乙烯菌核利	vinclozolin
625	乙烯利	ethephon
626	乙酰甲胺磷	acephate

（续表）

序号	中文名称	英文名称
627	乙氧呋草黄	ethofumesate（sum of ethofumesate, 2-keto-ethofumesate, open-ring-2-keto-ethofumesate and its conjugate, expressed as ethofumesate）
628	乙氧氟草醚	oxyfluorfen
629	乙氧磺隆	ethoxysulfuron
630	乙氧喹啉	ethoxyquin
631	乙酯杀螨醇	chlorobenzilate
632	异丙草胺	propisochlor
633	异丙甲草胺/精异丙甲草胺	metolachlor and S-metolachlor［metolachlor including other mixtures of constituent isomers including S-metolachlor（sum of isomers）］
634	异丙菌胺	iprovalicarb
635	异丙隆	isoproturon
636	异丙噻菌胺	isofetamid
637	异稻瘟净	iprobenfos
638	异狄氏剂	endrin
639	异噁唑草酮	isoxaflutole（sum of isoxaflutole and its diketonitrile-metabolite, expressed as isoxaflutole）
640	异噁草胺	isoxaben
641	异噁草酮	clomazone
642	异菌脲	iprodione
643	异柳磷	isofenphos
644	抑菌灵	dichlofluanid
645	抑霉唑	imazalil（any ratio of constituent isomers）
646	抑噆醇	flurprimidole
647	抑芽丹	maleic hydrazide
648	吲哚丁酸	indolylbutyric acid
649	吲哚酮草酯	cinidon-ethyl（sum of cinidon ethyl and its E-isomer）
650	吲哚乙酸	indolylacetic acid
651	吲唑磺菌胺	amisulbrom
652	印楝素	azadirachtin
653	茚虫威	indoxacarb（sum of indoxacarb and its R enantiomer）
654	蝇毒磷	coumaphos

（续表）

序号	中文名称	英文名称
655	莠去津	atrazine
656	鱼藤酮	rotenone
657	玉嘧磺隆	rimsulfuron
658	增效醚	piperonyl butoxide
659	长杀草	carbetamide(sum of carbetamide and its Sisomer)
660	治螟磷	sulfotep
661	种菌唑	ipconazole
662	仲丁胺	sec-butylamine
663	仲丁灵	butralin
664	仲丁威	fenobucarb
665	唑吡嘧磺隆	imazosulfuron
666	唑草酮	carfentrazone-ethyl(determined as carfentrazone and expressed as carfentrazone-ethyl)
667	唑虫酰胺	tolfenpyrad
668	唑啉草酯	pinoxaden
669	唑螨酯	fenpyroximate
670	唑嘧菌胺	ametoctradin